Dieter Gaier

Vorlesungen über

Approximation im Komplexen

Dieter Gaier

Vorlesungen über Approximation im Komplexen

1980
Birkhäuser Verlag
Basel · Boston · Stuttgart

CIP-Kurztitelaufnahme der Deutschen Bibliothek

Gaier, Dieter:
Vorlesungen über Approximation im Komplexen / Dieter Gaier. Basel, Boston, Stuttgart : Birkhäuser, 1980.
ISBN 3-7643-1161-4

Library of Congress Cataloging in Publication Data

Gaier, Dieter.
　Vorlesungen über Approximation im Komplexen.
　　Bibliography: p.
　　1. Approximation theory.　2. Functions of complex variables.　I. Title.
QA297.5.G34　　　511'.4　　　80-17804
ISBN 3-7643-1161-4

Die vorliegende Publikation ist urheberrechtlich geschützt. Alle Rechte, insbesondere das der Übersetzung in andere Sprachen, vorbehalten. Kein Teil dieses Buches darf ohne schriftliche Genehmigung des Verlages in irgendeiner Form – durch Fotokopie, Mikrofilm oder andere Verfahren – reproduziert oder in eine von Maschinen, insbesondere Datenverarbeitungsanlagen, verwendbare Sprache übertragen werden.

© Birkhäuser Verlag, Basel 1980
Printed in Switzerland by Birkhäuser AG,
Graphisches Unternehmen, Basel
ISBN 3-7643-1161-4

Inhaltsverzeichnis

Vorwort 10

Teil I: Approximation durch Reihenentwicklung und Interpolation

Kapitel I. Darstellung komplexer Funktionen durch Orthogonalreihen und Faber-Reihen 12

§ 1. *Der Hilbert-Raum $L^2(G)$*. 12
    A. Definition von $L^2(G)$. 12
    B. $L^2(G)$ als Hilbert-Raum 14

§ 2. *ON-Systeme, insbesondere von Polynomen, in $L^2(G)$* 15
    A. Konstruktion von ON-Systemen; Gramsche Matrix 15
        A_1. Orthogonalisierungsverfahren von Schmidt 15
        A_2. Gewinnung eines ON-Systems mit der Gramschen Matrix 16
        A_3. Spezieller Fall: Polynome in $L^2(G)$. 18
    B. Nullstellen orthogonaler Polynome 19
    C. Asymptotische Darstellung der ON-Polynome 20
    Hinweis zu § 2 23

§ 3. *Vollständigkeit der Polynome in $L^2(G)$* 24
    A. Problem und Beispiele 24
    B. Gebiete mit PA-Eigenschaft 25
    C. Gebiete, welche die PA-Eigenschaft nicht haben 27
        C_1. Schlitzgebiete 27
        C_2. Mondgebiete 27
    Hinweise zu § 3. 30

§ 4. *Entwicklung nach ON-Systemen in $L^2(G)$* 30
    A. ON-Entwicklungen im Hilbert-Raum 31
    B. ON-Entwicklungen im Raum $L^2(G)$ 32
    C. Über die Güte der Approximation, falls f in $\overline{G}$ analytisch ist 33
    Hinweise zu § 4. 35

§ 5. *Die Bergmansche Kernfunktion* 36
    A. Einführung der Kernfunktion; Eigenschaften 36

B. Bilinearreihe der Bergmanschen Kernfunktion 37
C. Konstruktion konformer Abbildungen mit Hilfe der
   Bergmanschen Kernfunktion 38
   C_1. Zusammenhang zwischen K und der konformen
         Abbildung 38
   C_2. Die Bieberbach-Polynome 39
   C_3. Verwendung singulärer Funktionen beim ON-Prozeß . . 41
D. Weitere Anwendungen der Bergmanschen Kernfunktion . . 42
   D_1. Gebiete mit Mittelwerteigenschaft 42
   D_2. Darstellung von $\int_{-1}^{+1} f(x)\,dx$ als Flächenintegral 42

Hinweis zu § 5 45

§ 6. *Über die Güte der Approximation; Faber-Entwicklungen* 45
   A. Randverhalten von Cauchy-Integralen 45
   B. Faber-Polynome, Faber-Entwicklungen 46
   C. Die Faber-Abbildung als beschränkter Operator. 49
      C_1. Kurven beschränkter Drehung 49
      C_2. Die Faber-Abbildung T 50
   D. Güte der Approximation innerhalb einer Kurve beschränkter
      Drehung 52
      D_1. Vorbereitungen; gleichmäßige Konvergenz 52
      D_2. Stetigkeitsmodul des zu h gehörigen Cauchy-Integrals . . 53
      D_3. Güte der Approximation 54
   E. Bericht über weitere Ergebnisse 56
      E_1. Weitere gleichmäßige Abschätzungen 56
      E_2. Lokale Abschätzungen 57
Hinweise zu § 6 58

Kapitel II. Approximation durch Interpolation 60

§ 1. *Die Hermitesche Interpolationsformel* 60
   A. Darstellungen des Interpolationspolynoms 60
   B. Sonderfälle der Hermiteschen Formel 61

§ 2. *Interpolation in gleichverteilten Punkten; Fejér-Punkte,
   Fekete-Punkte* 63
   A. Vorbereitungen; grobe Konvergenzaussage 63
   B. Allgemeiner Konvergenzsatz von Kalmár und Walsh 65
   C. Das System der Fejér-Knoten 68
   D. Das System der Fekete-Knoten 70
   Hinweise zu § 2 71

§ 3. *Approximation auf allgemeineren kompakten Mengen; der Satz
   von Runge* 72
   A. Nochmals: Interpolation in Fekete-Punkten 73

B. Der Approximationssatz von Runge 75
Hinweis zu § 3 77

§ 4. Interpolation im Einheitskreis 77
A. Interpolation auf $\{z : |z| = r\}$, $r < 1$ 77
B. Interpolation auf $\{z : |z| = 1\}$ 80
C. Approximation durch rationale Funktionen 84
Hinweise zu § 4 85

Teil II: Allgemeine Approximationssätze im Komplexen

Kapitel III. Approximation auf kompakten Mengen 88

§ 1. Der Approximationssatz von Runge 88
A. Allgemeine Cauchy-Formel 89
B. Der Satz von Runge 89
C. Die Methode der Polverschiebung 90

§ 2. Der Satz von Mergelyan 92
A. Formulierung des Ergebnisses; Sonderfälle; Folgerungen . . . 92
B. Hilfsmittel zum Beweis 94
B_1. Erweiterungssatz von Tietze 94
B_2. Eine Darstellungsformel 94
B_3. Koebe's $\frac{1}{4}$-Satz 95
B_4. Das Lemma von Mergelyan 95
C. Beweis des Satzes von Mergelyan 98

§ 3. Approximation durch rationale Funktionen 102
A. Schweizer Käse 103
A_1. Die Konstruktion von Alice Roth 103
A_2. Schweizer Käse mit inneren Punkten 104
A_3. Schweizer Käse mit zwei Komponenten 105
A_4. Häufung von Löchern gegen den Durchmesser von $\mathbb{D}$ . . 105
B. Hilfsmittel für den Satz von Bishop 106
B_1. Eine Integraltransformation 106
B_2. Zerlegung der Eins 107
C. Der Lokalisationssatz von Bishop mit Anwendungen 108
C_1. Der Lokalisationssatz 108
C_2. Anwendungen des Satzes von Bishop 110
D. Der Satz von Vitushkin; ein Bericht 112
Hinweise zu § 3 113

§ 4. Das Fusion Lemma von Roth 113
A. Das Fusion Lemma 113
B. Neuer Beweis des Satzes von Bishop 117

Kapitel IV. Approximation auf abgeschlossenen Mengen 119

§ 1. *Gleichmäßige Approximation durch meromorphe Funktionen* . . . 119
  A. Problemstellung 119
  B. Der Approximationssatz von Roth 120
  C. Sonderfälle des Approximationssatzes 121
    C_1. Die Ein-Punkt-Kompaktifizierung G^* von G; Zusammenhang von $G^*\backslash F$ 122
    C_2. Drei hinreichende Kriterien für meromorphe Approximation 123
  D. Charakterisierung der Mengen, auf denen meromorphe Approximation möglich ist 124

§ 2. *Gleichmäßige Approximation durch holomorphe Funktionen* . . . 125
  A. Polverschiebung bei meromorphen Funktionen 125
  B. Topologische Vorbemerkungen 126
  C. Der Approximationssatz von Arakeljan 127
    C_1. Approximation meromorpher durch holomorphe Funktionen 127
    C_2. Der Satz von Arakeljan 129
  Hinweise zu § 2 131

§ 3. *Approximation mit Geschwindigkeit* 131
  A. Problemstellung; Satz von Carleman 132
    A_1. Tangentielle Approximation; ϵ-Approximation 132
    A_2. Zwei Hilfssätze 132
    A_3. Der Satz von Carleman 135
  B. Der Sonderfall F nirgends dicht 137
    B_1. Hinreichende Bedingungen für ϵ-Approximation 137
    B_2. Tangentielle Approximation, falls $F^\circ = \phi$ 139
  C. Der Satz von Nersesjan 140
    C_1. Die Bedingung (A); ein Hilfssatz 140
    C_2. Der Satz von Nersesjan 141
  Hinweise zu § 3 143

§ 4. *Approximation mit gewisser Geschwindigkeit* 144
  A. ϵ-Approximation ohne Bedingung (A) 145
  B. Wachstum der approximierenden Funktion 146
  C. Der Sonderfall $F = \mathbb{R}$ 146

§ 5. *Einige Anwendungen der Approximationssätze* 147
  A. Radiale Randwerte ganzer Funktionen 147
  B. Randverhalten im Einheitskreis analytischer Funktionen . . . 151
    B_1. Ein allgemeiner Approximationssatz 152
    B_2. Das Dirchlet-Problem für radiale Randwerte 154
  C. Approximation und Eindeutigkeitsaussagen 155
  D. Verschiedene weitere Konstruktionen 156
    D_1. Vorgeschriebenes Randverhalten längs abzählbar vieler Kurven 156

D_2. Analytische Funktionen mit vorgeschriebenen cluster sets.................................. 157
D_3. Schneider's Nudeln........................ 158
D_4. Julia-Richtungen ganzer Funktionen............. 158
Hinweise zu § 5.............................. 159

Symbole und Bezeichnungen............................ 161
Literatur.. 162
Sachverzeichnis................................... 174

Vorwort

Das vorliegende Buch besteht im wesentlichen aus zwei Teilen, die aus verschiedenen Anlässen entstanden sind und die sich an verschiedene Interessenten wenden.

Der erste Teil, bestehend aus Kapitel I und II, enthält die klassischen Bestandteile der Approximation im Komplexen. Hier kommen die mehr konstruktiven Gesichtspunkte zur Darstellung: Die Approximation einer Funktion durch Reihenentwicklung (nach Orthogonalpolynomen oder nach Faber-Polynomen) sowie durch Interpolation. Grundlage hierfür war eine einsemestrige Vorlesung, die ich mehrfach in Gießen abgehalten habe.

Der zweite Teil, bestehend aus Kapitel III und IV, ging aus Vorträgen hervor, die ich anläßlich einer Lerntagung in Oberwolfach zum Thema ‚Approximation im Komplexen' und bei kurzen Gastaufenthalten in Stockholm und Pasadena gehalten habe. Ihr Inhalt sollte einen Überblick geben über wichtige Entwicklungen seit dem Satz von Mergelyan. Hier handelt es sich zunächst um allgemeine Sätze über Approximation auf kompakten Mengen durch Polynome und rationale Funktionen. Danach werden die Ergebnisse über die Approximation durch meromorphe, rationale und holomorphe Funktionen auf kompakten oder nur abgeschlossenen Mengen (in $\mathbb{C}$ oder in einem allgemeinen Gebiet G) behandelt, die mit den Namen Alice Roth und Arakeljan verknüpft sind. Letztere Ergebnisse sind wichtig bei der Konstruktion holomorpher Funktionen, die ein vorgegebenes Randverhalten zeigen; dieses Thema wird am Schluß ausführlich behandelt.

Der zweite Teil ist weitgehend unabhängig vom ersten, sodaß der nur an neueren Entwicklungen interessierte Leser gleich bei Kapitel III beginnen könnte. Allerdings ist entsprechend der Zielsetzung des Buches zu beachten, daß nicht alle neueren Ergebnisse dargestellt werden konnten; ich war jedoch bestrebt, den Leser überall an die neuere Literatur heranzuführen. Ein ausführliches Literaturverzeichnis findet sich am Schluß des Buches.

Gießen, im Sommer 1980 Dieter Gaier

TEIL I

APPROXIMATION DURCH REIHENENTWICKLUNG UND INTERPOLATION

Wir beginnen mit den mehr konstruktiven Aspekten der Approximationstheorie. Dazu kommen vor allem in Betracht Reihenentwicklungen verschiedener Art, sowie die Methode der Interpolation. Im später folgenden Teil II werden dagegen vorwiegend Existenzsätze behandelt werden.

Kapitel I

DARSTELLUNG KOMPLEXER FUNKTIONEN DURCH ORTHOGONALREIHEN UND FABER-REIHEN

Bekanntlich ist die Reihenentwicklung eine der wichtigsten Methoden, um Funktionen im Reellen oder im Komplexen durch einfachere Funktionen darzustellen. Da hier im allgemeinen analytische Funktionen dargestellt werden sollen, sieht die Konvergenztheorie im Komplexen erheblich einfacher aus als bei Entwicklungssätzen der reellen Analysis. Im Rahmen dieser Einführung behandeln wir hauptsächlich Entwicklungen im Raum $L^2(G)$, worin sich auch die Bergmansche Kernfunktion einordnet. Diese ist für die praktische Gewinnung konformer Abbildungen wichtig. Außerdem bringen wir einen Paragraphen über die Entwicklung von Funktionen nach Faber-Polynomen, um gewisse Sätze über die Güte der Approximation von Funktionen durch Polynome zu gewinnen.

Literatur zu diesem Kapitel: Behnke-Sommer [22], Kap. III, § 12 und 13; Bergman [26]; Epstein [68]; Gaier [78], Kap. III; Nehari [137], Kap. V, § 10.

§ 1. Der Hilbert-Raum $L^2(G)$

In diesem Raum spielen sich die folgenden Entwicklungsmethoden ab. Wir führen ihn zunächst ein und behandeln einige Eigenschaften.

A. Definition von $L^2(G)$

Es sei $G \subset \mathbb{C}$ ein beliebiges Gebiet, f in G regulär, und

$$I[f] := \iint_G |f(z)|^2 \, db$$

gesetzt. Das Integral ist im Lebesgueschen Sinn aufzufassen; es kann aber auch als Limes von Riemann-Integralen erklärt werden. Dazu sei $\{G_n\}$ eine „Ausschöpfung von G" (vgl. etwa Walsh [189], S. 7):

(i) G_n sind Gebiete, deren Rand ∂G_n aus endlich vielen Jordankurven besteht;
(ii) $\overline{G}_n \subset G_{n+1} \subset G$ für alle n;
(iii) Zu jedem Punkt $P \in G$ gibt es ein $n_0 = n_0(P)$ so, daß $P \in G_n$ für $n > n_0$.

§ 1. Der Hilbert-Raum $L^2(G)$

Setzen wir dann
$$\varphi_n(z) = \begin{cases} |f(z)|^2 & \text{für } z \in \overline{G}_n \\ 0 & \text{für } z \in G \setminus \overline{G}_n, \end{cases}$$

so ist $\varphi_n \nearrow |f|^2$ in G, also nach einem bekannten Ergebnis der Lebesgueschen Theorie $\iint_G \varphi_n db \to \iint_G |f|^2 db$ $(n \to \infty)$, das heißt

$$\iint_{\overline{G}_n} |f|^2 db \to I[f] = \iint_G |f|^2 db \quad (n \to \infty),$$

was $I[f]$ als Grenzwert von Riemann-Integralen darstellt.
Wir berechnen $I[f]$ in einem *Sonderfall*. Es sei $G = \{z : r < |z| < R\}$ mit $0 \leq r < R < \infty$ und $f(z) = \sum_{n=-\infty}^{\infty} a_n z^n$ $(z \in G)$. Dann ist

$$I[f] = \int_{\rho=r}^{R} \int_{\varphi=0}^{2\pi} (\Sigma a_n \rho^n e^{in\varphi})(\Sigma \bar{a}_n \rho^n e^{-in\varphi}) \rho \, d\varphi \, d\rho$$

$$\underset{(a)}{=} 2\pi \int_{\rho=r}^{R} \Sigma |a_n|^2 \rho^{2n+1} d\rho \underset{(b)}{=} 2\pi \Sigma |a_n|^2 \int_r^R \rho^{2n+1} d\rho \, ;$$

Gleichheit an (a), weil die Reihen für $r < \rho < R$ absolut und in φ gleichmäßig konvergieren, Gleichheit an (b), weil die Reihenglieder ≥ 0 sind.
Folgerung für $r = 0$: Ist f in $0 < |z| < R$ regulär und $I[f] < \infty$, so ist notwendig $a_n = 0$ für $n < 0$. Dann ist $z = 0$ hebbare Singularität von f, und es gilt

(1.1) $$I[f] = \pi \sum_{n=0}^{\infty} \frac{|a_n|^2}{n+1} R^{2n+2};$$

$I[f]$ läßt sich also über die Koeffizienten von f explizit darstellen.

Nun sei $G \subset \mathbb{C}$ wieder beliebig.

Definition 1. *Wir setzen*
$$L^2(G) = \{f : f \text{ regulär in } G \text{ und } I[f] < \infty\}.$$

Diese Definition ist analog zu der im Reellen, jedoch ist es hier im Gegensatz zum Reellen möglich, $|f(z)|$ für $z \in G$ durch $I[f]$ abzuschätzen.

Hilfssatz 1. *Es sei $f \in L^2(G)$, $z \in G$ und $d_z = \text{dist}(z, \partial G)$ gesetzt. Dann gilt*

(1.2) $$|f(z)|^2 \leq \frac{I[f]}{\pi d_z^2}.$$

Beweis. Es ist $I[f] \geq \iint_D |f|^2 db$, wo D die d_z-Scheibe um z ist. Nach (1.1) ist die rechte Seite $\geq \pi |a_0|^2 R^2 = \pi |f(z)|^2 d_z^2$, und (1.2) ist schon bewiesen.

Die Ungleichung (1.2) wird im folgenden immer wieder angewandt. Sie ist scharf:

Für $f = 1$, G der Einheitskreis, und $z = 0$ besteht Gleichheit in (1.2). Wir sehen auch, daß $L^2(G)$ für $G = \mathbb{C}$ nur aus $f = 0$ besteht, sodaß wir den Fall $G = \mathbb{C}$ im folgenden ausschließen können.

B. $L^2(G)$ als Hilbert-Raum

Wegen $|a+b|^2 \leq 2(|a|^2 + |b|^2)$ gilt für zwei Funktionen $f, g \in L^2(G)$

(i) $\qquad |af(z) + bg(z)|^2 \leq 2(|a|^2 |f(z)|^2 + |b|^2 |g(z)|^2);$

weiter gilt die Identität

(ii) $\qquad f\bar{g} = \frac{1}{2}|f+g|^2 + \frac{i}{2}|f+ig|^2 - \frac{1+i}{2}|f|^2 - \frac{1+i}{2}|g|^2.$

Definition 2. *Für $f, g \in L^2(G)$ setzen wir*

(1.3) $\qquad (f, g) = \iint_G f(z)\overline{g(z)}\, db.$

Wegen (i) und (ii) ist dies eine komplexe Zahl, genannt *inneres Produkt* von f und g, und wir beweisen nun

Satz 1. *Mit der Definition* (1.3) *von* (f, g) *wird* $L^2(G)$ *ein Hilbert-Raum.*

Beweis. Folgende Eigenschaften sind nachzuprüfen.
a) Der Raum ist linear; dies folgt aus (i).
b) Das innere Produkt (1.3) hat die Eigenschaften

$$(f+g, h) = (f, h) + (g, h); \quad (f, g) = \overline{(g, f)}; \quad (af, g) = a(f, g) \quad (a \in \mathbb{C});$$

$$(f, f) \geq 0, \quad \text{und} \quad (f, f) = 0 \text{ gilt genau für } f = 0.$$

Wie allgemein richtig, wird $L^2(G)$ mit

$$\|f\| := (f, f)^{1/2} = \sqrt{\iint_G |f(z)|^2\, db}.$$

zu einem normierten Raum.
c) Jetzt ist noch zu zeigen, daß $L^2(G)$ mit dieser Norm vollständig wird. Es sei $\{f_n\}$ eine Cauchy-Folge in $L^2(G)$, also

$$\|f_n - f_m\|^2 = I[f_n - f_m] < \epsilon \quad \text{für } n, m > N.$$

Ist B ein kompakter Teil von G, so folgt aus (1.2)

$$|f_n(z) - f_m(z)|^2 < \frac{\epsilon}{\pi d^2} \quad (z \in B),$$

wenn $d = \text{dist}(B, \partial G)$ ist. $\{f_n\}$ konvergiert daher in jedem kompakten Teil von G gleichmäßig gegen eine analytische Grenzfunktion F:

$$f_n(z) \to F(z) \quad (n \to \infty; z \in B \subset G).$$

Aus $I[f_n - f_m] < \epsilon$ folgt ferner $\iint_B |f_n - f_m|^2 db < \epsilon \quad (n, m > N)$, und lassen wir hierin $m \to \infty$, so kommt $\iint_B |f_n - F|^2 db \leq \epsilon \quad (n > N)$, gültig für jedes $B \subset G$, folglich $I[f_n - F] \leq \epsilon$ $(n > N)$. Das heißt aber, daß $F \in L^2(G)$ ist und daß $\|f_n - F\| \to 0$ $(n \to \infty)$. Also konvergiert jede Cauchy-Folge in $L^2(G)$.

Die Entwicklungstheorie im Raum $L^2(G)$ wurde in den Jahren um 1922 begonnen von Bergman, Bochner und Carleman. An Stelle von (1.3) kann man allgemeiner das innere Produkt $(f, g) = \iint_G f\bar{g} w \, db$ einführen mit einer Gewichtsfunktion w, oder aber analoge Linienintegrale über ∂G definieren.

§ 2. ON-Systeme, insbesondere von Polynomen, in L² (G)

Ist H ein allgemeiner Hilbert-Raum (oder nur ein linearer Raum mit innerem Produkt), so sagen wir, $S \subset H$ sei ein *ON-System* (Orthonormalsystem) in H, wenn

$$(u, v) = \begin{cases} 1 \\ 0 \end{cases} \text{ für } \begin{cases} u = v \\ u \neq v \end{cases}; \quad u, v \in S.$$

Ein wichtiges Hilfsmittel zur Approximation von Elementen aus H sind Entwicklungen nach einem ON-System (§ 4). Zunächst beschäftigen wir uns mit den ON-Systemen selbst.

A. Konstruktion von ON-Systemen; Gramsche Matrix

Je endlich viele Elemente $v_1, \ldots, v_n$ eines ON-Systems sind linear unabhängig: Gilt nämlich

$$c_1 v_1 + \ldots + c_n v_n = 0,$$

so ist das innere Produkt mit v_k ebenfalls Null, also $c_k \cdot 1 = 0$ $(k = 1, 2, \ldots, n)$. Umgekehrt kann man aus n linear unabhängigen Elementen $u_j \in H$ ein ON-System aus n Elementen erzeugen, und zwar rekursiv oder explizit.

A_1. Orthogonalisierungsverfahren von Schmidt

Gegeben seien n linear unabhängige Elemente $u_1, \ldots, u_n \in H$.
1. Schritt: Man bilde

$$v_1^* = u_1, \quad D_1 = (v_1^*, v_1^*)^{1/2}, \quad v_1 = v_1^*/D_1.$$

k. Schritt $(k = 2, 3, \ldots, n)$: Man bilde

$$v_k^* = u_k - \sum_{j<k} (u_k, v_j) v_j, \quad D_k = (v_k^*, v_k^*)^{1/2}, \quad v_k = v_k^*/D_k.$$

Man beachte, daß alle $D_k > 0$ sind; andernfalls wäre $v_k^* = 0$, folglich u_k eine Linearkombination von $v_1, \ldots, v_{k-1}$ und also von $u_1, \ldots, u_{k-1}$, gegen die Annahme der linearen Unabhängigkeit der u_j.

Die erklärten Elemente v_k sind ersichtlich normiert: $(v_k, v_k) = 1$. Ferner ist v_k zu $v_j (j < k)$ orthogonal, wie man leicht induktiv sieht. Somit bilden die $v_1, \ldots, v_n$ ein ON-System.

Wir beachten, daß

(2.1)
$$\begin{aligned} v_1 &= a_{11}u_1 \\ v_2 &= a_{21}u_1 + a_{22}u_2 \\ &\ldots \\ v_n &= a_{n1}u_1 + a_{n2}u_2 + \ldots + a_{nn}u_n \\ &\text{mit } a_{kk} > 0 \end{aligned} \qquad \begin{aligned} u_1 &= b_{11}v_1 \\ u_2 &= b_{21}v_1 + b_{22}v_2 \\ &\ldots \\ u_n &= b_{n1}v_1 + b_{n2}v_2 + \ldots + b_{nn}u_n \\ &\text{mit } a_{kk}b_{kk} = 1 \quad (k=1,2,\ldots,n). \end{aligned}$$

Übrigens sind die Linearkombinationen in (2.1) *eindeutig bestimmt*, falls man $a_{kk} > 0$ fordert ($k = 1, 2, \ldots, n$). Denn sind $\{v_k\}$, $\{v'_k\}$ zwei ON-Systeme, so ist

$$\left(\frac{v_k}{a_{kk}} - \frac{v'_k}{a'_{kk}}, \frac{v_k}{a_{kk}} - \frac{v'_k}{a'_{kk}} \right) = 0 \quad (k = 1, 2, \ldots, n),$$

also $v_k = C_k v'_k$, wobei $|C_k| = 1$ ist wegen $\|v_k\| = \|v'_k\| = 1$. Sind $a_{kk} > 0$, $a'_{kk} > 0$, so folgt $C_k = 1$ und somit $v_k = v'_k$.

A_2. Gewinnung eines ON-Systems mit der Gramschen Matrix

Definition 1. *Es sei H ein linearer Raum mit innerem Produkt, und $x_1, \ldots, x_n \in H$ beliebig. Dann heißt*

$$G(x_1, \ldots, x_n) = \begin{pmatrix} (x_1, x_1) & \ldots & (x_1, x_n) \\ (x_2, x_1) & \ldots & (x_2, x_n) \\ \ldots & \ldots & \ldots \\ (x_n, x_1) & \ldots & (x_n, x_n) \end{pmatrix}$$

die Gramsche Matrix zu $x_1, \ldots, x_n$, und

$$g(x_1, \ldots, x_n) = \det G(x_1, \ldots, x_n)$$

die zugehörige Gramsche Determinante.

Bemerkungen. 1. Offenbar ist G Hermitesch: $\bar{G}' = G$. Sind $a_j, b_j \in \mathbb{C}$, so gilt weiter

$$\left(\sum_{i=1}^{n} a_i x_i, \sum_{j=1}^{n} b_j x_j \right) = \sum_{i,j=1}^{n} a_i \bar{b}_j (x_i, x_j) = a'G\bar{b}$$

mit den Vektoren $a = (a_1, \ldots, a_n)'$, $b = (b_1, \ldots, b_n)'$, woraus für $b = a$ folgt, daß G positiv semidefinit ist. Also ist die Gramsche Determinante $g \geq 0$, und g verschwindet genau dann, wenn die quadratische Form $a'G\bar{a}$ für ein $a \neq 0$ verschwindet. Somit ist $g = 0$ genau dann, wenn die $x_1, \ldots, x_n$ linear abhängig sind.

2. Ist $H = \mathbb{R}^n$, so läßt sich g geometrisch interpretieren. Für $x_j = (x_{j1}, x_{j2}, \ldots, x_{jn})$ ($j = 1, 2, \ldots, n$) bilden wir die reelle Koordinatenmatrix

$$M = \begin{pmatrix} x_{11} & x_{12} & \ldots & x_{1n} \\ \ldots & \ldots & \ldots & \ldots \\ x_{n1} & x_{n2} & \ldots & x_{nn} \end{pmatrix}.$$

§ 2. ON-Systeme, insbesondere von Polynomen, in $L^2(G)$

Dann ist

$$G = MM', \text{ folglich } g = \det G = (\det M)^2 = V^2,$$

wobei V das Volumen des Parallelotops ist, das von $x_1, \ldots, x_n$ in $\mathbb{R}^n$ aufgespannt wird.

Nun seien wieder n linear unabhängige Elemente $u_1, \ldots, u_n \in H$ vorgegeben, und wir suchen ein ON-System $v_1, \ldots, v_n$ zu konstruieren. Dazu setzen wir

$$A_1 = (u_1, u_1), \qquad v_1 = u_1/A_1^{1/2}$$

und für $k = 2, \ldots, n$

$$(2.2) \quad A_k = g(u_1, \ldots, u_k) = \det \begin{pmatrix} (u_1, u_1) & \cdots & (u_1, u_k) \\ \cdots & \cdots & \cdots \\ (u_k, u_1) & \cdots & (u_k, u_k) \end{pmatrix} > 0$$

sowie

$$(2.3) \quad v_k^* = \det \begin{pmatrix} (u_1, u_1) & \cdots & (u_1, u_{k-1}) & u_1 \\ \cdots & \cdots & \cdots & \\ (u_k, u_1) & \cdots & (u_k, u_{k-1}) & u_k \end{pmatrix},$$

also eine Linearkombination der $u_1, \ldots, u_k$. Jedenfalls ist damit bereits $(v_k^*, u_j) = 0 \ (j < k)$ und daher $(v_k^*, v_j^*) = 0 \ (j < k)$. Ferner kommt

$$(v_k^*, v_k^*) = \det \begin{pmatrix} (u_1, u_1) & \cdots & (u_1, u_{k-1}) & (u_1, v_k^*) \\ \cdots & \cdots & \cdots & \\ (u_k, u_1) & \cdots & (u_k, u_{k-1}) & (u_k, v_k^*) \end{pmatrix} = A_k \cdot A_{k-1},$$

weil in der letzten Spalte die Zahlen $0, 0, \ldots, 0$ und $(u_k, v_k^*) = \overline{(v_k^*, u_k)} = \overline{A_k} = A_k$ stehen.

Ergebnis. Erklärt man A_k, v_k^* wie in (2.2) und (2.3) angegeben, so bilden die Elemente

$$v_k = \frac{v_k^*}{\sqrt{A_k A_{k-1}}} \qquad (k = 2, 3, \ldots, n)$$

zusammen mit

$$v_1 = u_1/(u_1, u_1)^{1/2}$$

ein ON-System.

Wir bemerken noch, daß in der Darstellung

$$v_k = a_{k1} u_1 + \ldots + a_{kk} u_k \qquad \text{gilt} \qquad a_{kk} = \sqrt{\frac{A_{k-1}}{A_k}}.$$

A₃. Spezieller Fall: Polynome in $L^2(G)$

Wir betrachten wieder unseren speziellen Hilbert-Raum $L^2(G)$ und wählen $u_j = z^{j-1}$ ($j = 1, 2, \ldots$), die in $L^2(G)$ sind sicher dann, wenn G beschränkt ist. Je endlich viele dieser u_j sind außerdem linear unabhängig. Wir können daher eines der in $\mathbf{A_1}$ und $\mathbf{A_2}$ genannten Verfahren anwenden und erhalten als $(n+1)$-tes Element des ON-Systems ein eindeutig bestimmtes Polynom vom Grad n:

$$P_n(z) = C_0^{(n)} + C_1^{(n)} z + \ldots + C_n^{(n)} z^n \quad \text{mit} \quad k_n := C_n^{(n)} > 0 \quad (n = 0, 1, 2, \ldots).$$

Die praktische Bestimmung von P_n erfordert bei beiden Methoden die Auswertung der Doppelintegrale (z^p, z^q) ($p, q = 0, 1, \ldots$), die man wie folgt in einfache Integrale überführen kann.

a) G ist sternförmig bezüglich 0. Ist der Rand von G eine in Polarkoordinaten darstellbare Jordankurve: $r = r(\varphi)$ ($0 \leq \varphi \leq 2\pi$), so ist

$$(z^p, z^q) = \iint_G z^p \overline{z^q} db = \int_{\varphi=0}^{2\pi} \int_{\rho=0}^{r(\varphi)} \rho^{p+q+1} e^{i\varphi(p-q)} d\rho \, d\varphi$$

$$= \frac{1}{p+q+2} \int_{\varphi=0}^{2\pi} [r(\varphi)]^{p+q+2} e^{i\varphi(p-q)} d\varphi.$$

Der für größere Werte von p, q stark schwankende Integrand kann numerische Schwierigkeiten bereiten; eventuell muß mit doppelter Genauigkeit gerechnet werden.

b) Verwendung der Greenschen Formel. Ist G einfach oder mehrfach zusammenhängend mit stückweise glattem, positiv orientiertem Rand ∂G, und sind f, g in G regulär, f', g' in $\overline{G}$ stetig, so gilt die Formel

$$\iint_G f \overline{g'} \, db = \frac{1}{2i} \int_{\partial G} f \overline{g} \, dz.$$

Ihre Anwendung auf die inneren Produkte (z^p, z^q) liefert

$$\iint_G z^p \overline{z^q} \, db = \frac{1}{2i(q+1)} \int_{\partial G} z^p \overline{z^{q+1}} \, dz.$$

Wieder ist ein eindimensionales Integral auszuwerten. Ist ∂G ein Polygon, so ist auf jeder Seite $dz = c \, ds$, und man kann sehr genaue Gaußsche Quadraturformeln anwenden.

Wir behandeln noch ein einfaches *Beispiel*. Es sei $G = \{z: |z| < 1\}$. Obige Formel liefert

$$(z^p, z^q) = \begin{cases} 0 & \text{für} \quad p \neq q \\ \dfrac{\pi}{q+1} & \text{für} \quad p = q. \end{cases}$$

§ 2. ON-Systeme, insbesondere von Polynomen, in $L^2(G)$

Also wird

$$A_k = \det\begin{pmatrix} \pi & & & 0 \\ & \frac{\pi}{2} & & \\ & & \ddots & \\ & & & \frac{\pi}{k} \\ 0 & & & \end{pmatrix} = \frac{\pi^k}{k!}$$

und

$$v_k^* = \det\begin{pmatrix} \pi & & & 0 & 1 \\ & \frac{\pi}{2} & & & z \\ & & \ddots & & \vdots \\ & & & \frac{\pi}{k-1} & z^{k-1} \\ 0 & & & & z^{k-1} \end{pmatrix} = \frac{\pi^{k-1}}{(k-1)!} z^{k-1}.$$

Die in $L^2(G)$ orthonormierten Polynome sind daher $v_k = \sqrt{\frac{k}{\pi}} z^{k-1}$ $(k = 1, 2, \ldots)$.

B. Nullstellen orthogonaler Polynome

Reelle ON-Polynome, unter Verwendung eines inneren Produkts $(f, g) = \int_a^b fg\, w\, dx$ erzeugt, haben wichtige Eigenschaften (vgl. etwa Davis [47], S. 234 ff.): Sie genügen einer dreigliedrigen Rekursion, alle Nullstellen sind einfach und liegen in (a, b). Leider gilt die erste Eigenschaft für die ON-Polynome in $L^2(G)$ nur in Ausnahmefällen, und in unserem letzten Beispiel liegen mehrfache Nullstellen in $z = 0$. Über die Lage der Nullstellen gibt es jedoch folgenden schönen

Satz 1 (Fejér 1922). *Alle Nullstellen der ON-Polynome P_n liegen in der konvexen Hülle von G.*

Beim Beweis verwendet man, daß die P_n mit gewissen Minimalpolynomen p_n eng zusammenhängen. Es sei

$$K_n = \{q : q(z) = c_0 + c_1 z + \ldots + c_{n-1} z^{n-1} + z^n\}.$$

Hilfssatz 1. *Es wird $\|q\|$ in K_n minimal genau dann, wenn $q = p_n := \frac{P_n}{k_n}$ ist, wobei k_n der Koeffizient des höchsten Gliedes von P_n ist.*

Beweis. Für jedes $q \in K_n$ gilt

$$\left(q - \frac{P_n}{k_n},\, q - \frac{P_n}{k_n}\right) = \|q\|^2 - \frac{1}{k_n}(P_n, q) + 0 = \|q\|^2 - \frac{1}{k_n}(P_n, z^n),$$

da $q - \frac{P_n}{k_n}$ vom Grad $n - 1$ ist und sich jedes solche Polynom als Linearkombination von P_j $(j < n)$ darstellen läßt. Daraus folgt schon die Behauptung.

Für Satz 1 genügt es nun, zu beweisen, daß alle Nullstellen von p_n in der konvexen Hülle G^* von G liegen. Es sei

$$p_n(z) = (z - z_1) \ldots (z - z_n),$$

und es sei etwa $z_1 \notin G^*$. Dann gibt es eine Gerade g, die z_1 von G trennt, und ist z_1' der Fußpunkt des Lotes von z_1 auf g, so ist offenbar

$$|z - z_1'| < |z - z_1| \quad \text{für alle} \quad z \in G.$$

Das Polynom

$$q(z) = (z - z_1') \ldots (z - z_n) \in K_n$$

erfüllt daher $\|q\| < \|p_n\|$; Widerspruch. Satz 1 ist damit bewiesen.

C. Asymptotische Darstellung der ON-Polynome

Wir wollen nun das asymptotische Verhalten der ON-Polynome P_n und ihrer höchsten Koeffizienten k_n für $n \to \infty$ studieren jedenfalls dann, wenn ∂G eine analytische Jordankurve ist. Dies ist deswegen wichtig, weil sich damit die konforme Abbildung des Äußeren von ∂G und die Kapazität von ∂G approximieren lassen.

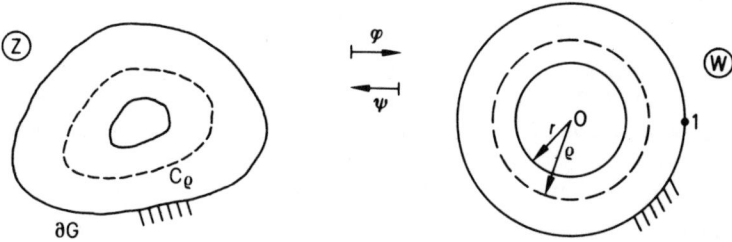

Es sei $z = \psi(w) = cw + c_0 + \dfrac{c_1}{w} + \ldots$ die konforme Abbildung von $\{w : |w| > 1\}$ auf das Äußere von ∂G, in ∞ normiert so, daß $c > 0$ sei; c heißt Kapazität von ∂G. Da ∂G eine analytische Jordankurve sein soll, ist ψ für ein $r < 1$ nach $\{w : |w| > r\}$ schlicht fortsetzbar. Die Umkehrabbildung zu ψ heiße φ, und schließlich bezeichne

$$C_\rho = \{z : |\varphi(z)| = \rho; \rho > r\}.$$

Satz 2 (Carleman 1922). *Mit den obigen Bezeichnungen gilt*

(2.4) $\quad k_n = \sqrt{\dfrac{n+1}{\pi}} \; c^{-n-1} [1 + O(r^{2n})] \qquad (n \to \infty)$

und

(2.5) $\quad P_n(z) = \sqrt{\dfrac{n+1}{\pi}} \; \varphi'(z) [\varphi(z)]^n \cdot \begin{cases} 1 + O(\sqrt{n}) r^n & \text{für } z \in C_\rho, \; \rho \geq 1 \\ 1 + O\left(\dfrac{1}{\sqrt{n}}\right) \left(\dfrac{r}{\rho}\right)^n & \text{für } z \in C_\rho, r < \rho < 1. \end{cases}$

Auch bei nicht analytischem Rand von G sind Aussagen möglich (Suetin [175], [176], [177]), aber schwieriger zu beweisen. Wir ziehen zunächst einige *Folgerungen*.

§ 2. ON-Systeme, insbesondere von Polynomen, in $L^2(G)$

1. Aus (2.4) folgt

$$\sqrt{\frac{n+1}{n+2}} \cdot \frac{k_{n+1}}{k_n} = c^{-1} + O(r^{2n}) \qquad (n \to \infty).$$

Die Kapazität c von ∂G läßt sich aus den Koeffizienten k_n von P_n berechnen.

2. Aus (2.5) folgt

$$\sqrt{\frac{n+1}{n+2}} \cdot \frac{P_{n+1}(z)}{P_n(z)} = \varphi(z) + \begin{cases} O(\sqrt{n})r^n & z \in C_\rho, \rho \geq 1 \\ O\left(\frac{1}{\sqrt{n}}\right)\left(\frac{r}{\rho}\right)^n & z \in C_\rho, r < \rho < 1. \end{cases}$$

Die konforme Abbildung φ läßt sich mit Hilfe der ON-Polynome P_n berechnen.

3. Die Polynome P_n streben in G schnell gegen Null:

$$\max\{|P_n(z)| : z \in C_\rho, r < \rho < 1\} = O(\sqrt{n}\rho^n) \qquad (n \to \infty).$$

Die Abschätzung läßt sich nicht weiter verbessern, wie die ON-Polynome im Einheitskreis zeigen.

4. Aus (2.5) folgt noch, daß außerhalb jedes C_ρ ($\rho > r$) höchstens endlich viele Nullstellen der P_n liegen können.

Beweis von Satz 2. Es werden die in Teil B eingeführten Minimalpolynome p_n und ihre Normen k_n^{-1} herangezogen; man beachte $P_n = k_n p_n$.

1. Schritt. Es sei q beliebig aus $K_n = \{q : q(z) = c_0 + c_1 z + \ldots + c_{n-1} z^{n-1} + z^n\}$ und G_ρ das Ringgebiet

$$G_\rho = \{z : \rho < |\varphi(z)| < 1\} \quad \text{für } r < \rho < 1.$$

Zunächst werden zwei Integrale ausgewertet:

$$I[q] = \iint\limits_G |q|^2 db \quad \text{und} \quad I_\rho[q] = \iint\limits_{G_\rho} |q|^2 db \quad (q \in K_n).$$

Dies geschieht mit der Greenschen Formel. Ist r ein Polynom mit $r' = q$, so ist

$$I[q] = \frac{1}{2i} \int_{\partial G} q \bar{r} \, dz = \frac{1}{2i} \int_{|w|=1} F'(w) \overline{F(w)} \, dw,$$

wobei

$$F(w) = r(\psi(w)) = c^{n+1}\left(\frac{w^{n+1}}{n+1} + A_0 + A_1 w + \ldots + A_n w^n + \sum_{j=1}^{\infty} a_j w^{-j}\right)$$

$$(|w| > r)$$

gesetzt ist. Die Koeffizienten a_j, A_j hängen von denen von q ab, und wir bemerken, daß die n Koeffizienten $A_1, \ldots, A_n$ durch geeignete Wahl der n Koeffizienten von q zum Verschwinden gebracht werden können; dies sei für $q = q_0$ der Fall. Integration über $\{w : |w| = 1\}$ liefert

$$(2.6) \quad I[q] = \pi c^{2n+2} \left(\frac{1}{n+1} + \sum_1^n j |A_j|^2 - \sum_1^\infty j |a_j|^2 \right),$$

und in analoger Weise erhält man, ebenfalls für jedes $q \in K_n$,

$$(2.7) \quad I_\rho[q] = \pi c^{2n+2} \left[\frac{1-\rho^{2n+2}}{n+1} + \sum_1^n j|A_j|^2(1-\rho^{2j}) + \sum_1^\infty j|a_j|^2(\rho^{-2j}-1) \right].$$

2. *Schritt.* Nun wird (2.4) bewiesen. Einmal ist wegen (2.6)

$$k_n^{-2} = I[p_n] \leq I[q_0] \leq \frac{\pi}{n+1} c^{2n+2} \qquad (n=1,2,\ldots),$$

und andererseits gilt wegen (2.7)

$$k_n^{-2} = I[p_n] \geq I_\rho[p_n] \geq \frac{\pi}{n+1} c^{2n+2}(1-\rho^{2n+2}) \qquad (n=1,2,\ldots).$$

Beides zusammen ergibt nach Grenzübergang $\rho \to r$

$$\sqrt{\frac{n+1}{\pi}} c^{-n-1} \leq k_n \leq \sqrt{\frac{n+1}{\pi}} c^{-n-1}(1-r^{2n+2})^{-1/2} \quad (n=1,2,\ldots),$$

woraus (2.4) folgt.

3. *Schritt.* Nun wird für die zu $q = p_n$ gehörigen a_j, A_j eine Ungleichung bewiesen. Zunächst ist

$$I_\rho[p_n] \leq I[p_n] \leq \frac{\pi}{n+1} c^{2n+2},$$

also mit (2.7)

$$\sum_1^n j|A_j|^2(1-\rho^{2j}) + \sum_1^\infty j|a_j|^2(\rho^{-2j}-1) \leq \frac{\rho^{2n+2}}{n+1}.$$

Läßt man $\rho \to r$ rücken und benützt

$$1-r^{2j} \geq 1-r^2, \quad r^{-2j}-1 \geq r^{-2j}(1-r^2) \qquad (j=1,2,\ldots),$$

so kommt

$$(2.8) \quad \sum_1^n j|A_j|^2 + \sum_1^\infty j|a_j|^2 r^{-2j} \leq \frac{r^{2n+2}}{(n+1)(1-r^2)} \qquad (n=1,2,\ldots).$$

4. *Schritt.* Jetzt kann das asymptotische Verhalten der p_n studiert werden. Es sei $z \in C_\rho$ ($\rho > r$), also $w = \varphi(z)$ vom Betrag ρ. Für das zu p_n gebildete F gilt

$$F'(w) = p_n(\psi(w)) \cdot \psi'(w), \text{ also } p_n(z) = F'(\varphi(z)) \cdot \varphi'(z).$$

Dabei ist

$$F'(w) = c^{n+1}\left(w^n + \sum_1^n j A_j w^{j-1} - \sum_1^\infty j a_j w^{-j-1}\right) = c^{n+1} w^n [1+\omega(z)]$$

§ 2. ON-Systeme, insbesondere von Polynomen, in $L^2(G)$

mit
$$\omega(z) = \sum_{1}^{n} j A_j w^{j-1-n} - \sum_{1}^{\infty} j a_j w^{-j-1-n} \qquad (w = \varphi(z)).$$

Dies ergibt

(2.9) $\qquad p_n(z) = c^{n+1} \varphi'(z) [\varphi(z)]^n [1 + \omega(z)],$

und es verbleibt, $|\omega(z)|$ für $z \in C_\rho$, das heißt $|w| = \rho$, abzuschätzen.

Nun ist
$$|\omega(z)| \leq \sum_{1}^{n} j |A_j| \rho^{j-1-n} + \sum_{1}^{\infty} j |a_j| \rho^{-j-1-n} = C_n + D_n,$$

und darin
$$C_n = \sum_{1}^{n} \sqrt{j} |A_j| \sqrt{j} \rho^{j-1-n} \leq \left(\sum_{1}^{n} j |A_j|^2 \right)^{1/2} \cdot \left(\sum_{1}^{n} j \rho^{2j-2-2n} \right)^{1/2}$$

wobei der zweite Faktor

$O(n)$ ist für $\rho \geq 1$, jedoch $O(\rho^{-n})$ für $r < \rho < 1$.

Der erste Faktor wird mit (2.8) beurteilt, und es kommt so

$$C_n = \begin{cases} O(\sqrt{n}\, r^n) & \text{falls } \rho \geq 1 \\ O\left(\dfrac{1}{\sqrt{n}} \left(\dfrac{r}{\rho}\right)^n\right) & \text{falls } r < \rho < 1. \end{cases}$$

Analog ist
$$D_n = \rho^{-n-1} \sum_{1}^{\infty} \sqrt{j} |a_j| \sqrt{j} \rho^{-j} = \rho^{-n-1} \sum_{1}^{\infty} \sqrt{j} |a_j| r^{-j} \cdot \sqrt{j} \left(\frac{r}{\rho}\right)^j$$
$$\leq \rho^{-n-1} \left(\sum_{1}^{\infty} j |a_j|^2 r^{-2j} \right)^{1/2} \left(\sum_{1}^{\infty} j \left(\frac{r}{\rho}\right)^{2j} \right)^{1/2} \leq \left(\frac{r}{\rho}\right)^n \cdot \frac{1}{\sqrt{n}} \cdot O(1) \quad (n \to \infty).$$

Insgesamt wird

$$|\omega(z)| \leq \begin{cases} O(\sqrt{n}\, r^n) \\ O\left(\dfrac{1}{\sqrt{n}} \left(\dfrac{r}{\rho}\right)^n\right) \end{cases} \text{falls } z \in C_\rho \text{ und } \begin{cases} \rho \geq 1 \\ \rho \in (r, 1). \end{cases}$$

Berücksichtigt man $P_n = k_n p_n$, (2.9) und (2.4), so ergibt sich die Behauptung (2.5).

Hinweis zu § 2

Verwendet man zur Definition der $L^2(G)$-Norm eine Gewichtsfunktion, so entstehen andere ON-Polynome. Ihr asymptotisches Verhalten und das ihrer höchsten Koeffizienten kann ähnlich wie in Satz 2 beschrieben werden. Siehe dazu den Übersichtsartikel von Suetin [176].

§ 3. Vollständigkeit der Polynome in $L^2(G)$

Wir untersuchen jetzt die Frage, unter welchen Annahmen über G die Polynome in $L^2(G)$ dicht liegen. Diese Frage ist wichtig für §4, wo das Problem der Darstellbarkeit einer beliebigen Funktion $f \in L^2(G)$ durch die ON-Polynome P_n behandelt wird.

A. Problem und Beispiele

Wir erinnern uns: Eine Teilmenge S eines linearen Raumes H mit innerem Produkt heißt *vollständig*, wenn für jedes $y \in H$ mit $(y, x) = 0$ für alle $x \in S$ folgt $y = 0$, und sie heißt *abgeschlossen*, wenn die Linearkombinationen der Elemente von S in H dicht liegen. Ist der Raum H selbst vollständig (also ein Hilbert-Raum), so sind beide Begriffe äquivalent.

In unserem Hilbert-Raum $L^2(G)$ betrachten wir speziell $S = \{1, z, z^2, \ldots\}$. ($S \subset L^2(G)$ sicher dann, wenn G beschränkt ist.) Unser Problem ist: Wann liegen die Polynome dicht in $L^2(G)$?

Definition 1. *Wir sagen, ein Gebiet $G \subset \mathbb{C}$ habe die PA-Eigenschaft, wenn die Polynome in $L^2(G)$ dicht liegen.*

PA steht für Polynom-Approximation; vgl. Shapiro [160].

Zunächst zwei einfache *Beispiele*. 1. Es sei $G = \{z : |z| < 1\}$. Dann ist
$f(z) = \sum_{0}^{\infty} a_k z^k \in L^2(G)$ genau dann, wenn $\|f\|^2 = \pi \sum_{0}^{\infty} \frac{|a_k|^2}{k+1} < \infty$. Setzen wir
$P_n(z) = \sum_{k \leq n} a_k z^k$, so folgt aus dieser Formel
$$\|f - P_n\|^2 = \pi \sum_{k > n} \frac{|a_k|^2}{k+1} \to 0 \quad (n \to \infty).$$
Also hat G die PA-Eigenschaft.

2. *Mehrfach zusammenhängende Gebiete* (mit nicht ausgearteten Randkomponenten) *haben die PA-Eigenschaft nicht*. Denn ist G ein solches Gebiet, so gibt es eine Jordan-Kurve $\Gamma \subset G$, die eine Randkomponente von G umschließt, auf der wir vier verschiedene Punkte z_1, z_2, z_3, z_4 auswählen. Betrachten wir dann
$$f(z) = [(z - z_1)(z - z_2)]^{-1/2} \cdot [(z - z_3)(z - z_4)]^{-1/2},$$
so ist klar, daß f in G regulär ist, und außerdem ist
$$\iint_G |f(z)|^2 db \leq \iint_{\mathbb{C}} \frac{db}{|z - z_1||z - z_2||z - z_3||z - z_4|} < \infty,$$
also $f \in L^2(G)$. Gäbe es Polynome P_n mit $\|f - P_n\| \to 0 \; (n \to \infty)$, so wäre (Hilfssatz 1 aus §1) $P_n(z) \rightrightarrows f(z) \; (n \to \infty)$ in jedem kompakten Teil von G, also auch auf Γ. Dann aber müßte f innerhalb Γ regulär sein, was offenbar falsch ist.

Das Beispiel zeigt, daß wir uns bei der Diskussion der PA-Eigenschaft auf Gebiete einfachen Zusammenhangs beschränken können. Eine rein geometrische Charak-

§ 3. Vollständigkeit der Polynome in $L^2(G)$

terisierung der Gebiete mit PA-Eigenschaft gibt es nicht; im folgenden geben wir hinreichende Bedingungen dafür an, daß G die PA-Eigenschaft *hat* bzw. *nicht hat*.

B. Gebiete mit PA-Eigenschaft

Die wichtigste hinreichende Bedingung enthält folgender

Satz 1 (Farrell [70], Markuschewitsch [123]). *Es sei G ein beschränktes, einfach zusammenhängendes Gebiet, dessen Rand ∂G auch Rand eines unbeschränkten Gebiets ist. Dann hat G die PA-Eigenschaft.*

Alle Jordan-Gebiete fallen in diese Gebietsklasse, aber auch z. B. eine *um* einen Kreis unendlich oft gewundene Schlange („Außenschlange"), nicht aber eine Schlange, die sich *von innen* an den Kreis heranwindet („Innenschlange"). Gebiete mit der im Satz genannten Eigenschaft heißen auch *Carathéodory-Gebiete*.

Zum Beweis verwenden wir folgende Hilfsmittel.

1. Zu jedem Carathéodory-Gebiet G gibt es eine Folge $\{G_n\}$ von Jordan-Gebieten so, daß gilt

$$G \subset G_n \quad \text{und} \quad \overline{G}_{n+1} \subset G_n \quad (n = 1, 2, \ldots)$$

sowie

$$G_n \to G \quad (n \to \infty).$$

Letzteres heißt aber nicht $\cap G_n = G$, sondern: G ist das größte Gebiet, welches einen Punkt $\zeta \in G$ enthält und in allen G_n enthalten ist. G ist der sog. „Kern" der Gebietsfolge $\{G_n\}$. Die Gebiete G_n können etwa von äußeren Niveaulinien von G berandet sein. Am Beispiel der Außenschlange sieht man, daß der Kern von $\{G_n\}$ und $\cap G_n$ verschieden sein können.

2. Bildet h_n das Gebiet G_n konform auf G ab, normiert durch $h_n(\zeta) = \zeta$, $h'_n(\zeta) > 0$, so gilt

$$h_n(z) \rightrightarrows z \quad \text{und} \quad h'_n(z) \rightrightarrows 1 \quad (n \to \infty)$$

gleichmäßig in jedem kompakten Teil B von G; siehe etwa Golusin [87], S. 46.

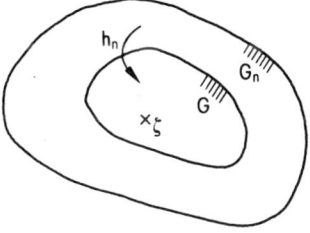

3. Schließlich benötigen wir eine einfache Form des Rungeschen Approximationssatzes, der später noch mehrfach bewiesen wird. Es sei G ein Jordan-Gebiet und f in $\overline{G}$ regulär. Dann gibt es zu $\epsilon > 0$ ein Polynom P mit

$$|f(z) - P(z)| < \epsilon \quad (z \in \overline{G}).$$

Beweis von Satz 1. Es sei $f \in L^2(G)$ vorgegeben.

1. Schritt. Angabe einer in $\overline{G}$ regulären Funktion F mit $\|f - F\| < \epsilon$. Dazu erklären wir mit den Funktionen h_n von oben

$$f_n(z) := f(h_n(z)) \cdot h'_n(z) \quad (z \in G_n)$$

und zeigen zunächst

(3.1) $\quad \iint_G |f_n|^2 db \to \iint_G |f|^2 db \quad (n \to \infty).$

Denn einerseits ist ($w = h_n(z)$ gesetzt)

$$\iint_G |f_n|^2 db = \iint_{h_n(G)} |f|^2 db \leq \iint_G |f|^2 db \quad \text{für jedes } n,$$

und andererseits gilt für jeden kompakten Teil $B \subset G$ $f_n(z) \Rightarrow f(z)$ $(n \to \infty)$ und also

$$\varliminf \iint_G |f_n|^2 db \geq \varliminf \iint_B |f_n|^2 db = \iint_B |f|^2 db.$$

Da dies für jedes B gilt, folgt

$$\iint_G |f|^2 db \leq \varliminf \iint_G |f_n|^2 db \leq \varlimsup \iint_G |f_n|^2 db \leq \iint_G |f|^2 db,$$

also gilt (3.1) und als Folge davon

$$\iint_{G \setminus B} |f_n|^2 db \to \iint_{G \setminus B} |f|^2 db \quad (n \to \infty)$$

für jeden kompakten Teil B von G. Nun sei $0 < \delta < \dfrac{\epsilon^2}{7}$ und B so gewählt, daß $\iint_{G \setminus B} |f|^2 db < \delta$ ausfällt. Dann wählen wir n so groß, daß

$$\iint_{G \setminus B} |f_n|^2 db < 2\delta \quad \text{und} \quad \iint_B |f_n - f|^2 db < \delta.$$

Für dieses n ist dann

$$\|f_n - f\|^2 = \iint_B |f_n - f|^2 db + \iint_{G \setminus B} |f_n - f|^2 db$$

$$< \delta + 2 \left(\iint_{G \setminus B} |f_n|^2 db + \iint_{G \setminus B} |f|^2 db \right) < 7\delta < \epsilon^2,$$

und $F = f_n$ leistet das Gewünschte.

2. *Schritt.* Angabe eines Polynoms P mit $\|f - P\| < 2\epsilon$. Auf F kann der Rungesche Satz angewendet werden: Zu $\delta > 0$ gibt es ein Polynom P mit

$$|F(z) - P(z)| < \delta \quad (z \in \overline{G}),$$

folglich

$$\iint_G |F - P|^2 db < \delta^2 \cdot (\text{Fläche von } G) < \epsilon^2$$

bei geeignetem δ, also $\|F - P\| < \epsilon$. Daraus folgt die Behauptung.

§ 3. Vollständigkeit der Polynome in $L^2(G)$

Die Eigenschaft, ein Carathéodory-Gebiet zu sein, ist nur hinreichend für die PA-Eigenschaft von G. Weitere kompliziertere Bedingungen finden sich bei Mergelyan ([133], S. 130) (Übersichtsartikel), [134] und [135]; siehe auch Smirnov-Lebedev ([170], S. 271), Farrell [71] und Hedberg [93], [94]. In diesen Arbeiten wird die PA-Eigenschaft auch bei Vorliegen einer Gewichtsfunktion studiert.

C. Gebiete, welche die PA-Eigenschaft nicht haben

Typische Gebiete einfachen Zusammenhangs, auf die Satz 1 nicht anwendbar ist, sind:

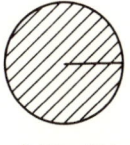
Schlitzgebiet

Mondgebiet

Innenschlange

Die beiden ersten Typen können wir behandeln; für Innenschlangen scheint die PA-Eigenschaft nicht studiert zu sein.

C_1. Schlitzgebiete

Hier stützen wir uns auf folgenden elementaren

Hilfssatz 1. *Es seien G und G' zwei Gebiete mit*

$$G' \supset G \quad und \quad meas(\overline{G'} \setminus G) = 0.$$

Hat G die PA-Eigenschaft, so hat sie auch G'.

Beweis. Es sei $f \in L^2(G')$, also erst recht $f \in L^2(G)$. Da G die PA-Eigenschaft hat, gibt es zu $\epsilon > 0$ ein Polynom P mit $\|f - P\|_G < \epsilon$; folglich ist $\|f - P\|_{G'} < \epsilon$, da $G' \setminus G$ vom Maß Null ist.

Sorgt man daher dafür, daß G' die PA-Eigenschaft nicht hat, so hat sie auch G nicht:

Folgerung: G hat sicher dann die PA-Eigenschaft nicht, wenn es ein Gebiet G' gibt mit

$$G' \supset G, \quad meas(G' \setminus G) = 0, \quad G' \text{ ist mehrfach zusammenhängend}.$$

Zum Beispiel hat jedes Gebiet G, dessen Rand ∂G einen Schlitz als Teilmenge enthält, die PA-Eigenschaft *nicht*, weil durch Löschen des Schlitzes ein für die Folgerung brauchbares G' entsteht.

C_2. Mondgebiete

Als Vorbereitung für die Behandlung allgemeiner Mondgebiete beweisen wir

Hilfssatz 2. *Es sei Γ eine rektifizierbare Jordankurve, G ihr Inneres. Es sei F in G regulär, in $\overline{G}$ stetig, und B sei ein kompakter Teil von G. Dann gibt es für jedes $\alpha > 0$ eine Konstante $M(\alpha, B)$ so, daß gilt:*

(3.2) $$\max\{|F(z)| : z \in B\} \leq M(\alpha, B) \{\int_\Gamma |F(z)|^\alpha |dz|\}^{1/\alpha}.$$

Beweis. Ist F nullstellenfrei in G, oder $\alpha \geq 1$, so folgt (3.2) sofort durch Anwendung der Cauchyschen Integralformel auf F^α bzw. F. Im allgemeinen Fall schließen wir wie folgt.

Es sei φ eine konforme Abbildung von $\{w : |w| < 1\}$ auf G und $\rho < 1$ so, daß B innerhalb der Niveaulinie $\Gamma_\rho = \{z = \varphi(w) : |w| = \rho\}$ liege. Wir betrachten

$$F(\varphi(w)) \cdot \varphi'(w)^{1/\alpha} = B(w) \cdot H(w) \quad \text{für } |w| < 1,$$

wobei das Blaschke-Produkt B die Nullstellen von $F(\varphi(w))$ im Einheitskreis absorbiert, während H nullstellenfrei ist. Dann gilt für $|w| \leq \rho < 1$

$$|F(\varphi(w)) \cdot \varphi'(w)^{1/\alpha}| \leq |H(w)| = |H(w)^\alpha|^{1/\alpha}$$
$$\leq \left[\frac{1}{2\pi} \cdot \frac{1}{1-\rho} \int_{|w|=1} |H(w)|^\alpha |dw| \right]^{1/\alpha},$$

und das letzte Integral ist hierbei

$$\int_{|w|=1} |H(w) B(w)|^\alpha |dw| = \int_{|w|=1} |F(\varphi(w))|^\alpha |\varphi'(w)| |dw| = \int_\Gamma |F(z)|^\alpha |dz|.$$

Für $z \in B$ ist $|w| \leq \rho$, und da $|\varphi'(w)| \geq c(\rho) > 0$ ist für diese w, folgt die behauptete Abschätzung.

Nun kommen wir zur Behandlung der Mondgebiete.

Definition 2. *Ein beschränktes Gebiet G, dessen Rand aus zwei Jordankurven besteht, die genau einen Punkt P gemeinsam haben, heißt ein (allgemeines) Mondgebiet.*

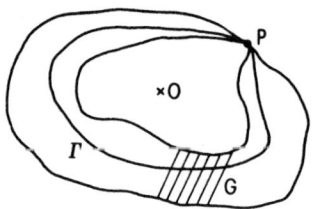

Keldych [101] hat als erster die PA-Eigenschaft von Mondgebieten studiert und bemerkt, daß sie *genau dann vorliegt, wenn die spezielle Funktion* $\dfrac{1}{\sqrt{z}}$ *durch Polynome beliebig gut approximiert werden kann*. Dabei haben wir angenommen, daß 0 innerhalb des inneren Jordanrandes von G liegt.

Diese Bedingung ist offenbar notwendig, denn es ist $\dfrac{1}{\sqrt{z}} \in L^2(G)$. Ist weiter $f \in L^2(G)$ beliebig, so machen wir die Abbildung $w = \sqrt{z}$, die G in ein Jordan-

§ 3. Vollständigkeit der Polynome in $L^2(G)$

gebiet G_w überführt. Dabei ist

$$\iint_G |f(z)|^2 db = 4 \iint_{G_w} |f(w^2)w|^2 db_w < \infty, \text{ also } wf(w^2) \in L^2(G_w).$$

Da die Polynome in $L^2(G_w)$ dicht liegen, gibt es zu $\epsilon > 0$ ein Polynom P mit

$$4 \iint_{G_w} |wf(w^2) - P(w)|^2 db_w < \epsilon, \text{ also } \iint_G |f(z) - \frac{P(\sqrt{z})}{\sqrt{z}}|^2 db < \epsilon.$$

P kann in seinen geraden und ungeraden Teil zerlegt werden: $P(\sqrt{z}) = P_1(z) + \sqrt{z} P_2(z)$, und um $\|f - Q\| < 2\epsilon$ für ein Polynom Q zu erhalten, genügt es,

$\inf \|\frac{1}{\sqrt{z}} - R\| = 0$ für Polynome R zu wissen, weil dann ja auch $\inf_R \|\frac{P_1}{\sqrt{z}} - R\| = 0$

ist. Die oben genannte Bedingung ist daher auch hinreichend für die PA-Eigenschaft von G.

Mondgebiete, obgleich topologisch äquivalent, verhalten sich jedoch unterschiedlich hinsichtlich ihrer PA-Eigenschaft. Sie können die PA-Eigenschaft haben, wie Keldych durch ein Beispiel belegt hat ([101], S. 398; [133], S. 116), häufig ist das aber nicht der Fall.

Satz 2. *Es gebe eine rektifizierbare Jordankurve Γ in $G \cup \{P\}$ (vgl. Figur), deren Abstandsfunktion $d_z = \text{dist}(z, \partial G)$ $(z \in \Gamma)$ für ein $\alpha > 0$ der Integralbedingung*

$$(3.3) \qquad \int_\Gamma \frac{|dz|}{d_z^\alpha} =: I < \infty$$

genügt. Dann hat das Mondgebiet G die PA-Eigenschaft nicht.

Bemerkungen. 1. Die Bedingung (3.3) verlangt, daß sich die beiden Jordankurven im Punkt P nicht zu schnell näherkommen. Wird G von zwei Kreisen berandet, die sich in $z = 1$ berühren, so ist $d_z \sim |z - 1|^2$, und (3.3) ist für jedes $\alpha < \frac{1}{2}$ erfüllt. Das zu Beginn dieses Abschnitts gezeichnete Mondgebiet hat also die PA-Eigenschaft nicht.

2. Statt (3.3) würde hinreichen $\int_\Gamma |\log d_z| \, |dz| < \infty$ (Mergelyan [133], S. 124), und diese Bedingung ist in gewissem Sinne bestmöglich ([133], S. 158).

Beweis von Satz 2. Es sei $f \in L^2(G)$, und es gebe eine Folge von Polynomen P_n mit $\|f - P_n\| \to 0$ $(n \to \infty)$. Wir zeigen: Dann ist f notwendig regulär im Innern von Γ. Da dies nicht für alle $f \in L^2(G)$ zutrifft, hat G die PA-Eigenschaft nicht.

Aus Hilfssatz 1 von § 1 folgt zunächst

$$(3.4) \quad |P_n(z) - P_m(z)| \leq \frac{\|P_n - P_m\|}{\sqrt{\pi}} \cdot \frac{1}{d_z} \qquad \text{für alle } z \in \Gamma \setminus \{P\},$$

folglich wegen (3.3)

$$\int_\Gamma |P_n(z) - P_m(z)|^\alpha \, |dz| \leq I \cdot \pi^{-\alpha/2} \|P_n - P_m\|^\alpha.$$

Eine Anwendung von Hilfssatz 2 zeigt sodann, daß $\{P_n\}$ in jedem kompakten Teil des Inneren von Γ gleichmäßig konvergiert, und da die Grenzfunktion in G mit f übereinstimmen muß, muß sich das gegebene f in das Innere von Γ hinein analytisch fortsetzen lassen.

Zum Beweis bemerken wir noch: Hat man speziell (P in $z = 1$)

$$d_z \geq c\,|z-1|^p \qquad \text{für} \quad c>0, \; p>0,$$

so läßt sich die Anwendung von Hilfssatz 2 umgehen. Nach (3.4) folgt nämlich

$$|(z-1)^p\,(P_n(z)-P_m(z))| \leq \frac{1}{c\sqrt{\pi}}\|P_n - P_m\|$$

für alle $z \in \Gamma \setminus \{P\}$,

also auf ganz Γ, also erst recht innerhalb Γ. Wieder hat man die gleichmäßige Konvergenz von $\{P_n\}$ innerhalb Γ.

Hinweise zu § 3

1. Auch für den Fall liegen Ergebnisse vor, daß man nicht alle Polynome zur Approximation zuläßt, sondern nur Linearkombinationen gewisser Potenzen z^{λ_n}; siehe Mergelyan [133], S. 146. – Bei mehrfach zusammenhängenden Gebieten sind die Polynome durch rationale Funktionen zu ergänzen ([133], S. 114).

2. Hat ein Gebiet die PA-Eigenschaft nicht, so bilden diejenigen Funktionen $f \in L^2(G)$, die sich durch Polynome approximieren lassen, einen abgeschlossenen Teilraum von $L^2(G)$, und es entsteht das Problem, seine Elemente zu charakterisieren. Für Mondgebiete hat dies Havin [90] [91] studiert.

3. Das in Satz 1 gegebene Kriterium für die Dichtheit der Polynome in $L^2(G)$ ist von Sinanjan [163] auf allgemeinere Mengen erweitert worden. Ein Kompaktum $K \subset \mathbb{C}$ heißt *Carathéodory-Menge*, wenn $\partial K = \partial g_\infty$ ist, wobei g_∞ die unbeschränkte Komponente von $\mathbb{C} \setminus K$ ist. Für $p \geq 1$ sei ferner

$$L^p(K) = \{f : \iint_K |f|^p\,db < \infty, \; f \text{ in } K^\circ \text{ regulär}\}.$$

Mit Verwendung des Satzes von Mergelyan wird gezeigt: Die Polynome liegen in $L^p(K)$ dicht, wenn K eine Carathéodory-Menge und $p \geq 1$ ist.

4. Eng verwandt ist das Problem der Approximation von $f \in L^p(K)$ durch *analytische* Funktionen, wo K jetzt eine beliebige kompakte Menge ist. Hier spielt der Begriff der analytischen p-Kapazität eine Rolle; siehe Sinanjan [163] oder den Übersichtsartikel [124], S. 731 ff.

5. Approximation im p-ten Mittel mit Gewichtsfunktion $w(z)$ in Nicht-Carathéodory-Gebieten untersucht zum Beispiel Brennan [30a, b].

§ 4. Entwicklung nach ON-Systemen in $L^2(G)$

Funktionen, die in Kreisscheiben regulär sind, lassen sich durch Potenzreihen darstellen. Jetzt wird der Fall behandelt, daß f in einem allgemeinen Gebiet regulär ist. Wir rufen zunächst in Erinnerung:

§ 4. Entwicklung nach ON-Systemen in $L^2(G)$

A. ON-Entwicklungen im Hilbert-Raum

Es sei H ein Hilbert-Raum, $\{v_j\}$ ein ON-System in H, und für $x \in H$ seien die Fourier-Koeffizienten (F.K.) $\gamma_j = (x, v_j)$ gebildet. Dann gilt bekanntlich

Satz 1. a) *Minimaleigenschaft der F.K.*:
$$\|x - \sum_{j=1}^{n} c_j v_j\|^2 = \min! \quad \textit{genau dann, wenn} \quad c_j = \gamma_j \quad (j = 1, 2, \ldots, n).$$
b) *Das in* a) *genannte Minimum ist* $\|x\|^2 - \sum_{j=1}^{n} |\gamma_j|^2$.

c) *Für jedes* $x \in H$ *gilt die Besselsche Ungleichung* $\sum_{j=1}^{\infty} |\gamma_j|^2 \leq \|x\|^2$.

Beweis. Wir haben
$$\|x - \sum c_j v_j\|^2 = (x - \sum c_j v_j, x - \sum c_j v_j) = \|x\|^2 - \sum c_j \bar{\gamma}_j - \sum \bar{c}_j \gamma_j + \sum |c_j|^2$$
$$= \|x\|^2 - \sum |\gamma_j|^2 + \sum (\gamma_j - c_j)(\bar{\gamma}_j - \bar{c}_j)$$
$$= \|x\|^2 + \sum |\gamma_j - c_j|^2 - \sum |\gamma_j|^2.$$

Daraus folgen die Aussagen von Satz 1.

Weiter unten wird gefordert, daß $\{v_j\}$ ein vollständiges ON-System ist (VON-System), das heißt die Linearkombinationen der v_j liegen *dicht in H*.

Satz 2. *Folgende Aussagen sind äquivalent.*

a) $\{v_j\}$ *ist ein VON-System;*

b) *Für jedes* $x \in H$ *gilt* $\|x - \sum_{j=1}^{n} \gamma_j v_j\| \to 0 \quad (n \to \infty);$

c) *Für jedes* $x \in H$ *gilt die Parsevalsche Gleichung* $\sum_{j=1}^{\infty} |\gamma_j|^2 = \|x\|^2$.

Beweis. Die Äquivalenz von a) und b) ist wegen Satz 1, a) klar. Wegen b) von Satz 1 ist weiter
$$\|x - \sum_{j=1}^{n} \gamma_j v_j\|^2 = \|x\|^2 - \sum_{j=1}^{n} |\gamma_j|^2,$$
und also sind b) und c) äquivalent.

Durch die Vorschrift $x \mapsto \gamma_j = (x, v_j)$ $(j = 1, 2, \ldots)$ wird nun eine Abbildung von H in den Raum l^2 aller Zahlenfolgen $\{c_j\}$ mit $\sum |c_j|^2 < \infty$ hergestellt. Die Abbildung ist *surjektiv*, denn für jede Folge $\{c_j\} \in l^2$ ist $\sum_{j=1}^{\infty} c_j v_j$ als Limes der Cauchy-Folge $\{\sum_{j=1}^{n} c_j v_j\}$ ein Element von H, dessen F.K. c_j sind. Und falls das ON-System überdies vollständig ist, so ist die Abbildung sogar *bijektiv*: Gehören nämlich zu x und y dieselben F.K., so hat $x - y$ die F.K. 0, also ist wegen Satz 2, c) gewiss $x - y = 0$.

B. ON-Entwicklungen im Raum $L^2(G)$

Jetzt sei speziell $H = L^2(G)$ für ein zunächst beliebiges Gebiet G, und $\{\varphi_j\}$ sei ein ON-System von Funktionen aus $L^2(G)$. Die F.K. errechnen sich zu

$$\gamma_j = (f, \varphi_j) = \iint_G f \overline{\varphi_j}\, db \qquad (j = 1, 2, \ldots)$$

für jedes $f \in L^2(G)$, und die *Fourier-Entwicklung* von f lautet dann

$$f \sim \sum_{j=1}^{\infty} \gamma_j \varphi_j.$$

Falls die φ_j ein VON-System bilden, so wissen wir nach Satz 2, daß jedenfalls

$$(4.1) \qquad \|f - \sum_{j=1}^{n} \gamma_j \varphi_j\| \searrow 0 \qquad (n \to \infty)$$

gilt; die Fourier-Entwicklung von f konvergiert im quadratischen Mittel gegen f. Es gilt aber sogar

Satz 3. *Ist $f \in L^2(G)$ nach einem VON-System $\{\varphi_j\}$ entwickelt, so gilt (4.1), und die Fourier-Entwicklung $\sum_{j=1}^{\infty} \gamma_j \varphi_j$ konvergiert gleichmäßig gegen f in jedem kompakten Teil B von G.*

Beweis. Ist $d > 0$ der Abstand von B zum Rand von G, so gilt infolge der Abschätzung (1.2) in § 1

$$|f(z) - \sum_{j=1}^{n} \gamma_j \varphi_j(z)| \leq \frac{\|f - \sum_{1}^{n} \gamma_j \varphi_j\|}{\sqrt{\pi}\, d} \qquad (z \in B),$$

und die Behauptung folgt.

Wie am Schluß von Abschnitt A erwähnt, können wir auch umgekehrt von einer Zahlenfolge $\{c_j\} \in l^2$ ausgehen und $\Sigma c_j \varphi_j$ bilden. Dadurch wird eine Funktion $f \in L^2(G)$ dargestellt, und es gilt

$$\sum_{j=1}^{\infty} c_j \varphi_j(z) = f(z) \qquad \text{für } z \in G,$$

bei gleichmäßiger Konvergenz in kompakten Teilen von G.

Nach Satz 3 ist nunmehr klar, was praktisch zu tun ist, wenn eine Funktion $f \in L^2(G)$ in G entwickelt werden soll:

(i) $\{u_j\}$ sei ein System linear unabhängiger Funktionen in $L^2(G)$;
(ii) ON-Prozeß gemäß § 2 liefert ein ON-System $\{v_j\}$; dieses System muß vollständig sein (§ 3);
(iii) Berechnung der F.K. $\gamma_j = (f, v_j)$ liefert die Entwicklung von f in G, die jedenfalls in G konvergiert.

§ 4. Entwicklung nach ON-Systemen in $L^2(G)$

C. Über die Güte der Approximation, falls f in $\overline{G}$ analytisch ist

Als nächstes behandeln wir die Frage, wann die Entwicklung von f sogar in $\overline{G}$ gleichmäßig konvergiert, allerdings nur in dem Sonderfall:

G sei ein Jordangebiet, d.h. $\partial G = C$ ist eine Jordankurve;

f sei in $\overline{G}$ regulär;

φ_j seien die ON-Polynome P_j von § 2.

Es ist klar, daß die φ_j spezialisiert werden müssen, wenn man eine Aussage über die Güte der Approximation machen will; hierfür spielt sogar die Reihenfolge der φ_j eine Rolle.

Zur Vorbereitung benötigen wir ein Lemma über Polynome, das auf Bernstein (1912) zurückgeht. Es bezeichne

$$z = \psi(w) = cw + c_0 + \frac{c_1}{w} + \ldots \qquad (c > 0)$$

die in ∞ normierte konforme Abbildung von $\{w : |w| > 1\}$ auf ext C. φ sei die Umkehrabbildung, und es sei

$$C_R = \{z : |\varphi(z)| = R\} \qquad \text{für } R > 1$$

eine äußere Niveaulinie von C. Dann haben wir das

Lemma von Bernstein. *Ist P ein Polynom vom Grad n und $|P(z)| \leq 1$ für $z \in C$, so gilt $|P(z)| \leq R^n$ für $z \in C_R$ (also auch innerhalb C_R).*

Dieses Lemma beschreibt das Anwachsen von Polynomen in $\mathbb{C}$. Ist $C = \{z : |z| = 1\}$, so zeigt $P(z) = z^n$, daß die Behauptung nicht verschärft werden kann. Verlangt man aber zusätzlich $P(z) \neq 0$ $(z \in \mathbb{D})$, so hat man sogar $|P(z)| \leq \frac{1}{2}(R^n + 1)$ auf $|z| = R > 1$; siehe Ankeny-Rivlin [8].

Beweis. Die Funktion $\dfrac{P(z)}{[\varphi(z)]^n}$ ist außerhalb C regulär und im abgeschlossenen Äußeren von C einschließlich ∞ stetig. Sie muß daher ihr Maximum auf C annehmen:

$$\left(\frac{P(z)}{[\varphi(z)]^n}\right) \leq 1 \qquad \text{für } z \in \text{ext } C.$$

Für $z \in C_R$ ist $|\varphi(z)| = R$, und die Behauptung folgt.

Nun kommen wir zu unserem Approximationssatz.

Satz 4. *Es sei C eine Jordankurve und $\rho > 1$ die größte Zahl derart, daß f innerhalb C_ρ regulär ist. Ferner sei $f \sim \sum\limits_{j=1}^{\infty} \gamma_j P_j$ die Entwicklung von f nach den ON-Polynomen P_j von G, und es sei $p_n = \sum\limits_{j=1}^{n} \gamma_j P_j$ gesetzt. Dann gilt*

(4.2) $\quad \max \{|f(z) - p_n(z)| : z \in \overline{G}\} = O\left(\dfrac{1}{R^n}\right) \quad$ *für jedes $R < \rho$,*

aber für kein $R > \rho$.

Anders ausgedrückt: Es gilt

$$\overline{\lim_{n \to \infty}} \sqrt[n]{\max |f(z) - p_n(z)|} = \frac{1}{\rho}.$$

Dies wird von Walsh ([189], S. 79) als *maximale Konvergenz* bezeichnet; warum, wird gleich einleuchten.

Beweis. a) Es gibt keine Polynome p_n vom Grad n mit

(4.3) $\quad |f(z) - p_n(z)| \leq \dfrac{M_1}{R^n} \quad$ für ein $R > \rho$ und alle $z \in \overline{G}$.

Andernfalls wählen wir $R_1 \in (\rho, R)$ und haben

$$|p_{n+1}(z) - p_n(z)| \leq |f(z) - p_{n+1}(z)| + |f(z) - p_n(z)| \leq \frac{2M_1}{R^n} \quad (z \in \overline{G}),$$

folglich

$$|p_{n+1}(z) - p_n(z)| \leq \frac{2M_1}{R^n} \cdot R_1^{n+1} = 2M_1 R_1 \left(\frac{R_1}{R}\right)^n \quad \text{für } z \in C_{R_1}$$

nach dem Bernsteinschen Lemma. Also konvergiert die Polynomreihe

$$p_0 + \sum_{n=0}^{\infty} (p_{n+1} - p_n)$$

gleichmäßig auf und innerhalb C_{R_1}, und der Reihenwert F ist regulär in int C_{R_1}. Dabei ist wegen (4.3) sicher $F = f$ in G. Die Funktion f hat somit eine analytische Fortsetzung von G nach int C_{R_1}, mit $R_1 > \rho$, im Widerspruch zur Erklärung von ρ.

b) Um nun den positiven Teil von Satz 4, also die Aussage (4.2), zu beweisen, wählen wir σ, R_1 so, daß $1 < \sigma < R_1 < \rho$ ist, und zeigen für die im Satz angegebenen Teilsummen p_n der Fourier-Entwicklung von f

(4.4) $\quad \max\limits_{\overline{G}} |f(z) - p_n(z)| \leq N \left(\dfrac{\sigma}{R_1}\right)^n \quad (n = 0, 1, 2, \ldots)$

mit einer Konstanten $N > 0$. Daraus folgt offenbar (4.2).

Wir verwenden dabei, daß es Polynome π_n vom Grad n gibt mit

$$\max\limits_{\overline{G}} |f(z) - \pi_n(z)| \leq M_2 \cdot \frac{1}{R_1^n} \quad (n = 0, 1, 2, \ldots);$$

dies wird in Kap. II, § 2 durch Interpolation bewiesen werden. Für diese Polynome gilt in der L^2-Norm $\|f - \pi_n\| \leq M_2 \cdot R_1^{-n}$, und also gilt umso mehr für die Minimalpolynome p_n (Satz 1, a)) $\|f - p_n\| \leq M_2 \cdot R_1^{-n}$. Für jeden kompakten Teil $B \subset G$ folgt daraus mit dem Hilfssatz 1 von § 1

$$\max\limits_{B} |f(z) - p_n(z)| \leq M_3(B) \cdot R_1^{-n},$$

§ 4. Entwicklung nach ON-Systemen in $L^2(G)$

also
$$|p_{n+1}(z) - p_n(z)| \leq 2M_3(B) \cdot R_1^{-n} \quad \text{für } z \in B.$$

Nun wählen wir $B = \Gamma$ als Jordankurve so nahe an C, daß C innerhalb Γ_σ verläuft. Das Bernsteinsche Lemma liefert dann

$$|p_{n+1}(z) - p_n(z)| \leq 2M_3(B) R_1^{-n} \sigma^{n+1} \quad \text{für } z \in \Gamma_\sigma.$$

Daher konvergiert die Polynomreihe $p_0 + \sum_{n=0}^{\infty} (p_{n+1} - p_n)$ gleichmäßig auf und innerhalb Γ_σ gegen eine reguläre Funktion F, und es gilt

$$|F(z) - p_n(z)| = |\sum_{k \geq n} (p_{k+1}(z) - p_k(z))| \leq \sum_{k \geq n} |p_{k+1}(z) - p_k(z)|$$

$$\leq 2M_3(B)\sigma \sum_{k \geq n} \left(\frac{\sigma}{R_1}\right)^k$$

für $z \in \overline{G}$, da $\overline{G}$ innerhalb Γ_σ liegt. Daraus folgt zunächst (4.4) mit F statt f. Da aber $p_n(z) \to f(z)$ $(n \to \infty)$ für $z \in G$ sicher gilt, stimmt F mit f in G überein, und (4.4) ist bewiesen.

Die Aussage (4.2) läßt sich noch verallgemeinern. Aus $|f(z) - p_n(z)| \leq \dfrac{M}{R^n}$ $(z \in \overline{G})$ folgt $|p_{n+1}(z) - p_n(z)| \leq \dfrac{2M}{R^n}$ $(z \in C)$ und daher $|p_{n+1}(z) - p_n(z)| \leq$
$\leq \dfrac{2M}{R^n} \sigma^{n+1}$ $(z \in C_\sigma)$, woraus sich ergibt:

$$\max\{|f(z) - p_n(z)| : z \in C_\sigma\} = O\left(\left(\frac{\sigma}{R}\right)^n\right) \quad (n \to \infty)$$

für alle σ, R mit $1 \leq \sigma < R < \rho$. Die Konvergenz $p_n(z) \to f(z)$ $(n \to \infty)$ findet also sogar in int C_ρ statt.

Hinweise zu § 4

1. Abschätzungen des Fehlers $|f(z) - p_n(z)|$ $(z \in \overline{G})$ zwischen f und den Teilsummen p_n der Fourier-Entwicklung sind auch möglich, ohne daß f in $\overline{G}$ regulär ist. Die Beweise sind jedoch erheblich schwieriger; siehe Suetin [176], S. 23 ff. Es sei zum Beispiel $C \in C(2, \alpha)$, d.h. C hat eine Parameterdarstellung $z = z(s)$ mit s als Bogenlänge, die eine stetige 2. Ableitung aus Lip α besitzt ($\alpha > 0$). Dann gilt mit unseren Bezeichnungen

$$|f(z) - p_n(z)| \leq \text{Const} \cdot \log n \cdot E_n(f, \overline{G}) \quad (z \in \overline{G}; n \geq 2),$$

wobei E_n der Minimalfehler bei Approximation von f durch Polynome vom Grad n ist.

Abschätzungen von E_n können über die Faberreihe von f gewonnen werden; vgl. § 6, D. Allgemein ist

$$E_n(f, \overline{G}) \leq \frac{\text{Const}}{n^{p+\beta}} \quad (n \geq 1),$$

wenn $f^{(p)}$ in $\overline{G}$ stetig und $f^{(p)} \in \mathrm{Lip}\,\beta$ ist.

2. Im Beweisteil a) von Satz 4 hatten wir gezeigt: Ist $|f(z) - p_n(z)| \leq \dfrac{M}{R^n}$ $(z \in \overline{G})$

für Polynome p_n vom Grad n, so ist f innerhalb C_R regulär. In scharfem Kontrast dazu liegt folgendes Ergebnis über rationale Approximation (Aharonov-Walsh [1], Szüsz [180]): Zu jeder Nullfolge $\{\epsilon_n\}$ gibt es eine in $\mathbb{D} = \{z : |z| < 1\}$ reguläre Funktion f mit $\partial\mathbb{D}$ als natürlicher Grenze, für die $|f(z) - r_n(z)| < \epsilon_n$ $(z \in \mathbb{D})$ gilt, wobei r_n rationale Funktionen der Ordnung n sind.

§ 5. Die Bergmansche Kernfunktion

Nun behandeln wir eine spezielle Funktion aus $L^2(G)$ und ihre Eigenschaften, insbesondere ihre Beziehungen zur Praxis der konformen Abbildung. Wir verweisen auf die vor § 1 angegebene Literatur.

A. Einführung der Kernfunktion; Eigenschaften

Wir wählen eine funktionalanalytische Einführung und erinnern an folgendes. Ist H ein Hilbert-Raum und L ein lineares beschränktes Funktional in H, so gibt es ein eindeutig bestimmtes Element $u \in H$, für das gilt

$$L(x) = (x, u) \qquad (x \in H).$$

Im Hilbert-Raum $L^2(G)$, wo G ein beliebiges Gebiet ist, gilt nun nach Hilfssatz 1 von § 1 stets $|f(\zeta)| \leq \dfrac{1}{\sqrt{\pi}\,d_\zeta}\,\|f\|$, $d_\zeta = \mathrm{dist}(\zeta, \partial G)$, und folglich ist das Funktional

$$L(f) := f(\zeta) \qquad (f \in L^2(G))$$

für jedes feste $\zeta \in G$ ein beschränktes Funktional in $L^2(G)$. Also gibt es ein eindeutig bestimmtes $u_\zeta \in L^2(G)$, für das

$$f(\zeta) = (f, u_\zeta) \qquad (f \in L^2(G)).$$

Traditionell schreibt man $u_\zeta(z) =: K(z, \zeta)$ und nennt K die zu G gehörige *Bergmansche Kernfunktion*. Für jedes $\zeta \in G$ hat sie die *reproduzierende Eigenschaft*

(5.1) $\qquad f(\zeta) = (f, K(\cdot, \zeta)) = \iint\limits_G f(z)\,\overline{K(z, \zeta)}\,db_z \qquad (f \in L^2(G)).$

Daraus lassen sich sofort zwei Eigenschaften ableiten.

a) Setzt man $f = K(\cdot, \zeta)$ in (5.1) ein, so kommt

(5.2) $\qquad \|K(\cdot, \zeta)\|^2 = K(\zeta, \zeta) \qquad (\zeta \in G).$

b) Es gilt $K(z_1, z_2) = \overline{K(z_2, z_1)}$ für $z_1, z_2 \in G$. Dazu setzen wir $f = K(\cdot, z_2)$ und $\zeta = z_1$ in (5.1) und erhalten

§ 5. Die Bergmansche Kernfunktion

$$K(z_1, z_2) = \iint_G K(z, z_2)\overline{K(z, z_1)}\, db_z = [\iint_G K(z, z_1)\overline{K(z, z_2)}\, db_z]^{-}$$
$$= \overline{K(z_2, z_1)}.$$

Wichtig ist weiter ein Zusammenhang zwischen der Kernfunktion und einem Minimum-Problem im Raum $L^2(G)$. Es sei $\zeta \in G$ fest und

$$M = \{f \in L^2(G) : f(\zeta) = 1\}.$$

Satz 1. *Das Minimumproblem*

$$\|f\| = \min! \quad , \quad f \in M,$$

hat genau eine Lösung f_0. Diese hängt mit der Bergmanschen Kernfunktion zusammen gemäß

(5.3) $\qquad f_0(z) = \dfrac{K(z, \zeta)}{K(\zeta, \zeta)}, \qquad K(z, \zeta) = \dfrac{f_0(z)}{\|f_0\|^2}.$

Beweis. Für jedes $f \in L^2(G)$ gilt $f(\zeta) = (f, K(\cdot, \zeta))$; also folgt für $f \in M$ aus der Schwarzschen Ungleichung

$$1 = (f, K(\cdot, \zeta)) \leq \|f\| \cdot \|K(\cdot, \zeta)\| = \|f\| \cdot \sqrt{K(\zeta, \zeta)},$$

wobei Gleichheit genau dann gilt, wenn $f_0 = CK(\cdot, \zeta)$ ist, wegen $1 = f_0(\zeta) = CK(\zeta, \zeta)$ also für

$$f_0(z) = \frac{K(z, \zeta)}{K(\zeta, \zeta)}.$$

Daraus folgt auch die zweite der Beziehungen (5.3):

$$K(z, \zeta) = f_0(z) K(\zeta, \zeta) = f_0(z) \cdot \frac{1}{\|f_0\|^2}.$$

Häufig wird der in Satz 1 ausgedrückte Zusammenhang auch als Ausgangspunkt für die Definition der Kernfunktion genommen.

B. Bilinearreihe der Bergmanschen Kernfunktion

Eine geschlossene Darstellung der Kernfunktion ist nur in wenigen Fällen möglich. Hingegen läßt sie sich leicht nach einem VON-System $\{\varphi_j\}$ entwickeln, denn ihre Fourier-Koeffizienten sind einfach

$$\gamma_j = (K(\cdot, \zeta), \varphi_j) = \overline{\varphi_j(\zeta)} \qquad (j = 1, 2, \ldots)$$

infolge (5.1). Mit Satz 3 von § 4 erhalten wir daher

Satz 2. *Mit einem beliebigen VON-System $\{\varphi_j\}$ hat die Bergmansche Kernfunktion die Darstellung*

(5.4) $\qquad K(z, \zeta) = \displaystyle\sum_{j=1}^{\infty} \overline{\varphi_j(\zeta)}\, \varphi_j(z) \qquad (z, \zeta \in G).$

Bei festem $\zeta \in G$ ist die Reihe gleichmäßig konvergent in jedem kompakten Teil B von G.

Der Satz eröffnet die Möglichkeit, die Kernfunktion praktisch zu approximieren. Über die Geschwindigkeit der Konvergenz in $\overline{G}$ (G = Jordangebiet) macht Satz 4 in §4 eine Aussage, wenn $K(\cdot, \zeta)$ sogar in $\overline{G}$ regulär ist und wenn für die φ_j die ON-Polynome P_j von G genommen werden. Die Praxis zeigt jedoch, daß es oft zweckmäßig ist, die Polynome durch weitere Funktionen zu ergänzen, um die Konvergenz zu beschleunigen; vgl. Abschnitt C_3.

Wir betrachten den *Sonderfall* $G = \mathbb{D} = \{z : |z| < 1\}$. Nach §2, A gilt $P_n(z) = \sqrt{\dfrac{n+1}{\pi}} \, z^n$ ($n = 0, 1, 2, \ldots$), also gehört zu $\mathbb{D}$ die Kernfunktion

$$K(z, \zeta) = \sum_{n=0}^{\infty} \frac{n+1}{\pi} \overline{\zeta}^n z^n = \frac{1}{\pi} \cdot \frac{1}{(1 - z\overline{\zeta})^2} \quad (z, \zeta \in \mathbb{D}).$$

Hier findet Konvergenz in $\mathbb{D}$ statt, aber sie wird umso schlechter, je näher ζ an $\partial \mathbb{D}$ liegt. Die reproduzierende Eigenschaft (5.1) heißt hier

$$f(\zeta) = \frac{1}{\pi} \iint_{\mathbb{D}} \frac{f(z)}{(1 - \overline{z}\zeta)^2} \, db_z \quad (\zeta \in \mathbb{D}),$$

gültig für alle $f \in L^2(\mathbb{D})$.

Wenn ∂G eine Ellipse ist, so lassen sich die ON-Polynome mit Hilfe der Tschebischeff-Polynome ausdrücken, und die Bilinearreihe (5.4) von K kann ebenfalls explizit angegeben werden; vgl. Nehari [137], S. 258–259.

C. Konstruktion konformer Abbildungen mit Hilfe der Bergmanschen Kernfunktion

Die Bergmansche Kernfunktion ist ein wichtiges Hilfsmittel zur praktischen Konstruktion konformer Abbildungen. Hier beschränken wir uns auf den Fall eines einfach zusammenhängenden Gebiets G. Die Gewinnung von Normalabbildungen mehrfach zusammenhängender Gebiete mit Hilfe der Kernfunktion wird bei Nehari ([137], S. 367–377) und Gaier ([78], Kap. V, §5) behandelt.

C_1. Zusammenhang zwischen K und der konformen Abbildung

Es sei $G \subset \mathbb{C}, G \neq \mathbb{C}$, ein einfach zusammenhängendes Gebiet, ζ ein fester Punkt aus G, und F die konforme Abbildung von G auf $\mathbb{D}$, die durch die Vorschriften $F(\zeta) = 0, F'(\zeta) > 0$ normiert sei. Bekanntlich ist F dadurch eindeutig bestimmt.

Satz 3. *Zwischen der konformen Abbildung F und der Bergmanschen Kernfunktion K von G bestehen die Beziehungen*

$$(5.5) \quad F'(z) = \sqrt{\frac{\pi}{K(\zeta, \zeta)}} \, K(z, \zeta) \quad \text{und} \quad K(z, \zeta) = \frac{1}{\pi} \overline{F'(\zeta)} F'(z) \quad (z \in G).$$

§ 5. Die Bergmansche Kernfunktion

Beweis. Wir zeigen, daß $\frac{1}{\pi} \overline{F'(z)} F'(\zeta)$ die reproduzierende Eigenschaft hat, mithin mit $K(z, \zeta)$ identisch ist. Dazu sei $f \in L^2(G)$, und $G_\rho := \{z : |F(z)| < \rho\}$ $(0 < \rho < 1)$. Dann ist nach der Greenschen Formel

$$\iint_{G_\rho} f\overline{F'} \, db_z = \frac{1}{2i} \int_{\partial G_\rho} f \overline{F} \, dz = \frac{\rho^2}{2i} \int_{\partial G_\rho} \frac{f}{F} \, dz,$$

da $\overline{F(z)} \cdot F(z) = \rho^2$ für $z \in \partial G_\rho$. Das letzte Integral bestimmt sich nach dem Residuensatz zu $2\pi i f(\zeta)/F'(\zeta)$, und also ist

$$f(\zeta) = \frac{1}{\rho^2} \iint_{G_\rho} f(z) \frac{\overline{F'(z)} F'(\zeta)}{\pi} \, db_z.$$

Für $\rho \to 1$ erhält man (5.1) mit $K(z, \zeta) = \frac{\overline{F'(z)} F'(\zeta)}{\pi}$. Für $z = \zeta$ folgt $K(\zeta, \zeta) = \frac{[F'(\zeta)]^2}{\pi}$ und damit auch die erste der Beziehungen (5.5).

Wir bemerken, daß sich K auch mit Hilfe einer *nichtnormierten* konformen Abbildung F von G auf $\mathbb{D}$ darstellen läßt. Durch Einschaltung einer linearen Hilfsabbildung findet man leicht

$$K(z, \zeta) = \frac{1}{\pi} \cdot \frac{F'(z) \overline{F'(\zeta)}}{[1 - \overline{F(\zeta)} F(z)]^2} \qquad (z, \zeta \in G).$$

Im Sonderfall $G = \mathbb{D}$ kann man $F(z) = z$ wählen und erhält erneut die Kernfunktion für $\mathbb{D}$.

Wir fassen zusammen: Mit der Darstellung (5.4) von K schreibt sich die konforme Abbildung F (mit $F(\zeta) = 0$, $F'(\zeta) > 0$) von G auf $\mathbb{D}$ als

(5.6) $$F(z) = \sqrt{\frac{\pi}{K(\zeta, \zeta)}} \int_{v=\zeta}^{z} K(v, \zeta) \, dv \qquad (z \in G).$$

Will man die durch $f(\zeta) = 0, f'(\zeta) = 1$ normierte Abbildung f von G auf $\{w : |w| < r\}$, so hat man

(5.7) $$f(z) = \frac{F(z)}{F'(\zeta)} = \frac{1}{K(\zeta, \zeta)} \int_{v=\zeta}^{z} K(v, \zeta) \, dv \qquad (z \in G)$$

zu nehmen, und r ist $(\pi K(\zeta, \zeta))^{-1/2}$.

C_2. Die Bieberbach-Polynome

In der Praxis hat man die Reihe (5.4) abzubrechen und erhält daher nur Näherungen für F bzw. f. Ist etwa G ein Jordangebiet, und sind φ_j die zu G gehörigen ON-Polynome P_j, so entstehen Näherungspolynome

$$\pi_n(z) := \frac{1}{K_{n-1}(\zeta,\zeta)} \int_{v=\zeta}^{z} \overline{K_{n-1}(v,\zeta)}\, dv,$$

wobei

$$K_{n-1}(z,\zeta) = \sum_{j=0}^{n-1} \overline{P_j(\zeta)} P_j(z) \quad (n=1,2,\ldots)$$

gesetzt wurde. Diese π_n heißen die zu G und ζ gehörigen *Bieberbach-Polynome*. Sie genügen

$$\pi_n(\zeta) = 0, \quad \pi'_n(\zeta) = 1, \quad \|\pi'_n\|^2 = \frac{1}{K_{n-1}(\zeta,\zeta)},$$

und man sieht leicht, daß sie $\|p'\|$ minimieren für alle Polynome p vom Grad n mit $p(\zeta) = 0, p'(\zeta) = 1$.

Bezüglich der Konvergenz der Folge $\{\pi_n\}$ ist wegen Satz 2 und (5.7) zunächst klar, daß $\pi_n(z) \Rightarrow f(z)$ $(n \to \infty)$ in jedem kompakten Teil B von G gilt. Weiter ist

$$|f(z) - \pi_n(z)| \leq M q^n \quad (z \in \overline{G};\ n = 1, 2, \ldots)$$

für ein $q < 1$ genau dann, wenn f in $\overline{G}$ regulär ist. Dies ist der Fall, wenn ∂G eine analytische Jordankurve ist, aber auch wenn ∂G zum Beispiel ein Quadrat ist.

Schwächere Annahmen über ∂G erfordern feinere Untersuchungen. Über frühere Ergebnisse von Keldych und Mergelyan wird bei Gaier ([78], S. 125) referiert. Der gegenwärtige Wissensstand ist wie folgt. Wir sagen, der Rand C von G sei aus $C(p,\alpha)$, wenn er rektifizierbar ist und die Darstellung $z = z(s)$ durch die Bogenlänge eine stetige p-te Ableitung aus Lip α besitzt, $p = 0, 1, 2, \ldots$, $0 < \alpha \leq 1$. Dann gilt

Satz 4. a) *Es sei $C \in C(p,\alpha)$ mit $p + \alpha \geq \dfrac{7}{4}$. Dann gilt für die Bieberbach-Polynome π_n*

$$|f(z) - \pi_n(z)| \leq \text{Const } n^{-p-\alpha} \log n \quad (z \in \overline{G}).$$

b) *Ist $C \in C(1,\alpha)$ mit $\dfrac{1}{2} < \alpha < \dfrac{3}{4}$, so gilt*

$$|f(z) - \pi_n(z)| \leq \text{Const } n^{-3\alpha + \frac{1}{2}} \quad (z \in \overline{G}).$$

c) *Ist $C \in C(1,\alpha)$ mit $\alpha > 0$, so gilt*

$$|f(z) - \pi_n(z)| \leq \text{Const } n^{-\frac{1}{2} - \alpha} \sqrt{\log n} \quad (z \in \overline{G}).$$

d) *Ist der Rand C von G glatt und von beschränkter Krümmung, so gilt*

$$|f(z)| - \pi_n(z)| \leq \text{Const } \frac{(\log n)^2}{n^2} \quad (z \in \overline{G}).$$

Alle diese Ergebnisse sind bei Suetin ([176], Kap. V) ausführlich dargestellt. Auch für $z \in B \subset G$ gibt es Abschätzungen, die von der Güte von ∂G abhän-

§ 5. Die Bergmansche Kernfunktion

gen. Methodisch knüpft man an eine asymptotische Darstellung der ON-Polynome P_n in $\overline{G}$ und an die zu f gehörigen bestapproximierenden Polynome vom Grad n an.

C_3. Verwendung singulärer Funktionen beim ON-Prozeß

Die Konvergenz der Bilinearreihe (5.4) ist häufig schlecht, wenn man für φ_j einfach die zu G gehörigen ON-Polynome P_j nimmt. Die Ursache dafür liegt in den Singularitäten der Abbildungsfunktion F begründet, die auf ∂G oder in $\mathbb{C} \setminus \overline{G}$, aber nahe ∂G liegen. Die Konvergenz von (5.4) kann jedoch oft erheblich beschleunigt werden, wenn man zu den Potenzen z^k ($k = 0, 1, 2, \ldots$) noch einige weitere Funktionen hinzu nimmt, deren Singularitäten denjenigen von K entsprechen, und erst das erweiterte System dem Orthonormierungsprozeß unterwirft. Dies haben Levin, Papamichael und Sideridis [117] erstmals vorgeschlagen und damit die Anwendbarkeit der Bergmanschen Kernfunktion in der konformen Abbildung beträchtlich gesteigert.

Ist beispielsweise G ein Rechteck $\{z = x + iy : |x| < a, |y| < 1\}$ und $\zeta = 0$, ferner F die durch $F(0) = 0, F'(0) > 0$ normierte Abbildung von G auf $\mathbb{D}$, so zeigt das Spiegelungsprinzip, daß die ∂G am nächsten liegenden Pole der analytischen Fortsetzung von F an den Stellen $z = \pm 2a, \pm 2i$ liegen und einfach sind. In einer Darstellung von F kann man diese Pole durch Glieder der Form $\dfrac{z}{z^2 - 4a^2}$ und $\dfrac{z}{z^2 + 4}$ berücksichtigen. Für $K = \text{Const} \cdot F'$ bedeutet dies, daß man die Glieder

$$\frac{d}{dz}\left(\frac{z}{z^2 - 4a^2}\right) \quad \text{und} \quad \frac{d}{dz}\left(\frac{z}{z^2 + 4}\right)$$

zur Basis $\{z^k\}_{k=0}^{\infty}$ hinzunimmt und das erweiterte System dem ON-Prozeß unterwirft.

Liefert der ON-Prozeß dann die Funktionen φ_j und wird (abweichend von Abschnitt C_2) gesetzt

$$K_n(z, \zeta) := \sum_{j=1}^{n} \overline{\varphi_j(\zeta)} \varphi_j(z),$$

so ist

$$F_n(z) := \sqrt{\frac{\pi}{K_n(\zeta, \zeta)}} \int_{v=\zeta} K_n(v, \zeta)\, dv \qquad (z \in G)$$

eine Näherung für die konforme Abbildung F von G auf $\mathbb{D}$.

In der oben genannten Arbeit [117] wurde z.B. im Falle des Rechtecks mit $a = 2$ bei Verwendung von 17 Ansatzfunktionen der Form z^k ein Approximationsfehler von $2 \cdot 10^{-5}$ erreicht, während bei Hinzunahme von zwei singulären

Funktionen $\left(\dfrac{z}{z^2-16}\right)'$ und $\left(\dfrac{z}{z^2+4}\right)'$ nur insgesamt 10 Ansatzfunktionen erforderlich waren, um den Approximationsfehler auf $2 \cdot 10^{-10}$ zu reduzieren.

Auch dann, wenn F Singularitäten auf ∂G hat, empfiehlt sich die Methode, etwa bei der konformen Abbildung von Polygonen. Ein gewisser Nachteil ist lediglich, daß die beim ON-Prozeß auftretenden inneren Produkte etwas schwieriger zu berechnen sind, wenn man die singulären Funktionen in den Prozeß einbezieht.

D. Weitere Anwendungen der Bergmanschen Kernfunktion

Abschließend behandeln wir noch zwei weitere interessante Anwendungen der Bergmanschen Kernfunktion in der Funktionentheorie.

D_1. Gebiete mit Mittelwerteigenschaft

Zunächst sei G eine Kreisscheibe $\{z : |z - \zeta| < r\}$ und f in G regulär. Dann gilt

$$f(\zeta) = \frac{1}{2\pi} \int_0^{2\pi} f(\zeta + \rho e^{i\varphi}) d\varphi \quad (0 < \rho < r);$$

Multiplikation mit ρ und nachfolgende Integration von 0 bis r ergibt

$$(5.8) \qquad f(\zeta) = \frac{1}{A(G)} \iint_G f(z) \, db_z \quad \text{für alle } f \in L^1(G),$$

wobei $A(G) = \pi r^2$ die Fläche von G bedeutet. Wir zeigen nun umgekehrt:

Satz 5. *Es sei G ein einfach zusammenhängendes, beschränktes Gebiet und $A(G)$ seine Fläche, ferner ζ ein fester Punkt aus G. Dann gilt (5.8) für alle in G regulären und integrierbaren Funktionen f genau dann, wenn G eine Kreisscheibe und ζ ihr Mittelpunkt ist.*

Beweis. Wir verwenden (5.8) nur für Funktionen $f \in L^2(G)$. (Es ist $L^2(G) \subset L^1(G)$; Schwarzsche Ungleichung.) Schreibt man (5.8) in der Form

$$f(\zeta) = \iint_G f(z) \frac{1}{A} \, db_z,$$

so sieht man, daß $\dfrac{1}{A}$ die reproduzierende Eigenschaft hat. Damit ist $K(z, \zeta) = \dfrac{1}{A}$ und wegen Satz 3 also $F'(z) = \sqrt{\dfrac{\pi}{A}}$ für die in ζ normierte konforme Abbildung F von G auf $\mathbb{D}$. Daher ist $F = \text{Const} \cdot (z - \zeta)$, und die Behauptung folgt.

D_2. Darstellung von $\int_{-1}^{+1} f(x)dx$ als Flächenintegral

In Abschnitt A hatten wir an das Funktional $L(f) = f(\zeta)$ ($\zeta \in G$ fest) angeknüpft, um die Bergmansche Kernfunktion einzuführen. Jetzt sei G ein Gebiet, welches das

§ 5. Die Bergmansche Kernfunktion

Intervall $I = [-1, +1]$ enthält, und das lineare Funktional
$$L(f) := \int_I f(x)\,dx \qquad (f \in L^2(G))$$
betrachtet. Ist $d = \mathrm{dist}(I, \partial G)$, so gilt wieder mit Hilfssatz 1 von § 1
$$|L(f)| \leq \frac{2}{\sqrt{\pi}\,d}\,\|f\|\,.$$

Das Funktional ist also beschränkt, und es gibt daher ein eindeutig bestimmtes Element $h \in L^2(G)$, für das
$$\int_I f(x)\,dx = (f, h) \qquad (f \in L^2(G))$$
gilt.

Diese Funktion h läßt sich durch die Kernfunktion ausdrücken. Für $z \in G$ ist nämlich
$$\int_I K(z, x)\,dx = [\int_I K(x, z)\,dx]^- = (K(\cdot, z), h)^- = (h, K(\cdot, z)) = h(z)$$
wegen der reproduzierenden Eigenschaft (5.1) von K. Damit wäre $\int_I f\,dx$ schon durch ein Flächenintegral dargestellt, doch fragen wir jetzt spezieller:

Gibt es ein Gebiet $G \supset I$, für das gilt
$$\int_I f(x)\,dx = \iint_G f(z)\,db_z \qquad \text{für alle } f \in L^2(G)?$$

Diese Frage hat Davis in [48] gestellt und behandelt. Nach dem oben Gesagten muß $h = 1$ sein, und die Frage lautet somit: Gibt es ein Gebiet $G \supset I$, dessen Kernfunktion K der Beziehung

(5.9) $\qquad \int_I K(z, x)\,dx = 1 \qquad (z \in G)$

genügt?

Wir wollen jetzt G einfach zusammenhängend und symmetrisch zu $\mathbb{R}$ annehmen und diejenige konforme Abbildung F von G auf $\mathbb{D}$ betrachten, die $[-1, +1]$ in ein Intervall $[-\alpha, +\alpha] \subset \mathbb{D}$ überführt. Die Kernfunktion ist dann (Abschnitt C_1)
$$K(z, x) = \frac{1}{\pi} \cdot \frac{F'(z)\,F'(x)}{(1 - F(x)\,F(z))^2} \qquad (z \in G, x \in I),$$
und die Forderung (5.9) lautet
$$\int_I \frac{F'(z)\,F'(x)}{(1 - F(x)\,F(z))^2}\,dx = \pi \qquad (z \in G)$$
oder
$$\int_I \frac{d}{dx}\left(\frac{1}{1 - F(x)\,F(z)}\right) dx = \pi\,\frac{F(z)}{F'(z)} \qquad (z \in G).$$

Integriert man links, so kommt

$$F'(z) = \frac{\pi}{2\alpha}\, (1 - \alpha^2 F(z)^2) \qquad (z \in G),$$

und die Integration dieser Differentialgleichung ergibt mit $w = F(z)$ die Beziehungen

(5.10) $\qquad z = \dfrac{1}{\pi}\, \log \dfrac{1 + \alpha w}{1 - \alpha w}, \qquad w = \dfrac{1}{\alpha}\, \dfrac{e^{\pi z} - 1}{e^{\pi z} + 1},$

wobei aus $F(1) = \alpha$ folgt

$$\alpha = \sqrt{\dfrac{e^\pi - 1}{e^\pi + 1}} = 0{,}95768\ldots$$

Unser *Ergebnis* lautet: Das Bildgebiet von $\mathbb{D}$ unter der Abbildung

$$w \mapsto \dfrac{1}{\pi}\, \log \dfrac{1 + \alpha w}{1 - \alpha w} \quad \text{mit} \quad \alpha = \sqrt{\dfrac{e^\pi - 1}{e^\pi + 1}}$$

ist ein Gebiet G, für das gilt

$$\int_{-1}^{+1} f(x)\, dx = \iint_G f(z)\, db_z \qquad \text{für alle } f \in L^2(G).$$

Man findet, daß ∂G eine konvexe ellipsenförmige Jordankurve ist, die durch die Punkte $(\pm 1{,}2205; 0)$ und $(0; \pm 0{,}4862)$ hindurchgeht; vgl. Figur.

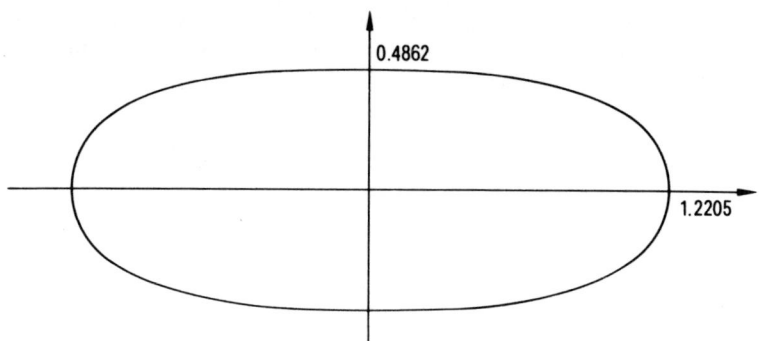

Interessant ist noch eine *Folgerung*. Bekanntlich genügen die Legendre – Polynome den Orthogonalitätsrelationen

$$\int_I P_n(x)\, P_m(x)\, dx = \delta_{nm}.$$

Also gilt für sie und das oben konstruierte Gebiet G auch

$$\iint_G P_n(z)\, P_m(z)\, db_z = \delta_{nm},$$

eine nicht-Hermitesche Orthogonalitätseigenschaft.

§ 6. Über die Güte der Approximation; Faber-Entwicklungen

Hinweis zu § 5.

In Abschnitt C wurde schon erwähnt, daß die ON-Entwicklungen auch zur konformen Abbildung mehrfach zusammenhängender Gebiete herangezogen werden können. Bei Ringgebieten interessiert man sich besonders für den konformen Modul M von G, und auch hier kann durch Verwendung geeigneter singulärer Funktionen eine bessere Approximation von M mit weniger Ansatzfunktionen erreicht werden. Zu diesem Thema vergleiche man Eidel [67].

§ 6. Über die Güte der Approximation; Faber-Entwicklungen

Die Frage, wie gut eine in einem Gebiet G reguläre, in $\overline{G}$ stetige Funktion f durch Polynome vom Grad n approximierbar ist, hängt offenbar von den Eigenschaften von f und von G ab. Sie ist bereits an mehreren Stellen in Sonderfällen angeschnitten worden. Jetzt wird gezeigt, wie sich Sätze dieses Typs durch Entwicklung von f nach den zu G gehörigen Faber-Polynomen gewinnen lassen.

Diese Entwicklungen sind weniger konstruktiv als die bisher betrachteten ON-Entwicklungen, da hierbei eine im allgemeinen unbekannte Abbildungsfunktion eingeht.

A. Randverhalten von Cauchy-Integralen

Unter einem Cauchy-Integral versteht man allgemein ein Integral von der Form

$$\frac{1}{2\pi i} \int_C \frac{h(\zeta)}{\zeta - z} d\zeta \,,$$

wobei C eine rektifizierbare Jordankurve, h auf C integrierbar und $z \notin C$ ist. Hier genügt es, den speziellen Fall

$$(6.1) \qquad \Phi(z) := \frac{1}{2\pi i} \int_{|\zeta|=1} \frac{h(\zeta)}{\zeta - z} d\zeta$$

zu betrachten, wo also $C = \{\zeta : |\zeta| = 1\}$ ist und wo wir die Belegung h als *stetig auf C* annehmen. Durch (6.1) werden zwei reguläre Funktionen erklärt, eine in $\mathbb{D} = \{z : |z| < 1\}$ und eine in $\{z : |z| > 1\}$.

Zunächst fragen wir, wie Φ mit h und seiner (Fourier-)Konjugierten $\tilde{h}$ zusammenhängt.

Hilfssatz 1. *Es bezeichne H und $\tilde{H}$ die durch das Poisson-Integral gewonnenen harmonischen Fortsetzungen von h und $\tilde{h}$ nach $\mathbb{D}$. Dann gilt*

$$(6.2) \qquad \Phi(z) = \frac{1}{2} \Phi(0) + \frac{1}{2} [H(z) + i\tilde{H}(z)] \qquad (z \in \mathbb{D}).$$

Ist insbesondere neben h auch $\tilde{h}$ stetig auf $\partial \mathbb{D}$, so hat Φ eine stetige Fortsetzung nach $\overline{\mathbb{D}}$, und es gilt

(6.3) $$\Phi(e^{i\varphi}) = \frac{1}{2}\Phi(0) + \frac{1}{2}[h(e^{i\varphi}) + i\tilde{h}(e^{i\varphi})].$$

Beweis. Es ist (siehe etwa Duren [53], S. 62)

$$H(z) + i\tilde{H}(z) = \frac{1}{2\pi} \int_0^{2\pi} \frac{e^{it} + z}{e^{it} - z} h(e^{it}) dt \qquad (z \in \mathbb{D}).$$

Andererseits ist

$$2\Phi(z) - \Phi(0) = \frac{1}{\pi} \int_0^{2\pi} h(e^{it}) \left[\frac{e^{it}}{e^{it} - z} - \frac{1}{2} \right] dt$$

$$= \frac{1}{2\pi} \int_0^{2\pi} h(e^{it}) \frac{e^{it} + z}{e^{it} - z} dt.$$

Dies beweist (6.2). Sind h und $\tilde{h}$ stetige Funktionen, so streben bekanntlich $H(z) \to h(e^{i\varphi})$ und $\tilde{H}(z) \to \tilde{h}(e^{i\varphi})$ für $z \to e^{i\varphi}$, woraus (6.3) folgt.

Was läßt sich sagen, wenn der eine, in $\mathbb{D}$ erklärte Teil von Φ in $\mathbb{D}$ identisch verschwindet?

Hilfssatz 2. a) *Die durch* (6.1) *erklärte Funktion ist in* $\{z : |z| > 1\}$ *regulär und es ist* $\Phi(\infty) = 0$.

b) *Ist h stetig auf $\partial\mathbb{D}$ und $\Phi(z) = 0$ für $z \in \mathbb{D}$, so hat Φ eine stetige Erweiterung von $\{z : |z| > 1\}$ auf $\{z : |z| \geq 1\}$, und es gilt*

(6.4) $$\Phi(z) = -h(z) \qquad \text{für } |z| = 1.$$

Beweis. a) ist klar. Für b) beachten wir die Beziehung

$$\Phi(z) - \Phi\left(\frac{1}{\bar{z}}\right) = \frac{1}{2\pi} \int_0^{2\pi} h(e^{it}) P_z(t) dt \qquad (z \in \mathbb{D})$$

mit dem Poisson-Kern P_z. Für $z \in \mathbb{D}, z \to e^{i\varphi}$ strebt die rechte Seite gegen $h(e^{i\varphi})$, und die Behauptung folgt. — Allgemeine Eigenschaften Cauchyscher Integrale findet man bei Priwalow [148], S. 136 ff.

B. Faber-Polynome, Faber-Entwicklungen

Die von Faber [69] 1903 eingeführten Polynome spielen in vielen Zweigen der Funktionentheorie eine wichtige Rolle. Hier wollen wir nur die Eigenschaften bereitstellen, die wir für unsere Approximationssätze benötigen. Übersichtsartikel gibt es von Suetin [174] [178] und Curtiss [46]; siehe ferner Smirnov-Lebedev [170], Kap. 2. Wichtige Eigenschaften der Faber-Polynome finden sich bei Pommerenke [143] [144] und Kövari-Pommerenke [108].

§ 6. Über die Güte der Approximation; Faber-Entwicklungen

Es sei C eine Jordankurve in der z-Ebene, und es bezeichne

$$z = \psi(w) = cw + c_0 + \frac{c_1}{w} + \ldots \quad (c > 0)$$

die in ∞ normierte konforme Abbildung von $\{w : |w| > 1\}$ auf ext C. Die Umkehrabbildung sei mit φ bezeichnet:

$$w = \varphi(z) = dz + d_0 + \frac{d_1}{z} + \ldots \quad (cd = 1).$$

Eine Möglichkeit zur Erklärung der Faber-Polynome besteht nun darin, die für große $|z|$ gültige Laurent-Entwicklung

$$[\varphi(z)]^n = d^n z^n + \sum_{k=-\infty}^{n-1} d_{nk} z^k$$

zu betrachten; ihr Polynomanteil heißt *das n-te Faber-Polynom* F_n ($n = 0, 1, 2, \ldots$). Das Glied höchster Ordnung ist $d^n z^n$, sodaß F_n genau vom Grad n ist. In Sonderfällen lassen sich die F_n explizit angeben (Curtiss [46], S. 582).

Nach Definition ist also

(6.5) $\qquad [\varphi(z)]^n = F_n(z) + H_n(z),$

wo H_n in ext C regulär ist und $O\left(\dfrac{1}{|z|}\right)$ für $z \to \infty$. Geht man wieder zu w über, so kommt

(6.6) $\qquad \begin{aligned} F_m(\psi(w)) &= w^n - H_n(\psi(w)) \\ &= w^n + \sum_{k=1}^{\infty} nb_{nk} w^{-k} \end{aligned} \quad (|w| > 1)$

mit den *Grunsky-Koeffizienten* b_{nk}, was wir aber nicht weiter verfolgen (siehe Pommerenke [147], Kap. 3). Daraus folgt schon

Hilfssatz 3. *Es gilt*

(6.7) $\qquad \dfrac{1}{2\pi i} \displaystyle\int_{|w|=1} \dfrac{F_m(\psi(w))}{w^{n+1}} dw = \begin{cases} 1 & \text{für } m = n \\ 0 & \text{für } m \neq n \end{cases} \quad (m, n \geq 0).$

Beweis. In dem Integral können wir über $\{w : |w| = R > 1\}$ integrieren. Setzt man (6.6) ein, so verschwindet der von der Summe herrührende Anteil, sodaß

$$\frac{1}{2\pi i} \int_{|w|=R} w^{m-n-1} dw$$

verbleibt. Dies beweist (6.7).

Wir geben noch eine Erzeugende für die Faber-Polynome F_n an. Es sei $C_R = \{z : |\varphi(z)| = R > 1\}$ eine äußere Niveaulinie und $z \in \text{int } C_R$. Dann gilt

$$\frac{1}{2\pi i} \int_{C_R} \frac{(\varphi(\zeta))^n}{\zeta - z} d\zeta = \frac{1}{2\pi i} \int_{C_R} \frac{F_n(\zeta)}{\zeta - z} d\zeta + \frac{1}{2\pi i} \int_{C_R} \frac{H_n(\zeta)}{\zeta - z} d\zeta$$

wegen (6.5), und das erste Integral rechts ist $F_n(z)$, während das zweite verschwindet, weil $H_n(\zeta) = O\left(\frac{1}{|\zeta|}\right)$ für $|\zeta| \to \infty$ gilt. Für $z \in \operatorname{int} C_R$, $R > 1$, ist also

(6.8) $\qquad F_n(z) = \dfrac{1}{2\pi i} \displaystyle\int_{C_R} \dfrac{(\varphi(\zeta))^n}{\zeta - z} d\zeta = \dfrac{1}{2\pi i} \displaystyle\int_{|w|=R} \dfrac{w^n \psi'(w)}{\psi(w) - z} dw.$

Setzt man nun

(6.9) $\qquad \dfrac{w\psi'(w)}{\psi(w) - z} = 1 + p_1(z)/w + p_2(z)/w^2 + \ldots \quad (|w| = R, z \in \operatorname{int} C_R)$

und integriert gliedweise, so kommt sofort $F_n(z) = p_n(z)$. (6.9) ist die Erzeugende der Faber-Polynome F_n.

Schließlich lassen sich die F_n auch noch rekursiv gewinnen ([46], S. 579), was aber keine praktische Bedeutung hat, da die Koeffizienten der Rekursionsformel die im allgemeinen unbekannten c_k enthalten. —

Nun sei $G = \operatorname{int} C$ und

$$A(\overline{G}) = \{F : F \text{ in } G \text{ regulär, in } \overline{G} \text{ stetig}\}.$$

Wir erklären die *Faber-Koeffizienten* von $F \in A(\overline{G})$ durch

(6.10) $\qquad a_n = \dfrac{1}{2\pi i} \displaystyle\int_{|w|=1} F(\psi(w)) w^{-n-1} dw \qquad (n = 0, 1, 2, \ldots)$

und nennen

$$F(z) \sim \sum_{n=0}^{\infty} a_n F_n(z)$$

die formale *Faber-Entwicklung von F*. Mit Hilfssatz 3 sieht man sofort:

Falls $F(z) := \sum_{n=0}^{\infty} a_n F_n(z)$ *ist mit gleichmäßiger Konvergenz in* $\overline{G}$, *so sind die* a_n
die Faber-Koeffizienten von F.

Zwecks Identifizierung von Funktionen aus $A(\overline{G})$ ist noch wichtig

Satz 1. *Es sei C eine rektifizierbare Jordankurve,* $G = \operatorname{int} C$, *und* $F \in A(\overline{G})$. *Verschwinden alle Faber-Koeffizienten von F, so ist* $F = 0$.

Beweis. Aus $\dfrac{1}{2\pi i} \displaystyle\int_{|\omega|=1} F(\psi(\omega)) \omega^{-n-1} d\omega = 0 \; (n = 0, 1, 2, \ldots)$ folgt

$$\sum_{n=0}^{\infty} \frac{1}{2\pi i} \int_{|\omega|=1} F(\psi(\omega)) \left(\frac{w}{\omega}\right)^{n+1} d\omega = w \cdot \frac{1}{2\pi i} \int_{|\omega|=1} \frac{F(\psi(\omega))}{\omega - w} d\omega = 0 \; (w \in \mathbb{D}),$$

§ 6. Über die Güte der Approximation; Faber-Entwicklungen   49

sodaß also das zu der stetigen Funktion $F \circ \psi$ gehörige Cauchy-Integral in $\mathbb{D}$ verschwindet. Hilfssatz 2 garantiert daher die Existenz einer in $\{w : |w| \geq 1\}$ stetigen, in $\{w : |w| > 1\}$ regulären Funktion H mit

$$H(\infty) = 0 \quad \text{und} \quad H(w) = (F \circ \psi)(w) \quad \text{für} \quad |w| = 1.$$

Nun setzen wir

$$g(z) = \begin{cases} F(z) & z \in \overline{G} \\ H(\varphi(z)) & z \notin \overline{G}. \end{cases}$$

Diese Funktion ist in int C und in ext C regulär und hat auf C gemeinsame Grenzwerte $F(z)$, sodaß g in $\mathbb{C}$ stetig ist. Nach dem Prinzip der Stetigkeit (C rektifizierbar!) ist g eine ganze Funktion, und wegen $g(\infty) = 0$ ist $g = 0$ in $\mathbb{C}$, also $F = 0$.

C. Die Faber-Abbildung als beschränkter Operator

Um die Faber-Polynome zur Approximation einer Funktion $F \in A(\overline{G})$ anzuwenden, ist vom Rand $C = \partial G$ zusätzliches vorauszusetzen.

C_1. Kurven beschränkter Drehung

Dieser Begriff wurde erstmals von Radon [149] eingeführt mit dem Ziel, die Methode der Integralgleichungen zur Lösung des Dirichlet-Problems auch für Gebiete mit Ecken anzuwenden. Es sei C eine rektifizierbare Jordankurve, sodaß der Tangentenwinkel $\vartheta(s)$ für fast alle $s \in (0, L)$ (L = Länge von C) existiert.

Definition 1. *Läßt sich $\vartheta(s)$ auf $[0, L]$ so fortsetzen, daß eine Funktion beschränkter Schwankung entsteht, so heißt C von beschränkter Drehung.*

Wir sagen auch $C \in BR$ (bounded rotation). Hinreichend für $C \in BR$ ist zum Beispiel, daß C aus endlich vielen konvexen Teilbögen zusammengesetzt ist; Ecken sind erlaubt. Ist $C \in BR$, so hat C in jedem Punkt zwei Halbtangenten, und es gilt ferner ([149], S. 1133)

$$(6.11) \qquad \int_C |d_\zeta \arg(\zeta - z)| \leq \int_C |d\vartheta(s)| =: V$$

für jeden Punkt $z \in C$, wobei der Sprung von $\arg(\zeta - z)$ am Punkt z gleich dem Außenwinkel von C an z gesetzt ist. V heißt *totale Drehung von C*.

Für unsere Zwecke ist nun wichtig, daß sich die Abbildung $z = \psi(w)$ von $\{w : |w| > 1\}$ auf ext C mit Hilfe der Funktion

$$\arg(\zeta - z) = \arg(\psi(e^{it}) - \psi(e^{i\vartheta})) =: v(t, \vartheta)$$

explizit darstellen läßt; vgl. Paatero [142] und Pommerenke [144], S. 425. Ist $c = \psi'(\infty)$ die Kapazität von C, so gilt nämlich

$$(6.12) \quad \log \frac{\psi(w) - \psi(e^{i\vartheta})}{cw} = \frac{1}{\pi} \int_0^{2\pi} \log\left(1 - \frac{e^{it}}{w}\right) d_t v(t, \vartheta) \qquad (|w| > 1).$$

Die Verbindung zu den Faber-Polynomen entsteht, wenn wir (6.12) nach w ableiten und danach mit w multiplizieren:

$$\frac{w\psi'(w)}{\psi(w) - \psi(e^{i\vartheta})} - 1 = \frac{1}{\pi} \int_0^{2\pi} \sum_{n=1}^{\infty} \left(\frac{e^{it}}{w}\right)^n d_t v(t, \vartheta)$$

$$= \sum_{n=1}^{\infty} w^{-n} \frac{1}{\pi} \int_0^{2\pi} e^{int} d_t v(t, \vartheta).$$

Vergleicht man mit (6.9), so ergibt sich die grundlegende Beziehung

(6.13) $\quad \dfrac{1}{\pi} \displaystyle\int_0^{2\pi} e^{int} d_t v(t, \vartheta) = F_n(\psi(e^{i\vartheta})) \quad (n = 1, 2, \ldots);$

siehe Pommerenke [144], S. 425. Wegen (6.11) ist dabei $v(\cdot, \vartheta)$ für jedes feste ϑ von einer Schwankung $\leq V$:

(6.14) $\quad \displaystyle\int_0^{2\pi} |d_t v(t, \vartheta)| \leq V.$

C_2. Die Faber-Abbildung T

Wir betrachten die durch (6.13) nahegelegte Abbildung

$$T: \quad w^n \mapsto F_n(z) \quad (n = 0, 1, 2, \ldots),$$

die wir sogleich auf beliebige Polynome P erweitern durch die Vorschrift

(6.15) $\quad P(w) = \displaystyle\sum_{k=0}^{n} a_k w^k \mapsto (TP)(z) = \sum_{k=0}^{n} a_k F_k(z).$

Diese Abbildung zwischen den Polynomen P und TP ist bijektiv; denn wenn $TP = 0$ ist, so folgt durch Betrachtung des Koeffizienten des höchsten Gliedes sukzessive $a_n = 0, a_{n-1} = 0, \ldots,$ weil F_k vom genauen Grad k ist.

Falls C rektifizierbar ist, lassen T und seine Umkehrung Integraldarstellungen zu. Wegen (6.8) ist nämlich

$$\frac{1}{2\pi i} \int_{|w|=1} \frac{w^n \psi'(w)}{\psi(w) - z} dw = F_n(z) \quad (z \in \text{int } C)$$

und also

(6.16) $\quad (TP)(z) = \dfrac{1}{2\pi i} \displaystyle\int_{|w|=1} \dfrac{P(w)\psi'(w)}{\psi(w) - z} dw = \dfrac{1}{2\pi i} \int_C \dfrac{P(\varphi(\zeta))}{\zeta - z} d\zeta \quad (z \in \text{int } C)$

für jedes Polynom P. Weiter folgt aus (6.7) sofort

$$\frac{1}{2\pi i} \int_{|\omega|=1} \frac{(F_n \circ \psi)(\omega)}{\omega - w} d\omega = w^n \quad (w \in \mathbb{D})$$

§ 6. Über die Güte der Approximation, Faber-Entwicklungen

und also

$$(6.17) \qquad \frac{1}{2\pi i} \int_{|\omega|=1} \frac{(TP)(\psi(\omega))}{\omega - w} d\omega = P(w) \qquad (w \in \mathbb{D})$$

für jedes Polynom P, wodurch die Umkehrabbildung beschrieben wird.

Nun wird die Abbildung T auf eine Abbildung zwischen den Banachräumen $A(\overline{\mathbb{D}})$ und $A(\overline{G})$ erweitert. Wie üblich setzen wir für jedes Kompaktum $K \subset \mathbb{C}$

$$A(K) = \{f : f \text{ stetig auf } K, \text{ regulär in } K^\circ\}; \quad \|f\| = \max\{|f(z)|: z \in K\}.$$

Bezeichnet Π_n den Unterraum aller Polynome vom Grad $\leq n$, so bildet der durch (6.15) erklärte lineare Operator T gerade $\Pi_n \subset A(\overline{\mathbb{D}})$ bijektiv auf $\Pi_n \subset A(\overline{G})$ ab ($n = 0, 1, 2, \ldots$). Die genannte Erweiterung garantiert

Satz 2. *Ist C eine rektifizierbare Jordankurve von beschränkter Drehung, so ist der Operator T auf $\cup \Pi_n$ beschränkt. Für jedes Polynom P gilt*

$$\|TP\| \leq \left(1 + \frac{2V}{\pi}\right) \|P\|$$

mit der Konstanten V von (6.11).

Beweis. Für $z = \psi(e^{i\vartheta}) \in C$ gilt nach (6.13)

$$F_n(z) = \frac{1}{\pi} \int_0^{2\pi} e^{int} d_t v(t, \vartheta) \qquad (n = 1, 2, \ldots)$$

und also

$$\sum_{k=0}^{n} a_k F_k(z) = a_0 + \frac{1}{\pi} \int_0^{2\pi} \left(\sum_{k=1}^{n} a_k e^{ikt}\right) d_t v(t, \vartheta),$$

mit (6.14) daher

$$\|\sum_{k=0}^{n} a_k F_k\| \leq |a_0| + \left(|a_0| + \|\sum_{k=0}^{n} a_k w^k\|\right) \cdot \frac{V}{\pi}.$$

Berücksichtigt man $|a_0| = |P(0)| \leq \|P\|$, so folgt die Behauptung.

Aus Satz 2 folgt nun, daß sich T von $\cup \Pi_n$ auf seinen Abschluß erweitern läßt, und da die Polynome in $A(\overline{\mathbb{D}})$ dicht liegen, haben wir einen Operator T von $A(\overline{\mathbb{D}})$ nach $A(\overline{G})$ gewonnen mit der Eigenschaft

$$(6.18) \qquad \|Tf\| \leq \left(1 + \frac{2V}{\pi}\right) \|f\| \qquad \text{für alle } f \in A(\overline{\mathbb{D}}).$$

Dynkin ([54], S. 270) nennt ein Gebiet G, für das der Operator T beschränkt ist, ein *Faber-Gebiet;* siehe auch Dynkin [55].

Wir bemerken, daß sich die Integraldarstellungen (6.16) und (6.17) durch Grenzübergang sofort übertragen lassen: Für jedes $f \in A(\overline{\mathbb{D}})$ gilt

$$\text{(6.16')} \qquad (Tf)(z) = \frac{1}{2\pi i} \int_C \frac{f(\varphi(\zeta))}{\zeta - z} \, d\zeta \qquad (z \in G),$$

und für jede Funktion $Tf, f \in A(\overline{\mathbb{D}})$, gilt umgekehrt

$$\text{(6.17')} \qquad f(w) = \frac{1}{2\pi i} \int_{|\omega|=1} \frac{(Tf)(\psi(\omega))}{\omega - w} \, d\omega \qquad (w \in \mathbb{D}).$$

Bevor wir zur Approximationstheorie zurückkommen, zeigen wir noch eine weitere Eigenschaft des Operators T.

Satz 3. *Ist $f \in A(\overline{\mathbb{D}})$ und $f(w) = \sum_{n=0}^{\infty} a_n w^n$ ($w \in \mathbb{D}$), so hat Tf die Faber-Koeffizienten a_n.*

Beweis. Bezeichnet $f_r(w) := f(rw)$ $(0 < r < 1, w \in \mathbb{D})$, so gilt $f_r \to f$ und also $Tf_r \to Tf$ $(r \to 1)$. Die Differenz der zugehörigen Faber-Koeffizienten $(Tf)_n - (Tf_r)_n$ ist daher betraglich

$$\left| \frac{1}{2\pi} \int_{|w|=1} [(Tf)(\psi(w)) - (Tf_r)(\psi(w))] w^{-n-1} \, dw \right| \leq \|Tf - Tf_r\| \to 0$$

für $r \to 1$. Aber $(Tf_r)_n = a_n r^n$; denn aus $\sum_0^n a_k r^k w^k \rightrightarrows f_r(w)$ ($w \in \overline{\mathbb{D}}, n \to \infty$) folgt $\sum_0^n a_k r^k F_k(z) \rightrightarrows (Tf_r)(z)$ ($z \in \overline{G}, n \to \infty$), also (Hinweis nach (6.10)!) ist $(Tf_r)_n = a_n r^n$. Für $r \to 1$ erhält man die Behauptung.

Insbesondere folgt aus Satz 3:

Aus $Tf = 0$ für ein $f \in A(\overline{\mathbb{D}})$ folgt $f = 0$,

und daher stellt T eine bijektive Abbildung her zwischen $A(\overline{\mathbb{D}})$ und dem abgeschlossenen Teilraum $\{F : F = Tf \text{ für } f \in A(\overline{\mathbb{D}})\}$ von $A(\overline{G})$.

D. Güte der Approximation innerhalb einer Kurve beschränkter Drehung

Nun kommen wir auf unser eigentliches Problem zurück. Im ganzen Abschnitt D sei $C \in BR$, $G = \text{int } C$, und $F \in A(\overline{G})$. Wie gut läßt sich F auf $\overline{G}$ durch Polynome vom Grad n approximieren, und gegebenenfalls durch welche Polynome kann approximiert werden?

D_1. Vorbereitungen; gleichmäßige Konvergenz

Angenommen, es sei $F = Tf$ für ein $f \in A(\overline{\mathbb{D}})$. Dann ist für beliebige $a_k^{(n)}$

$$\text{(6.19)} \quad \left\| F - \sum_{k=0}^n a_k^{(n)} F_k \right\| = \left\| T\left(f - \sum_{k=0}^n a_k^{(n)} w^k\right) \right\| \leq \|T\| \cdot \left\| f - \sum_{k=0}^n a_k^{(n)} w^k \right\|$$

§ 6. Über die Güte der Approximation, Faber-Entwicklungen

mit $\|T\| \leq 1 + \dfrac{2V}{\pi}$, und unser Problem ist auf die Approximation von f in $\overline{\mathbb{D}}$ reduziert. Es fragt sich also:

(i) Wann ist F von der Form $F = Tf$ für ein $f \in A(\overline{\mathbb{D}})$?
(ii) Wie spiegelt sich die Güte von F in der Güte von f wider?

Die Frage (i) erledigt

Satz 4. *Die Funktion $F \in A(\overline{G})$ ist von der Form Tf für ein $f \in A(\overline{\mathbb{D}})$ genau dann, wenn das Cauchy-Integral*

$$\Phi(w) := \frac{1}{2\pi i} \int_{|\omega|=1} \frac{h(\omega)}{\omega - w} \, d\omega \quad \text{mit} \quad h = F \circ \psi$$

aus $A(\overline{\mathbb{D}})$ ist. Ist dies der Fall, so ist $T\Phi = F$, also $\Phi = f$.

Beweis. Ist $F = Tf$ für $f \in A(\overline{\mathbb{D}})$, so muß Φ wegen (6.17') aus $A(\overline{\mathbb{D}})$ sein; in diesem Fall ist $\Phi = f$. Ist umgekehrt $\Phi \in A(\overline{\mathbb{D}})$ für ein gegebenes $F \in A(\overline{G})$, so ist

$$\Phi(w) = \sum_{n=0}^{\infty} w^n \frac{1}{2\pi i} \int_{|\omega|=1} (F \circ \psi)(\omega) \, \omega^{-n-1} \, d\omega \qquad (w \in \overline{\mathbb{D}})$$

und man sieht (Satz 3): $T\Phi$ und F haben dieselben Faber-Koeffizienten. Der zu diesem Zweck bereitgestellte Satz 1 liefert daher $T\Phi = F$, also ist F von der angegebenen Form.

Mit Hilfssatz 1 können wir das Ergebnis von Satz 4 noch so umformen:

Zusatz. *Es ist $F = Tf$ für ein $f \in A(\overline{\mathbb{D}})$ genau dann, wenn neben $h = F \circ \psi$ auch dessen Fourier-Konjugierte $\tilde{h}$ auf $\partial\mathbb{D}$ stetig ist.*

Was nun die gleichmäßige Konvergenz von Faber-Entwicklungen angeht, so folgt aus (6.19) und Satz 4 sofort

Satz 5 (Kövari-Pommerenke [108]). *Die Faber-Entwicklung von $F \in A(\overline{G})$ konvergiert gleichmäßig in $\overline{G}$ sicher dann, wenn das zugehörige Cauchy-Integral Φ eine in $\overline{\mathbb{D}}$ gleichmäßig konvergente Potenzreihenentwicklung besitzt. Dies ist sicher dann der Fall, wenn h und $\tilde{h}$ gleichmäßig konvergente Fourier-Reihen besitzen.*

D$_2$. Stetigkeitsmodul des zu h gehörigen Cauchy-Integrals

Um Aussagen über die Güte der Approximation zu erhalten, muß von h mehr gefordert werden. Zunächst bezeichne $\omega_p(h, t)$ den *p-ten Stetigkeitsmodul für die Funktion h* ($p = 1, 2, \ldots$); vgl. etwa Timan [185], S. 102. Es ist also zum Beispiel

$$\omega_1(h, t) = \sup\{|h(e^{i\varphi}) - h(e^{i(\varphi+\delta)})| : |\delta| \leq t, |\varphi| \leq \pi\}$$

und

$$\omega_2(h, t) = \sup\{|h(e^{i\varphi}) - 2h(e^{i(\varphi+\delta)}) + h(e^{i(\varphi+2\delta)})| : |\delta| \leq t, |\varphi| \leq \pi\}.$$

Im folgenden ist es wichtig, daß sich der Stetigkeitsmodul von $\tilde{h}$ durch den von h abschätzen läßt (Timan [185], S. 162). Falls nämlich $\int\limits_0^1 \dfrac{\omega_p(h,u)}{u}\,du < \infty$ ist, so ist $\tilde{h}$ stetig, und es gilt mit absoluten Konstanten c_p

$$(6.20)\quad \omega_p(\tilde{h},t) \leq c_p\left[\int_0^t \frac{\omega_p(h,u)}{u}\,du + t^p\int_0^1 \frac{\omega_p(h,u)}{u^{p+1}}\,du\right]\quad (p=1,2,\ldots).$$

Daraus folgt

Satz 6. *Hat die Funktion $h = F \circ \psi$ auf $\partial\mathbb{D}$ einen Stetigkeitsmodul $\omega_p(h,t)$ mit $\int\limits_0^1 \omega_p(h,u)u^{-1}\,du < \infty$, so ist das zu h gehörige Cauchy-Integral Φ in $\overline{\mathbb{D}}$ stetig und hat auf $\partial\mathbb{D}$ einen Stetigkeitsmodul*

$$(6.21)\quad \omega_p(\Phi,t) \leq C_p\left[\omega_p(h,t) + \int_0^t \frac{\omega_p(h,u)}{u}\,du + t^p\int_t^1 \frac{\omega_p(h,u)}{u^{p+1}}\,du\right],$$

wobei C_p gewisse von h unabhängige Konstanten sind.

Beweis. Mit h ist nun auch $\tilde{h}$ eine auf $\partial\mathbb{D}$ stetige Funktion, und die Darstellung (6.3) für $\Phi(e^{i\varphi})$ liefert in Verbindung mit (6.20) die Behauptung.

Zwei *Sonderfälle* sollen hervorgehoben werden. a) Ist $h \in \mathrm{Lip}\,\alpha$ $(0 < \alpha < 1)$, das heißt $\omega_1(h,t) \leq \mathrm{Const}\cdot t^\alpha$, so ist auch $\Phi \in \mathrm{Lip}\,\alpha$. Siehe hierzu auch einen entsprechenden Satz für allgemeine Cauchy-Integrale bei Priwalow [148], S. 143.

b) Ist $h \in Z$ (Zygmund-Klasse), das heißt $\omega_2(h,t) \leq \mathrm{Const}\cdot t$, so ist auch $\Phi \in Z$.

D₃. Güte der Approximation

Für Funktionen $\Phi \in A(\overline{\mathbb{D}})$ sind nun Approximationsaussagen mit Hilfe des Stetigkeitsmoduls wohl bekannt (Sätze vom „Jackson-Typ") Mit absoluten Konstanten C_p gilt

$$\|\Phi - P_n\| \leq C_p\,\omega_p\!\left(\Phi,\frac{1}{n}\right)\quad (n=1,2,\ldots)$$

für gewisse Polynome P_n vom Grad n, und ihre Bilder $TP_n \in \Pi_n$ liefern dann eine entsprechende Approximation von $T\Phi = F$.

Diese P_n können nach verschiedenen Methoden explizit aus der Potenzreihendarstellung $\Phi(w) = \sum\limits_{n=0}^\infty a_n w^n$ $(w \in \mathbb{D})$ gewonnen werden. Hier weisen wir auf das folgende Verfahren hin. Einer Reihe $\sum\limits_{j=0}^\infty a_j$ werden (für festes $p \in \mathbb{N}$) die Transformationen

§ 6. Über die Güte der Approximation, Faber-Entwicklungen

$$\tau_n^{(p)} := \frac{1}{(n+1)^p} \sum_{j=0}^{n} [(n+1)^p - j^p] a_j \qquad (n = 0, 1, 2, \ldots)$$

zugeordnet. Für $p = 1$ sind dies die Fejér-Mittel σ_n von Σa_j. Die Anwendung dieser Transformationen auf $\Phi(w) = \sum_{j=0}^{\infty} a_j w^j$ liefert also die Polynome

$$\tau_n^{(p)}(w) = \frac{1}{(n+1)^p} \sum_{j=0}^{n} [(n+1)^p - j^p] a_j w^j$$

vom Grad n, von denen bekannt ist (Gaier [79], S. 4):

$$\|\Phi - \tau_n^{(p)}\| \leq C_p \, \omega_p\left(\Phi, \frac{1}{n}\right) \qquad (n = 1, 2, \ldots).$$

Ihre Bilder nach der Abbildung T haben die Form

(6.22) $$T_n^{(p)}(z) := \frac{1}{(n+1)^p} \sum_{j=0}^{n} [(n+1)^p - j^p] a_j F_j(z) \qquad (n = 0, 1, 2, \ldots),$$

und unsere Ergebnisse lassen sich dann wie folgt zusammenfassen.

Satz 7. *Es sei C eine rektifizierbare Jordankurve von beschränkter Drehung V. Es sei F in $G = \text{int } C$ regulär, in $\overline{G}$ stetig, und die Funktion $h = F \circ \psi$ habe für ein $p \in \mathbb{N}$ den Stetigkeitsmodul $\omega_p(h, t)$ mit $\int_0^1 \omega_p(h, t) t^{-1} dt < \infty$. Bildet man dann mit den Faber-Koeffizienten a_j von F die Polynome $T_n^{(p)}$ vom Grad n gemäß (6.22), so gilt mit absoluten Konstanten D_p*

$$\|F - T_n^{(p)}\| \leq D_p \cdot V \cdot \omega_p\left(\Phi, \frac{1}{n}\right) \qquad (n = 1, 2, \ldots),$$

wobei $\omega_p(\Phi, t)$ durch (6.21) abzuschätzen ist.

Wir heben zwei *Sonderfälle* hervor. a) $h \in \text{Lip } \alpha$ ($0 < \alpha < 1$): Dann ist (s.o.) auch $\Phi \in \text{Lip } \alpha$, das heißt $\omega_1\left(\Phi, \frac{1}{n}\right) \leq \text{Const} \cdot n^{-\alpha}$. Für die Fejér-Mittel $T_n^{(1)}$ der Faber-Entwicklung von F gilt in diesem Fall

$$\|F - T_n^{(1)}\| \leq \text{Const} \cdot n^{-\alpha} \qquad (n = 1, 2, \ldots).$$

b) $h \in Z$: Dann ist (s.o.) auch $\Phi \in Z$, das heißt $\omega_2\left(\Phi, \frac{1}{n}\right) \leq \text{Const} \cdot \frac{1}{n}$. Für die Mittel $T_n^{(2)}$ der Faber-Entwicklung von F gilt in diesem Fall

$$\|F - T_n^{(2)}\| \leq \text{Const} \cdot \frac{1}{n} \qquad (n = 1, 2, \ldots).$$

Wegen $\text{Lip } 1 \subset Z$ gilt dies umso mehr, wenn $h \in \text{Lip } 1$ ist.

Der Sonderfall $h \in$ Lip α $(0 < \alpha \leq 1)$ ist bei Ganelius [81] auf anderem Wege (nicht-konstruktiv) behandelt. Kövari [107] verwendet für seine Ergebnisse die de la Vallée-Poussin-Mittel, die auch bei Švai [179] auftreten; allerdings sind Kövari's Ergebnisse allgemeiner. Auch die Fejér-Mittel sind schon früher verwendet worden: Sewell [159], Al'per [2] und Dincen [49]. Die Jordan-Kurve C wird in diesen Arbeiten stets glatt vorausgesetzt. Bei Bruĭ [33a] dürfen Ecken auftreten.

Will man $\|F - T_n^{(p)}\|$ direkt mit dem Stetigkeitsmodul von F (und nicht mit dem von h) abschätzen, so müssen weitere Annahmen über C gemacht werden. Wir sagen, es sei

$C \in K_1$, wenn C eine konvexe Jordankurve ist,
$C \in K_\alpha$ $(0 < \alpha < 1)$, wenn C eine stückweise konvexe Jordankurve ist, deren kleinster Außenwinkel eine Öffnung $\pi\alpha$ hat.

Aus $C \in K_\alpha$ folgt $\psi \in$ Lip α auf $\partial \mathbb{D}$ $(0 < \alpha \leq 1)$; vgl. Kövari [107]. Aus Satz 7 folgt dann

Satz 8. *Es sei* $C \in K_\alpha$ $(0 < \alpha \leq 1)$, F *in* $G = $ int C *regulär und in* $\overline{G}$ *stetig, mit*

$$|F(z_1) - F(z_2)| \leq \text{Const } |z_1 - z_2|^\beta \quad \text{für} \quad z_1, z_2 \in C, \ 0 < \beta \leq 1.$$

Dann gilt für die durch (6.22) *erklärten Polynome n-ten Grades*

$$\|F - T_n^{(1)}\| \leq O(1) \frac{1}{n^{\alpha\beta}}, \quad \text{falls} \quad \alpha\beta < 1$$

bzw.

$$\|F - T_n^{(2)}\| \leq O(1) \frac{1}{n}, \quad \text{falls} \quad \alpha\beta = 1.$$

Beweis. Die Annahmen implizieren $h = F \circ \psi \in$ Lip $\alpha\beta$. Die hinter Satz 7 angeführten Sonderfälle ergeben dann die Behauptung. – Wir erinnern, daß $T_n^{(1)}$ die Fejér-Mittel der Faber-Entwicklung von F sind.

E. Bericht über weitere Ergebnisse

E_1. Weitere gleichmäßige Abschätzungen

Hier ist vor allem auf eine Arbeit von Lesley, Vinge und Warschawski [116] hinzuweisen. Von der Kurve C wird gefordert, daß sie rektifizierbar ist und eine c-Bedingung erfüllt: Für zwei beliebige Punkte z_1, z_2 auf C und die Länge $\Delta(z_1, z_2)$ des kleineren Bogens von z_1 nach z_2 soll gelten

$$\Delta(z_1, z_2) \leq c|z_1 - z_2| \quad \text{mit einem festen } c > 1.$$

Unter dieser Annahme wird für die Teilsummen S_n der Faber-Entwicklung von F bewiesen

$$\|F - S_n\| \leq [A (\log n)^2 + B] E_n(F) \quad (n = 1, 2, \ldots),$$

wobei A und B Konstante sind und $E_n(F) = \inf\{\|F - P\|; P \in \Pi_n\}$ den Minimal-

§ 6. Über die Güte der Approximation; Faber-Entwicklungen

fehler bei Approximation von F durch Polynome vom Grad $\leq n$ bezeichnet. (Bei Kövari-Pommerenke [108] steht rechts nur $\log n$, wenn $C \in BR$ ist.) Auch wird $\|F - J_n\|$ abgeschätzt, wo J_n die Jackson-Summen der Faber-Entwicklung von F sind. Übrigens gilt für jede Jordankurve $\|F - S_n\| \leq An^\alpha E_n(F)$ mit universellen Konstanten A und $\alpha \in (0.138, 0.5)$; siehe Kövari-Pommerenke [108], S. 198. Dies gelingt durch Abschätzung der „Lebesgue-Konstanten"

$$L_n := \frac{1}{2\pi} \int_{|\omega|=1} |\sum_{k=0}^{n} \frac{F_k(\psi(\omega))}{\omega^{k+1}}| \, |d\omega| \qquad (n = 1, 2, \ldots).$$

E_2. Lokale Abschätzungen

Bei den bisherigen Ergebnissen wird für die Beurteilung der Güte der Approximation nur der (globale) Stetigkeitsmodul von $F \circ \psi$ verwendet. Bei gegebenem Stetigkeitsmodul von F wird aber die Approximation auf glatten Teilen von C besser sein. Diesbezügliche feinere Untersuchungen sind von russischen Mathematikern in großer Zahl gemacht worden; siehe die nachfolgenden Hinweise. Hier soll ein neues, besonders allgemeines Ergebnis von Belyi [24] hervorgehoben werden.

Es sei C eine beliebige Jordankurve und C_R ihre zu $R > 1$ gehörige Niveaukurve, das heißt

$$C_R = \{z : |\varphi(z)| = R > 1\};$$

φ ist wieder die in ∞ normierte konforme Abbildung von ext C auf $\{w : |w| > 1\}$. Es bezeichne

$$d_R(z) = \text{dist}(z, C_R) \qquad \text{für} \quad z \in C.$$

Weiter heißt C eine *quasikonforme Kurve*, wenn es einen quasikonformen Homöomorphismus von $\mathbb{C}$ auf $\mathbb{C}$ gibt, der $\partial \mathbb{D}$ in C überführt. Solche Kurven können geometrisch charakterisiert werden: Für zwei beliebige Punkte z_1, z_2 auf C betrachten wir den Bogen von z_1 nach z_2 mit dem kleineren Durchmesser; dieser Durchmesser $d(z_1, z_2)$ genüge

$$d(z_1, z_2) \leq d \, |z_1 - z_2|$$

mit einer Konstanten d. Siehe zum Beispiel Lehto-Virtanen [114], S. 101 ff. Es braucht C nicht rektifizierbar zu sein. Belyi ([24], S. 333) bewies dann:

Es sei C eine quasikonforme Kurve, $G = \text{int } C$, und $F \in A(\overline{G})$. Der Stetigkeitsmodul von F auf $\overline{G}$ heiße $\omega(F, t)$. Dann gibt es Polynome P_n vom Grad n, für die gilt

(6.23) $\qquad |F(z) - P_n(z)| \leq M \, \omega(F, d_{1+\frac{1}{n}}(z)) \qquad (z \in C)$

mit einer von z und n unabhängigen Konstanten M.

Die Abschätzung ist umso besser, je näher die Niveaukurven $C_{1+\frac{1}{n}}$ am betrachteten Punkt $z_0 \in C$ liegen. Ist etwa C ein Polygon und z_0 eine Ecke mit Außenwinkel $\alpha\pi$, so wird

$$d_R(z_0) \sim (R-1)^\alpha$$

und also

$$|F(z_0) - P_n(z_0)| = O(1)\,\omega\left(F, \frac{c}{n^\alpha}\right) \quad (n \to \infty).$$

Auch Umkehrsätze werden bei Belyi bewiesen. Andere Autoren betrachten entsprechend $|F^{(r)}(z) - P_n^{(r)}(z)|$, sofern $F^{(r)} \in A(\overline{G})$ ist. Die Beweise sind in der Regel technisch äußerst kompliziert.

Hinweise zu § 6

1. Die von uns benutzte Beschränktheit des Operators T, falls $C \in BR$ ist, liegt bereits der Arbeit von Kövari [107] zugrunde, ist a¹ bei Andersson [5], [6] weiter ausgeführt.

2. Wie bereits erwähnt, befassen sich viele r ısche Autoren mit gleichmäßigen Abschätzungen oder solchen von der Form (6.23). Neben dem älteren Übersichtsartikel von Mergelyan [132], Chapter III, und der bereits genannten Literatur verweisen wir auf folgende neueren Arbeiten:

Andersson [5] [6], Andraško [7], Belyi [23], Belyi-Mikljukov [25], Dzjadyk [56] bis [63], Dzjadyk-Alibekov [64], Djadyk-Galan [65], Dzjadyk-Švai [66], Kolesnik-Andraško [109], Lebedev-Širokov [111], Lebedev-Tamrazov [112], Ševčuk [158], Širokov [165] bis [169], Tamrazov [181] [182].
Nachtrag bei der Korrektur: Kürzlich ist das Buch von Dzjadyk [63a] erschienen, in dessen Kap. 9 (§ 6–10) seine früheren Ergebnisse ausführlich dargestellt sind.

3. Beim Beweis von Satz 8 hatten wir im Fall $C \in K_1$ verwendet, daß $\psi \in \text{Lip } 1$ auf $\partial \mathbb{D}$ ist. Dies folgt aus der Beschränktheit von $\psi'(w)$ für $|w| > 1$. Und letzteres kann auf verschiedene Weise erschlossen werden: Ist etwa die Kurve C von der Kapazität 1, so bewies bereits Löwner ([118], S. 76) die scharfe Abschätzung $|\psi'(w)| \leq 1 + |w|^{-2}$ ($|w| > 1$). Kövari-Pommerenke ([108], S. 195) zeigen auf anderem Wege $|\psi'(w) - 1| \leq |w|^{-2}$ ($|w| > 1$), und auch die Integraldarstellung von $\log \psi'$ liefert sofort, daß ψ' beschränkt ist (Kövari [107], S. 370). Schließlich ist bei konvexem C die Funktion $w\,\psi'(w)$ in $|w| > 1$ schlicht und in ∞ normiert

gemäß $w\,\psi'(w) = w + \dfrac{a_1}{w} + \ldots$, sodaß der Verschiebungssatz (Grötzsch,

Golusin) anwendbar wird:

$$|w\,\psi'(w) - w| \leq \frac{1}{|w|}, \text{ also } |\psi'(w) - 1| \leq \frac{1}{|w|^2} \quad (|w| > 1).$$

Erfüllt C eine c-Bedingung (vgl. E_1), so ist jedenfalls $\psi \in \text{Lip }\alpha$ mit $\alpha = \dfrac{2}{1+c^2}$;

§ 6. Über die Güte der Approximation; Faber-Entwicklungen

vgl. Warschawski [191], S. 615. Und ist C eine K-quasikonforme Kurve (Bild von $\partial \mathbb{D}$ unter einer K-quasikonformen Abbildung von $\mathbb{C}$ nach $\mathbb{C}$), so ist $\psi \in \text{Lip } \alpha$ mit $\alpha = \dfrac{1}{K^2}$. Dies folgt aus Sätzen der quasikonformen Abbildung.

KAPITEL II

APPROXIMATION DURCH INTERPOLATION

Neben der Reihenentwicklung stellt die Interpolation ein weiteres wichtiges Hilfsmittel zur Approximation von Funktionen dar; dieser Methode wenden wir uns jetzt zu.

An Literatur ist besonders zu nennen Davis [47], Kap. IV, Smirnov-Lebedev [170], Kap. I, und das Buch von Walsh [189].

§ 1. Die Hermitesche Interpolationsformel

A. Darstellungen des Interpolationspolynoms

Sind $n + 1$ Paare (z_k, w_k) $(k = 0, 1, \ldots, n)$ komplexer Zahlen gegeben, wobei die z_k zunächst verschieden sein sollen, so gibt es genau ein Polynom P (höchstens) vom Grad n mit

(1.1) $\qquad P(z_k) = w_k \qquad (k = 0, 1, \ldots, n).$

Dieses Polynom kann erstens durch die *Lagrangesche Interpolationsformel* dargestellt werden. Dazu setzen wir

$$\omega(z) = \prod_{k=0}^{n} (z - z_k) \quad \text{und} \quad l_k(z) = \frac{\omega(z)}{\omega'(z_k)(z - z_k)} \qquad (k = 0, 1, \ldots, n).$$

Jedes dieser Grundpolynome l_k hat den genauen Grad n, und es gilt

$$l_k(z_j) = \begin{cases} 1 & \text{für } j = k \\ 0 & \text{für } j \neq k. \end{cases}$$

Daher erfüllt das Polynom n-ten Grades

(1.2) $\qquad L_n(z) = \sum_{k=0}^{n} w_k \, l_k(z)$

die Interpolationsforderung (1.1).

In dem für unsere Zwecke wichtigen Fall, daß $w_k = f(z_k)$ ist mit einer in einem Gebiet G regulären Funktion f und mit Interpolationsstellen $z_k \in G$, kann man das Interpolationspolynom auch durch ein komplexes Integral darstellen. Der Rand ∂G

§ 1. Die Hermitesche Interpolationsformel

von G bestehe aus endlich vielen rektifizierbaren Jordankurven, positiv orientiert bezüglich G, und f sei in G regulär, in $\bar{G}$ stetig. Die Interpolationsaufgabe lautet $P(z_k) = f(z_k)$, wo $z_k \in G$ $(k = 0, 1, \ldots, n)$. Sie wird gelöst durch die Formel

$$(1.3) \quad L_n(z) = \frac{1}{2\pi i} \int_{\partial G} \frac{\omega(t) - \omega(z)}{t - z} \cdot \frac{f(t)}{\omega(t)} dt \quad (z \in G),$$

und es gilt

$$(1.4) \quad f(z) - L_n(z) = \frac{1}{2\pi i} \int_{\partial G} \frac{\omega(z)}{\omega(t)} \cdot \frac{f(t)}{t - z} dt \quad (z \in G).$$

Denn zunächst ist klar, daß (1.3) ein Polynom vom Grad n darstellt; (1.4) folgt aus (1.3) wegen $f(z) = \frac{1}{2\pi i} \int_{\partial G} \frac{f(t)}{t-z} dt$; und aus (1.4) folgt

$$f(z) - L_n(z) = \omega(z) \cdot h(z)$$

mit einer in G regulären Funktion h, sodaß $f - L_n$ an den Stellen z_k verschwindet. Es ist (1.3) die *Hermitesche Darstellung* des Interpolationspolynoms und (1.4) eine Integraldarstellung des Interpolationsfehlers. Fallen mehrere z_k zusammen, etwa m Stück, so findet „m-fache Interpolation" statt, was bedeutet, daß $f - L_n$ an der betreffenden Stelle von der Ordnung m verschwindet. Die Formeln (1.3) und (1.4) sind auch in diesem Fall gültig. Außerdem haben wir den

Zusatz. *Die Formeln* (1.3) *und* (1.4) *bleiben richtig, wenn* $G = G_1 \cup G_2 \cup \ldots \cup G_N$ *ist, wobei die Gebiete G_j von obiger Form und fremd sind.*

Dieser Zusatz ist wichtig, wenn wir in mehreren Gebieten erklärte analytische Funktionen durch *ein* Interpolationspolynom gleichzeitig approximieren wollen.

B. Sonderfälle der Hermiteschen Formel

Wir behandeln nun drei Sonderfälle von (1.3). Zunächst sei f in $\mathbb{D} = \{z : |z| < 1\}$ regulär und $z_k = 0$ $(k = 0, 1, \ldots, n)$. Dann wird $\omega(z) = z^{n+1}$, und das Interpolationspolynom lautet

$$L_n^{(1)}(z) = \frac{1}{2\pi i} \int_{|t|=r} \frac{t^{n+1} - z^{n+1}}{t - z} \cdot \frac{f(t)}{t^{n+1}} dt$$

$$= \frac{1}{2\pi i} \int_{|t|=r} \frac{1 - \left(\frac{z}{t}\right)^{n+1}}{1 - \left(\frac{z}{t}\right)} \cdot \frac{f(t)}{t} dt \quad (0 < r < 1).$$

Der erste Bruch rechts ist $1 + \left(\frac{z}{t}\right) + \ldots + \left(\frac{z}{t}\right)^n$, und daher ist $L_n^{(1)}(z) = \sum_{j=0}^{n} a_j z^j$ die n-te Teilsumme der Potenzreihenentwicklung von f an 0. (Dies folgt auch daraus, daß $f(z) - \sum_{j=0}^{n} a_j z^j$ an 0 von der Ordnung $n+1$ verschwindet.)

Zweitens soll in den $(n+1)$-ten Einheitswurzeln z_k interpoliert werden, und f soll in $G = \{z : |z| < R\}$ regulär, in $\bar{G}$ stetig sein für ein $R > 1$. Jetzt wird

$$\omega(z) = \prod_{k=0}^{n} (z - z_k) = z^{n+1} - 1,$$

und das Interpolationspolynom erhält die Form

$$L_n^{(2)}(z) = \frac{1}{2\pi i} \int_{|t|=R} \frac{t^{n+1} - z^{n+1}}{t-z} \cdot \frac{f(t)}{t^{n+1} - 1} \, dt \qquad (|z| < R).$$

Dieser Ausdruck ist ähnlich zu $L_n^{(1)}$, daher betrachten wir

$$L_n^{(2)}(z) - L_n^{(1)}(z) = \frac{1}{2\pi i} \int_{|t|=R} \frac{t^{n+1} - z^{n+1}}{t^{n+1}(t^{n+1} - 1)(t-z)} f(t) \, dt.$$

Die Darstellung gilt zunächst für $|z| < R$; da aber links und rechts Polynome in z stehen, die für $|z| < R$ übereinstimmen, gilt sie sogar in $\mathbb{C}$. Für $|z| = \rho > R$ ist die rechte Seite ersichtlich

$$O(1) \cdot \frac{\rho^n}{R^{2n}} \qquad (n \to \infty),$$

und dies strebt gegen Null, sofern $\rho < R^2$ ist. Wir erhalten so

Satz 1 (Walsh [189], S. 153). *Die Interpolationspolynome $L_n^{(1)}$ und $L_n^{(2)}$ sind auf $\{z : |z| \leq \rho\}$, $R < \rho < R^2$, äquikonvergent:*

(1.5) $\qquad L_n^{(2)}(z) - L_n^{(1)}(z) \Rightarrow 0 \qquad (n \to \infty; |z| \leq \rho, R < \rho < R^2).$

Für die Aussage in $|z| < \rho$ haben wir das Maximumprinzip verwendet. Ist zum Beispiel f in $\bar{G}$ regulär, so folgt wegen $L_n^{(1)}(z) \Rightarrow f(z)$ auch $L_n^{(2)}(z) \Rightarrow f(z)$ ($z \in \bar{G}$, $n \to \infty$).

Schließlich behandeln wir drittens Interpolation auf dem Intervall $[-1, +1]$. Als Interpolationsstellen $z_0, z_1, \ldots, z_{n-1}$ nehmen wir die n Nullstellen des n-ten Tschebischeff-Polynoms:

$$\omega(x) = \prod_{k=0}^{n-1} (x - z_k) = \frac{1}{2^{n-1}} \cos(n \arccos x) =: \tilde{T}_n(x).$$

Für unsere Zwecke ist es nun wichtig, das Verhalten von $\omega(z)$ für komplexe z zu kennen. Dazu verifizieren wir zunächst

(1.6) $\qquad \omega(z) = \frac{1}{2^n} \left(w^n + \frac{1}{w^n} \right), \qquad \text{wobei} \quad z = \frac{1}{2} \left(w + \frac{1}{w} \right).$

Denn denkt man sich in dem Polynom $\omega(z)$ die Substitution $z = \frac{1}{2}\left(w + \frac{1}{w}\right)$ gemacht, so entsteht eine in $\mathbb{C} \setminus \{0\}$ reguläre Funktion in w, was auch für die rechte

§ 2. Interpolation in gleichverteilten Punkten

Seite von (1.6) zutrifft. Für $w = e^{i\varphi}$ sind beide Seiten gleich $\dfrac{1}{2^{n-1}} \cos n\varphi$, und aus dem Identitätssatz folgt, daß (1.6) allgemein gilt.

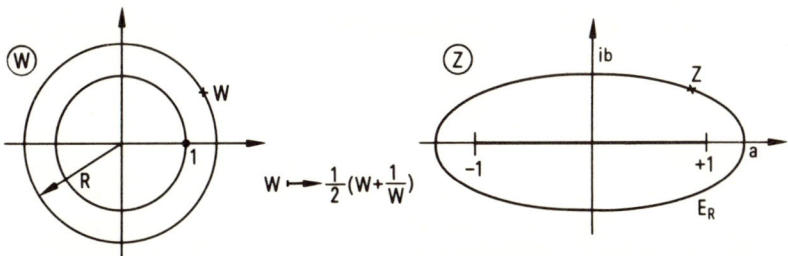

Das Bild von $\{w : |w| = R\}$ $(R > 1)$ ist die Ellipse E_R mit den Halbachsen $a = \dfrac{1}{2}\left(R + \dfrac{1}{R}\right)$ und $b = \dfrac{1}{2}\left(R - \dfrac{1}{R}\right)$, und aus (1.6) folgt

$$(1.7) \qquad |\omega(z)| = \frac{R^n}{2^n} |1 + w^{-2n}|, \quad \text{falls} \quad z \in E_R.$$

Nun sei G_R das Innere der Ellipse E_R, f in $\overline{G}_R$ regulär, und $L^{(3)}_{n-1}$ bezeichne das Interpolationspolynom vom Grad $n-1$ zu den Interpolationsstellen $z_0, z_1, \ldots, z_{n-1}$. Aus (1.4) und (1.7) folgt dann für $-1 \leq x \leq +1$ sofort die Abschätzung

$$f(x) - L^{(3)}_{n-1}(x) = \frac{1}{2\pi i} \int_{E_R} \frac{\omega(x)}{\omega(t)} \cdot \frac{f(t)}{t-x} \, dt$$

$$= O(1) \cdot \frac{1}{2^n} \cdot \frac{2^n}{R^n} = O\left(\frac{1}{R^n}\right) \quad (n \to \infty).$$

Die Konvergenz $L^{(3)}_n \rightrightarrows f$ auf $[-1, +1]$ ist umso schneller, je größer das Gebiet um $[-1, +1]$ herum ist, in dem f regulär ist.

§ 2. Interpolation in gleichverteilten Punkten; Fejér-Punkte, Fekete-Punkte

Wir beginnen nun mit der Behandlung des Problems: Unter welchen Annahmen über f und über die Lage der Interpolationsstellen läßt sich die Konvergenz $L_n(z) \to f(z)$ $(n \to \infty)$ beweisen? Was läßt sich über die Konvergenzgeschwindigkeit aussagen?

A. Vorbereitungen; grobe Konvergenzaussage

Im ganzen § 2, mit Ausnahme des Anfangs von Teil D, sei K eine kompakte Teilmenge von $\mathbb{C}$, deren Komplement $K^c = \mathbb{C} \setminus K$ ein einfach zusammenhängendes

Gebiet sei. Dann gibt es die in ∞ normierte konforme Abbildung

$$z = \psi(w) = cw + c_0 + \frac{c_1}{w} + \ldots \quad (c > 0)$$

von $\{w : |w| > 1\}$ auf K^c und deren Umkehrfunktion φ; c ist die Kapazität von ∂K. Außerdem seien mit

$$C_\rho = \{z : |\varphi(z)| = \rho\} \quad (\rho > 1)$$

die Niveaulinien in K^c bezeichnet.

Da wir eine auf K gegebene Funktion f interpolieren wollen, seien für jedes $n = 0, 1, 2, \ldots$ $n + 1$ Interpolationsstellen $z_k^{(n)}$ $(k = 0, 1, \ldots, n)$ auf K gegeben, insgesamt also eine „Knotenmatrix"

$$\begin{array}{llll} z_0^{(0)} & & & \\ z_0^{(1)} & z_1^{(1)} & & \\ \ldots & \ldots & & \\ z_0^{(n)} & z_1^{(n)} & \ldots & z_n^{(n)} \\ \ldots & \ldots & \ldots & \end{array}$$

von Punkten auf K, und gesetzt

$$\omega_n(z) := \prod_{k=0}^{n} (z - z_k^{(n)}) \quad (n = 0, 1, 2, \ldots).$$

Ist nun f auf K regulär, so auch innerhalb und auf einer geeigneten rektifizierbaren Jordankurve C mit $K \subset \text{int } C$, und der Interpolationsfehler wird nach (1.4)

$$f(z) - L_n(z) = \frac{1}{2\pi i} \int_C \frac{\omega_n(z)}{\omega_n(t)} \cdot \frac{f(t)}{t - z} dt \quad (z \in K).$$

Dies kann sofort zu einer groben Konvergenzaussage verwendet werden. Ist nämlich

(2.1) $\qquad \text{diam } K =: D_1 < D_2 := \text{dist }(K, C),$

so wird $|\omega_n(z)| \leq D_1^{n+1}$ $(z \in K)$ und $|\omega_n(t)| \geq D_2^{n+1}$ $(t \in C)$, und folglich gilt in diesem Fall

$$L_n(z) \Rightarrow f(z) \quad (n \to \infty; z \in K)$$

unabhängig von der Wahl der Knoten $z_k^{(n)} \in K$.

Beispiel. Ist f auf und innerhalb C regulär (vgl. Figur auf der nächsten Seite), so gilt bei beliebiger Wahl der Knoten auf $[-1, 1]$

$$L_n(z) \Rightarrow f(z) \quad (n \to \infty; z \in [-1, 1]).$$

Hierbei ist „2" bestmöglich, wie man sich leicht überlegt.

Ist die Zone um K herum, in der f noch regulär ist, kleiner als durch (2.1) angege-

§ 2. Interpolation in gleichverteilten Punkten

ben, so müssen die Knoten $z_k^{(n)}$ auf K sorgfältiger verteilt werden; dies soll im folgenden geschehen.

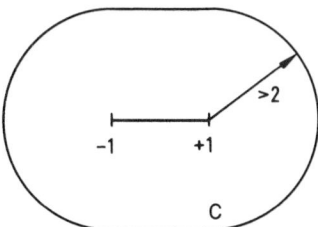

B. Allgemeiner Konvergenzsatz von Kalmár und Walsh

Zunächst erklären wir, was unter Gleichverteilung verstanden werden soll. Dazu betrachten wir die Zahlen

$$M_n = \max\{|\omega_n(z)| : z \in K\} \qquad (n = 0, 1, 2, \ldots);$$

das Maximum wird auf $\partial K = \partial K^c$ angenommen. *Stets gilt*

(2.2) $\qquad M_n \geq c^{n+1} \qquad (n = 0, 1, 2, \ldots).$

Zum Beweis betrachten wir die Hilfsfunktion

$$H_n(z) = \frac{\omega_n(z)}{[c\varphi(z)]^{n+1}} \qquad \text{für } z \in K^c.$$

Sie ist dort regulär, und für $z \to \infty$ strebt $H_n(z)$ gegen 1. Nach dem Maximumprinzip ist

$$\max\{|H_n(z)| : z \in C_\rho\} \geq 1 \qquad \text{für jedes } \rho > 1,$$

also

$$\max\{|\omega_n(z)| : z \in C_\rho\} \geq (c\rho)^{n+1} > c^{n+1}.$$

Da M_n auf ∂K^c angenommen wird, ergibt sich daraus für $\rho \to 1$ die Behauptung (2.2).

Daran schließt sich nun an

Definition 1. *Die Knoten $z_k^{(n)}$ heißen gleichverteilt auf K, wenn gilt*

(2.3) $\qquad \sqrt[n+1]{M_n} \to c \qquad (n \to \infty).$

Beispiel. Wir nehmen $K = [-1, +1]$ und als Knoten auf K die Nullstellen des $(n+1)$-ten Tschebischeff-Polynoms. Dann wird

$$\omega_n(x) = \frac{1}{2^n} \cos[(n+1) \arccos x], \quad M_n = \frac{1}{2^n},$$

und weil $\psi(w) = \dfrac{1}{2}\left(w + \dfrac{1}{w}\right)$ ist, also $c = \dfrac{1}{2}$, ist die Bedingung (2.3) für Gleichverteilung erfüllt.

Die Bedingung (2.3) kann mit Hilfe der Funktionen

(2.4) $\qquad \theta_n(z) := \sqrt[n+1]{H_n(z)} = \dfrac{\sqrt[n+1]{\omega_n(z)}}{c\varphi(z)}$

noch anders ausgedrückt werden. Diese Funktionen sind in K^c regulär, da die Nullstellen von ω_n auf K liegen; ferner gilt $\lim\limits_{z \to \infty} \theta_n(z) = 1$ für jedes n, und die Funktionen θ_n sind in jedem kompakten Teil von K^c gleichmäßig beschränkt, bilden also dort eine normale Familie.

Hilfssatz 1. *Genau dann gilt* (2.3), *wenn* $\theta_n(z) \Rightarrow 1$ $(n \to \infty)$ *in jedem kompakten Teil von* K^c.

Beweis. a) Aus $|\theta_n(z)| \Rightarrow 1$ $(n \to \infty; z \in C_\rho)$ für jedes $\rho > 1$ folgt

$$\sqrt[n+1]{\max\{|\omega_n(z)| : z \in C_\rho\}} \to c\rho \qquad (n \to \infty),$$

und die linke Seite ist $> \sqrt[n+1]{M_n}$. Dies ergibt $\limsup \sqrt[n+1]{M_n} \leq c\rho$ für jedes $\rho > 1$, und unter Berücksichtigung von (2.2) folgt (2.3).

b) Das Maximumprinzip liefert sofort für alle n

$$|\theta_n(z)| \leq \dfrac{\sqrt[n+1]{M_n}}{c} \qquad \text{für } z \in K^c.$$

Strebt nun die rechte Seite gegen 1, so gilt für jede Grenzfunktion θ der normalen Familie $\{\theta_n\}$

$$|\theta(z)| \leq 1 \qquad \text{für } z \in K^c, \text{ aber auch } \lim\limits_{z \to \infty} \theta(z) = 1.$$

Daraus folgt $\theta(z) = 1$ für $z \in K^c$ und also $\theta_n \Rightarrow 1$ in jedem kompakten Teil von K^c.

Nun behandeln wir den Zusammenhang zwischen der Gleichverteilung der Knoten und der Konvergenz des zugehörigen Interpolationsprozesses.

Satz 1 (Kalmár 1926, Walsh 1933). *Genau dann gilt* $L_n(z) \Rightarrow f(z)$ $(n \to \infty; z \in K)$ *für jede auf K reguläre Funktion f, wenn die Interpolationsknoten $z_k^{(n)}$ auf K gleichverteilt sind.*

Über die Konvergenzgeschwindigkeit werden wir unten (Satz 2) noch eine zusätzliche Aussage machen.

Beweis. a) Die Gleichverteilung der Knoten ist *notwendig*. i) Für jedes $z_0 \in K^c$ ist

$$f_0(z) = \dfrac{1}{z_0 - z} \quad \text{auf } K \text{ regulär, also gilt nach Annahme}$$

$$L_n(z, f_0) \Rightarrow f_0(z) \qquad (n \to \infty; z \in K).$$

§ 2. Interpolation in gleichverteilten Punkten

Dabei hat L_n die Darstellung

$$L_n(z, f_0) = \frac{1}{z_0 - z} - \frac{\omega_n(z)}{\omega_n(z_0)(z_0 - z)},$$

wie man sofort verifiziert. Daraus folgt zunächst

$$\frac{M_n}{|\omega_n(z_0)|} \to 0 \quad (n \to \infty)$$

für jedes feste $z_0 \in K^c$.

ii) Wäre nun lim sup $\sqrt[n+1]{M_n} > c$, also für ein $\epsilon > 0$

$$\sqrt[n+1]{M_n} \geq (1 + \epsilon)c \quad \text{für } n = n_k \to \infty,$$

so wählen wir $\rho \in (1, 1 + \epsilon)$, z_0 beliebig auf C_ρ und erhalten — siehe (2.4) —

$$|\theta_n(z_0)| = \frac{\sqrt[n+1]{|\omega_n(z_0)|}}{c|\varphi(z_0)|} \geq \frac{\sqrt[n+1]{M_n}}{c\rho} \geq \frac{(1+\epsilon)c}{c\rho} = \frac{1+\epsilon}{\rho}$$

für $n = n_k$ und solche Indizes k, für die $M_{n_k} \leq |\omega_{n_k}(z_0)|$ ist. Eine konvergente Auswahlfolge von $\{\theta_{n_k}\}$ hat daher eine Grenzfunktion θ mit der Eigenschaft

$$|\theta(z)| \geq \frac{1+\epsilon}{\rho} > 1 \quad \text{für alle } z \in C_\rho,$$

im Widerspruch zu $\theta(\infty) = 1$ (Minimumprinzip!). Man beachte, daß die Funktionen θ_n in K^c nullstellenfrei sind.

b) Die Gleichverteilung der Knoten ist *hinreichend*. Hier beweisen wir gleich eine stärkere Aussage.

Satz 2. *Es sei $\rho > 1$ die größte Zahl derart, daß f innerhalb C_ρ regulär ist. Für die Interpolationspolynome L_n mit auf K gleichverteilten Knoten $z_k^{(n)}$ gilt dann*

(2.5) $$\overline{\lim} \sqrt[n]{\max\{|f(z) - L_n(z)| : z \in K\}} = \frac{1}{\rho},$$

das heißt die Folge $\{L_n\}$ konvergiert auf K maximal gegen f; vgl. Kap. I, § 4.

Für jede Zahl $R < \rho$ gilt also

$$\max_{z \in K} |f(z) - L_n(z)| = O\left(\frac{1}{R^n}\right) \quad (n \to \infty),$$

eine Tatsache, die wir in Kap. I, § 4 zum Beweis von Satz 4 benötigt hatten. Allerdings bleibt jetzt noch die Existenz auf K gleichverteilter Punkte nachzuweisen.

Beweis von Satz 2. Für jedes $R \in (1, \rho)$ gilt nach Hilfssatz 1

$$\sqrt[n+1]{|\omega_n(t)|} \Rightarrow cR \quad (t \in C_R; n \to \infty),$$

und ferner ist
$$|\omega_n(z)| \leq M_n \qquad (z \in K; n = 0, 1, \ldots).$$

Die Hermitesche Formel (1.4) liefert daher

$$f(z) - L_n(z) = \frac{1}{2\pi i} \int_{C_R} \frac{\omega_n(z)}{\omega_n(t)} \cdot \frac{f(t)}{t - z} \, dt$$

$$= O(1) \cdot \frac{M_n}{(cR - \epsilon)^n} = O(1) \left(\frac{c + \epsilon}{cR - \epsilon} \right)^n \qquad (z \in K; n \to \infty)$$

für jedes $\epsilon > 0$; dabei wurde (2.3) verwendet. Daraus folgt sofort (2.5) mit $\leq$ statt $=$.

Daß $<$ unmöglich ist, hatten wir schon in Kap. I, § 4, C gesehen. Sonst wäre nämlich f über C_ρ hinaus analytisch fortsetzbar. Damit ist Satz 2 und folglich auch Satz 1 bewiesen.

Nun wenden wir uns der Gewinnung gleichverteilter Punktsysteme zu.

C. Das System der Fejér-Knoten

Vom Kompaktum K wird jetzt verlangt, daß die Abbildungsfunktion ψ von $\{w : |w| > 1\}$ nach K^c eine *stetige* Erweiterung nach $\{w : |w| \geq 1\}$ hat; dies gilt zum Beispiel, wenn ∂K eine Jordankurve oder ein Jordanbogen ist. Dann heißen die Punkte

$$z_k^{(n)} = \psi \left(e^{2\pi i \frac{k}{n+1}} \right) \qquad (k = 0, 1, \ldots, n)$$

die *n-ten Fejér-Knoten* auf K. Es sind also die Bilder der $(n+1)$-ten Einheitswurzeln unter ψ.

Satz 3 (Fejér 1918). *Die Fejér-Knoten sind gleichverteilt auf K.*

Beweis. Im Hinblick auf (2.2) genügt es für (2.3) nachzuweisen, daß

$$\limsup \sqrt[n+1]{M_n} \leq c$$

ist. Dazu sei $R > 1$ fest gewählt und die Funktion

$$h(w, \varphi) := \log |\psi(w) - \psi(e^{i\varphi})| \quad \text{auf } \{w : |w| = R\} \times [0, 2\pi]$$

betrachtet. Sie ist dort gleichmäßig stetig. Setzen wir also $\varphi_k = \dfrac{2\pi k}{n+1}$ ($k = 0, 1, \ldots, n$) und unterteilen $[0, 2\pi]$ in die Intervalle $i_k = [\varphi_k, \varphi_{k+1}]$ der Länge $\dfrac{2\pi}{n+1}$, so wird zu gegebenem $\epsilon > 0$

$$h(w, \varphi_k) \leq \min_{\varphi \in i_k} h(w, \varphi) + \epsilon \qquad (k = 0, 1, \ldots, n)$$

für alle w mit $|w| = R$, sobald $n > N(\epsilon)$ ist. Summation über k ergibt

§ 2. Interpolation in gleichverteilten Punkten 69

$$\frac{2\pi}{n+1} \sum_{k=0}^{n} h(w, \varphi_k) \leq \frac{2\pi}{n+1} \sum_{k=0}^{n} \min_{\varphi \in i_k} h(w, \varphi) + 2\pi\epsilon,$$

und der erste Ausdruck rechts kann als Untersumme für ein Integral aufgefaßt werden. Mit $z = \psi(w), z_k^{(n)} = \psi(e^{i\varphi_k})$ läßt sich die linke Seite umformen, und wir erhalten so

(2.6) $$\frac{1}{n+1} \log|\omega_n(z)| \leq \frac{1}{2\pi} \int_0^{2\pi} h(w, \varphi)\, d\varphi + \epsilon,$$

gültig für alle $z \in C_R$ und $n > N$.

Das Integral in (2.6) ist $2\pi \log(cR)$. Wir schreiben nämlich

$$\int_0^{2\pi} = \int_0^{2\pi} \log\left|\frac{\psi(w) - \psi(e^{i\varphi})}{w - e^{i\varphi}}\right| d\varphi + \int_0^{2\pi} \log|w - e^{i\varphi}|\, d\varphi\,;$$

hierin ist der zweite Term nach dem Mittelwertsatz für harmonische Funktionen

$2\pi \log|w| = 2\pi \log R$, während der erste Beitrag

$$\mathrm{Re}\left\{\frac{1}{i} \int_{|t|=1} \log\frac{\psi(w) - \psi(t)}{w - t} \frac{dt}{t}\right\} \qquad (t = e^{i\varphi})$$

ist. Dabei ist der Integrand bei festem w ($|w| = R > 1$) bezüglich t regulär in $\{t : |t| > 1\}$ und stetig in $\{t : |t| \geq 1\}$, und seine Entwicklung an ∞ ist von der Form

$$\frac{\log c}{t} + \frac{1}{t^2}(\ldots),$$

sodaß das letzte Integral $2\pi i \log c$ ist.

Aus (2.6) ergibt sich somit

$$\frac{1}{n+1} \log|\omega_n(z)| \leq \log(cR) + \epsilon \qquad (z \in C_R; n > N).$$

Daraus folgt

$$\frac{1}{n+1} \log M_n \leq \log(cR) + \epsilon \qquad (n > N),$$

also

$$\limsup \sqrt[n+1]{M_n} \leq e^\epsilon cR.$$

Da $R > 1$ und $\epsilon > 0$ beliebig wählbar waren, gilt $\limsup \sqrt[n+1]{M_n} \leq c$.
Satz 3 ist damit bewiesen.

Beispiel. Ist $K = [-1, +1]$, so leistet $\psi(w) = \frac{1}{2}\left(w + \frac{1}{w}\right)$ die Abbildung von $\{w : |w| > 1\}$ auf K^c, und die n-ten Fejér-Knoten sind daher

(2.7) $$z_k^{(n)} = \cos \frac{2\pi k}{n+1} \quad (k = 0, 1, \ldots, n),$$

wobei gewisse Punkte zusammenfallen

$$z_1^{(n)} = z_n^{(n)}, \quad z_2^{(n)} = z_{n-1}^{(n)}, \ldots .$$

In diesen Punkten muß also f und f' interpoliert werden. Unsere allgemeinen Ergebnisse besagen: Ist f auf und innerhalb der Ellipse E_R mit den Halbachsen

$$a = \frac{1}{2}\left(R + \frac{1}{R}\right), \quad b = \frac{1}{2}\left(R - \frac{1}{R}\right) \text{ regulär } (R > 1), \text{ so gilt für die mit den}$$

Fejér-Knoten (2.7) gebildeten Interpolationspolynome L_n

$$|f(x) - L_n(x)| = O(1) R^{-n} \quad (x \in [-1, +1]; \; n \to \infty).$$

Dieselbe Konvergenzgeschwindigkeit hatten auch die Interpolationspolynome für die Tschebischeff-Knoten gezeigt; vgl. § 1, B.

D. Das System der Fekete-Knoten

Hier lernen wir ein weiteres System gleichverteilter Punkte kennen, welches 1926 von Fekete [74] eingeführt wurde. Wir erklären diese Fekete-Punkte für ein *beliebiges* Kompaktum $K \subset \mathbb{C}$ mit unendlich vielen Punkten. Dazu bilden wir für $z_k \in K$ $(k = 0, 1, \ldots, n)$ das Produkt der Abstände

$$P(z_0, z_1, \ldots, z_n) = \prod_{j \neq k} |z_j - z_k| .$$

Dies ist eine beschränkte, stetige Funktion der $n + 1$ Punkte auf K. Wird P maximal für die Wahl $z_0^{(n)}, z_1^{(n)}, \ldots, z_n^{(n)}$, so nennen wir diese Punkte ein System von *n-ten Fekete-Punkten*. Offenbar sind alle voneinander verschieden und „möglichst weit auseinander" auf K.

Ihre wichtigste Eigenschaft enthält

Hilfssatz 2. *Für jedes System von Fekete-Punkten $z_k^{(n)}$ gilt*

(2.8) $$\left|\frac{\omega_n(z)}{z - z_k^{(n)}}\right| \leq |\omega_n'(z_k^{(n)})| \quad (k = 0, 1, \ldots, n; \; z \in K),$$

das heißt die zugehörigen Grundpolynome $l_k^{(n)}$ genügen

(2.9) $$|l_k^{(n)}(z)| \leq 1 \quad (z \in K).$$

Beweis. Um (2.8) etwa für $k = 0$ zu zeigen, betrachten wir die Funktion

$$F(z) := P(z, z_1^{(n)}, \ldots, z_n^{(n)}) = C \cdot \prod_{k=1}^{n} |z - z_k^{(n)}|^2 ,$$

die nach Erklärung der Fekete-Punkte auf K maximal wird für $z = z_0^{(n)}$. Also gilt

§ 2. Interpolation in gleichverteilten Punkten

$$\prod_{k=1}^{n} |z - z_k^{(n)}| \leq \prod_{k=1}^{n} |z_0^{(n)} - z_k^{(n)}| \qquad (z \in K),$$

und das ist gerade (2.8) für $k = 0$.

Die Eigenschaft (2.9) erlaubt nun sofort, für die Interpolationspolynome L_n zu den Fekete-Knoten eine Abschätzung von $\|f - L_n\| = \max_{z \in K} |f(z) - L_n(z)|$ abzuleiten,

sofern eine Abschätzung von $\|f - P_n\|$ bekannt ist für *irgendwelche* Polynome P_n vom Grad n. Denn es ist

$$f(z) - L_n(z, f) = [f(z) - P_n(z)] - L_n(z, f - P_n),$$

wobei

$$|L_n(z, f - P_n)| = |\sum_{k=0}^{n} [f(z_k^{(n)}) - P_n(z_k^{(n)})] l_k^{(n)}(z)|$$

$$\leq \|f - P_n\| \cdot \sum_{k=0}^{n} |l_k^{(n)}(z)| \leq (n+1) \|f - P_n\|$$

wegen (2.9). Also gilt jedenfalls

(2.10) $\|f - L_n\| \leq (n+2) \|f - P_n\|$.

Wir verwenden nun die Fejér-Polynome zu einer solchen Abschätzung von $\|f - L_n\|$.

Satz 4. *Es sei K kompakt in $\mathbb{C}$ und K^c einfach zusammenhängend, ferner f regulär auf K. Dann gilt für die Interpolationspolynome L_n zu den Fekete-Knoten*

$$L_n(z) \Rightarrow f(z) \qquad (n \to \infty; z \in K).$$

Aus den allgemeinen Sätzen 1 und 2 folgt dann

Folgerung 1. *Die Fekete-Punkte sind gleichverteilt auf K.*

Folgerung 2. *Die L_n konvergieren auf K sogar maximal gegen f.*

Beweis von Satz 4. Da ψ eventuell nicht stetig ist auf $\{w : |w| \geq 1\}$, suchen wir die Fejér-Knoten auf einer Niveaulinie C_R. Dabei sei $R > 1$ so klein, daß f auf und innerhalb C_R regulär ist. Die zu diesen Knoten gehörigen Interpolationspolynome nennen wir P_n, und sie erfüllen infolge von Satz 2 und Satz 3

$$|f(z) - P_n(z)| \leq M q^n \qquad (n = 0, 1, \ldots : z \in C_R)$$

für ein $q < 1$. Dies gilt auch in int $C_R \supset K$, und (2.10) liefert nun das Gewünschte.

Die Fekete-Punkte spielen bei der Bestimmung und Abschätzung der Kapazität von K eine wichtige Rolle; siehe Pommerenke [147], Kap. 11. Ihre Verteilung auf ∂K kann ziemlich genau studiert werden, wenn ∂K eine hinreichend glatte Jordankurve ist; siehe Pommerenke [145], [146] und Kövari [106]. Dort wird auch über numerische Experimente zur Bestimmung der Fekete-Punkte berichtet.

Hinweise zu § 2

1. Außer den Systemen von Fejér und Fekete spielen noch weitere Punktsysteme eine Rolle bei der Interpolation im Komplexen, der konformen Abbildung und

der Lösung des Dirichlet-Problems. Erwähnt seien hier das rekursiv zu gewinnende Punktsystem von Leja [115], das mit Zwischenpunkten arbeitende Extremal-System von Menke [125], [126], [127], [128], [129] und die Curtiss-Punkte [41], [42], [43], [44] (Siciak [162], Menke [130]), die bei der Interpolation durch harmonische Polynome eine Rolle spielen.

2. Bei den Konvergenzsätzen in den Abschnitten B und C war stets das Verhalten von $\sqrt[n]{|\omega_n(z)|}$ für $n \to \infty$ entscheidend. Die Folge $\{\omega_n(z)\}$ selbst wird unter feineren Annahmen über ∂K bei Curtiss [39], [40] untersucht, wobei genauere Aussagen über die Konvergenz von Riemann-Summen verwendet werden.

3. Bei den Sätzen von § 2 lagen die Interpolationsknoten stets im Regularitätsgebiet von f, damit die Hermitesche Formel anwendbar ist. Ist G ein Jordangebiet, f in G regulär und in $\bar{G}$ stetig, und wird *auf* ∂G interpoliert, so hat man zwei Möglichkeiten, die Folge $\{L_n\}$ zu untersuchen.

a) Man verwendet die Lagrangesche Formel (1.2) und hat dann das Verhalten der Grundpolynome $l_k^{(n)}$ genau zu studieren; siehe etwa Curtiss [38] oder Gaier [77].

b) Man verbleibt bei der Hermiteschen Formel (1.3) und integriert über die Knotenstellen hinweg. Das Integral ist dann im Sinne eines Hauptwerts zu nehmen; siehe Curtiss [45].

4. Bei Interpolation auf dem Rande des Regularitätsgebiets von f braucht $L_n(z) \to f(z)$ $(n \to \infty; z \in \partial G)$ nicht zu gelten; vgl. § 4. Jedoch kann unter geeigneten Annahmen über ∂G und f Konvergenz im Mittel stattfinden:

$$\int_{\partial G} |f(z) - L_n(z)|^p |dz| \to 0 \quad (n \to \infty);$$

siehe Al'per-Kalinogorskaja [3].

5. Unter Umständen ist es nützlich, zur Interpolation in $n + 1$ Punkten Polynome eines etwas höheren Grades als n zu verwenden. So beweist Kövari [105] folgendes. Es sei G ein Jordangebiet mit hinreichend glattem Rand; f sei in G regulär, in $\bar{G}$ stetig; und die Knoten $z_k^{(n)} \in \partial G$ sollen erfüllen

$$|l_k^{(n)}(z)| \leq M \quad (z \in \bar{G}; k = 0, 1, \ldots, n; n \geq 1).$$

Dann gibt es zu $\eta > 0$ Polynome P_n so, daß gilt:

a) $\text{Grad } P_n \leq n(1 + \eta)$,
b) $P_n(z_k^{(n)}) = f(z_k^{(n)})$,
c) $P_n(z) \rightrightarrows f(z) \quad (n \to \infty; z \in \bar{G})$,
d) $P_n = P_n(\cdot, f)$ ist ein linearer Operator in f.

§ 3. Approximation auf allgemeineren kompakten Mengen; der Satz von Runge

Bisher hatten wir angenommen, das Komplement der kompakten Menge K, auf der interpoliert und damit approximiert werden soll, sei ein einfach zusammen-

§ 3. Approximation auf allgemeineren kompakten Mengen

hängendes Gebiet; dann konnte bequem mit der konformen Abbildung ψ von $\{w : |w| > 1\}$ auf K^c gearbeitet werden. Nun lassen wir ein weitgehend beliebiges Kompaktum K zu, interpolieren in den Fekete-Punkten von K, und weisen ganz unabhängig von § 2 die Konvergenz der Interpolationspolynome nach, falls f auf K regulär ist. Als Anwendung ergibt sich ein Beweis des Approximationssatzes von Runge.

A. Nochmals: Interpolation in Fekete-Punkten

Das Kompaktum $K \subset \mathbb{C}$ sei so, daß $K^c = \mathbb{C} \setminus K$ ein Gebiet ist, welches eine Greensche Funktion G mit Pol in ∞ besitzt. Diese ist durch folgende Eigenschaften charakterisiert:

a) G ist harmonisch in K^c und dort > 0;
b) $G(z) - \log |z|$ ist für $|z| \to \infty$ beschränkt;
c) $G(z) \to 0$ für $z \to \partial K$.

Ihre Existenz ist gesichert genau dann, wenn K positive Kapazität hat (vgl. etwa Golusion [87], S. 268). Hinreichend für die Existenz von G ist, daß K aus endlich vielen (nicht punktförmigen) Komponenten besteht.

Die Menge

$$C_\rho = \{z : G(z) = \log \rho\} \quad (\rho > 1)$$

heißt *Niveaulinie* zum Parameterwert ρ. Sie besteht für alle $\rho \neq \rho_k$ aus endlich vielen analytischen Jordankurven γ_j so, daß

$$\gamma_j \cap \gamma_l = \phi, \quad \text{int } \gamma_j \cap \text{int } \gamma_l = \phi \quad (j \neq l)$$

und

$$K \subset \bigcup_j \text{int } \gamma_j$$

ist. Dabei sind ρ_k höchstens abzählbar viele Ausnahmewerte mit $\rho_k \to 1$, für die C_ρ durch „kritische Punkte" von G hindurchgeht, in denen endlich viele γ_j zusammenstoßen (Walsh [189], S. 67). Die Menge der Ausnahmewerte ρ_k ist leer genau dann, wenn K^c einfach zusammenhängend ist; dies ist der bisher betrachtete Fall. Für wachsendes ρ expandieren die von den γ_j berandeten Gebiete in naheliegender Weise monoton, und zu jedem Punkt $z \in K^c$ gibt es genau ein ρ mit $z \in C_\rho$, nämlich $\rho = e^{G(z)}$.

Ist nun f auf K regulär (und keine ganze Funktion), so gibt es ein maximales ρ mit der Eigenschaft, daß f eine eindeutige analytische Fortsetzung von K nach int C_ρ besitzt. Hierbei ist zu beachten, daß auf den verschiedenen Komponenten von K völlig verschiedene analytische Funktionen erklärt sein können, die jeweils in die entsprechenden Teile von int C_ρ fortsetzbar sein können. Infolgedessen muß auf C_ρ nicht notwendig eine Singularität der Fortsetzung von f liegen, nämlich dann nicht, wenn auf C_ρ ein kritischer Punkt Q von G liegt. Dann stoßen in Q zwei analytische Fortsetzungen zusammen.

Dieses maximale ρ spielt nun wieder die entscheidende Rolle für die Konvergenzgeschwindigkeit der Interpolationspolynome.

Satz 1. *Es sei $\rho > 1$ die größte Zahl so, daß f innerhalb C_ρ analytisch ist. Dann gilt für die mit den Fekete-Punkten auf K gebildeten Interpolationspolynome L_n*

(3.1) $$\overline{\lim} \sqrt[n]{\max\{|f(z) - L_n(z)| : z \in K\}} = \frac{1}{\rho} \;,$$

das heißt die Folge $\{L_n\}$ konvergiert auf K maximal gegen f.

Man beachte den Hinweis am Ende des Paragraphen.

Beweis. a) Zunächst bemerken wir, daß in (3.1) nicht $<$ stehen kann. Sonst wäre für die Polynome L_n und ein $R > \rho$

$$|f(z) - L_n(z)| \leq \frac{M}{R^n} \;,\text{ also }\; |L_{n+1}(z) - L_n(z)| \leq \frac{2M}{R^n} \quad (z \in K)$$

gültig. Eine Erweiterung des Bernsteinschen Lemmas (Kap. I, §4) auf den Fall, daß K^c eventuell mehrfach zusammenhängt, bringt sodann

$$|L_{n+1}(z) - L_n(z)| \leq 2MR' \left(\frac{R'}{R}\right)^n$$

für alle z innerhalb der Niveaulinie $C_{R'}$. Für $\rho < R' < R$ erhält man $L_n(z) \Rightarrow F(z)$, und f hätte eine analytische Fortsetzung F in das Innere von $C_{R'}$, was der Erklärung von ρ widerspricht.

b) Um $\overline{\lim} \leq \frac{1}{\rho}$ zu beweisen, wählen wir R_1, R mit $1 < R_1 < R < \rho$; dabei sei R kein Ausnahmewert ρ_k, sodaß C_R aus endlich vielen analytischen Jordankurven besteht.

Schritt 1: Es sei $d_1 \leq |t - z| \leq d_2$ ($z \in K$, $t \in C_{R_1}$); dann gilt

(3.2) $$\left| \frac{\omega_n(z)}{\omega_n(t)} \right| \leq (n+2) \frac{d_2}{d_1} \quad (n = 1, 2, \ldots).$$

Denn das zur Funktion $f_0(z) = \frac{1}{t-z}$ (t fest auf C_{R_1}) gehörige Interpolationspolynom hat, wie bereits in §2, B erwähnt, die Form

$$L_n(z, f_0) = \frac{1}{t-z} - \frac{\omega_n(z)}{\omega_n(t)(t-z)} \;;$$

also gilt

$$\left| \frac{\omega_n(z)}{\omega_n(t)} \right| = |1 + (z-t)L_n(z, f_0)| \leq 1 + d_2 \cdot (n+1) \frac{1}{d_1} < (n+2) \frac{d_2}{d_1}.$$

Hier haben wir die bei Wahl der Fekete-Punkte als Interpolationsknoten gültige Eigenschaft (2.9) der Grundpolynome $|l_k^{(n)}(z)| \leq 1$ ($z \in K$) verwendet.

Schritt 2: Der Quotient (3.2) wird jetzt für $t \in C_R$ beurteilt:

§ 3. Approximation auf allgemeineren kompakten Mengen

$$(3.3) \quad \left|\frac{\omega_n(z)}{\omega_n(t)}\right| \leq (n+2) \frac{d_2}{d_1} \left(\frac{R_1}{R}\right)^{n+1} \quad (z \in K; t \in C_R).$$

Denn nach (3.2) gilt

$$\log|\omega_n(t)| \geq \log\frac{d_1|\omega_n(z)|}{d_2(n+2)} =: A \quad z \in K \text{ fest}; t \in C_{R_1}),$$

also gilt für $t \in C_{R_1}$

$$h(t) := \log|\omega_n(t)| - (n+1)G(t) \geq A - (n+1)G(t)$$
$$\geq A - (n+1)\log R_1.$$

Die linke Seite ist auf und außerhalb C_{R_1} harmonisch und für $t \to \infty$ beschränkt, sodaß das Minimumprinzip anwendbar wird:

$$\min\{h(t) : t \in C_R\} \geq \min\{h(t) : t \in C_{R_1}\},$$

folglich

$$\log|\omega_n(t)| - (n+1)\log R \geq A - (n+1)\log R_1 \quad (t \in C_R);$$

dies ist (3.3).

Schritt 3: Abschätzung von $f - L_n$. Nach der Hermiteschen Formel gilt

$$f(z) - L_n(z) = \frac{1}{2\pi i} \int_{C_R} \frac{\omega_n(z)}{\omega_n(t)} \frac{f(t)}{t-z} dt \quad (z \in K),$$

also wegen (3.3)

$$f(z) - L_n(z) = O(1) \cdot (n+2)\left(\frac{R_1}{R}\right)^n \quad (z \in K; n \to \infty).$$

Daher ist

$$\overline{\lim} \sqrt[n]{\max\{|f(z) - L_n(z)| : z \in K\}} \leq \frac{R_1}{R},$$

und da $R_1 > 1, R < \rho$ beliebig waren, ist $\overline{\lim} \leq \frac{1}{\rho}$.

B. Der Approximationssatz von Runge

Satz 1 eröffnet nun sofort eine Möglichkeit, den wichtigen Satz von Runge zu beweisen.

Satz 2 (Runge 1885). *Es sei $K \subset \mathbb{C}$ kompakt und $K^c = \mathbb{C} \setminus K$ zusammenhängend, und es sei f auf K regulär. Dann gibt es Polynome P_n mit*

$$\max\{|f(z) - P_n(z)| : z \in K\} \to 0 \quad (n \to \infty).$$

Dieser Satz markiert den Beginn der komplexen Approximationstheorie. Er wurde im gleichen Jahr publiziert wie der Satz von Weierstraß über die Approximation stetiger Funktionen auf Intervallen. Bei Runge wird der Beweis von Satz 2 über die *rationale* Approximation und nachfolgende Polverschiebung geführt; darauf kommen wir in Kap. III, § 1 nochmals zurück.

Beweis. Weil K^c ein Gebiet ist, kann es durch Gebiete endlichen Zusammenhangs ausgeschöpft werden (Walsh [189], S. 8/9); das soll heißen: Es gibt Gebiete G_j mit

i) $\bar{G}_j \subset G_{j+1} \subset K^c$;

ii) $\cup G_j = K^c$;

iii) $\partial G_j = \Gamma_1^{(j)} \cup \Gamma_2^{(j)} \cup \ldots \cup \Gamma_{N_j}^{(j)}$ mit rektifizierbaren Jordankurven Γ.

Da nun f auf K regulär ist, gibt es einen Index j so, daß f auf und innerhalb der Komponenten von ∂G_j regulär ist; diesen Index halten wir fest und bezeichnen mit k_i den Abschluß des Gebiets int $\Gamma_i^{(j)}$ ($i = 1, 2, \ldots, N_j$).

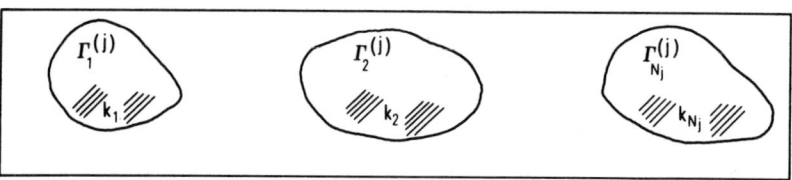

Nun ist f auf dem Kompaktum $k := \bigcup_{i=1}^{N_j} k_i$ regulär, dessen Komplement eine Greensche Funktion trägt. Damit wird Satz 1 anwendbar, und die für die Fekete-Punkte auf k gebildeten Interpolationspolynome P_n genügen einer Abschätzung

$$\max \{|f(z) - P_n(z)| : z \in k\} = O(q^n) \qquad (n \to \infty)$$

mit einem $q < 1$. Wegen $k \supset K$ folgt die Behauptung.

Wir analysieren noch die Voraussetzungen von Satz 2.

1. *Ist K^c nicht zusammenhängend, so wird der Satz falsch.* Falls nämlich K^c nicht zusammenhängt und daher eine beschränkte Komponente g besitzt, so wählen wir $z_0 \in g$, setzen $d = \max \{|z - z_0| : z \in K\}$, und betrachten dann $f(z) = \dfrac{1}{z - z_0}$, eine auf K reguläre Funktion. Angenommen, es gebe ein Polynom P mit

$$|P(z) - f(z)| < \frac{1}{d} \qquad (z \in K).$$

§ 4. Interpolation im Einheitskreis

Dann ist

$$|P(z)(z-z_0) - 1| < \frac{|z-z_0|}{d} \leq 1 \quad (z \in K).$$

Nun ist $\bar{g}$ kompakt, und das Polynom $P(z)(z-z_0) - 1$ nimmt auf $\bar{g}$ sein Maximum am Rande $\partial \bar{g} \subset K$ an. Also muß

$$|P(z)(z-z_0) - 1| < 1 \quad (z \in g)$$

gelten, was für $z_0 \in g$ offensichtlich falsch ist.

2. Die Forderung, daß f auf K regulär sein soll, kann jedoch noch abgeschwächt werden. Für die Gültigkeit der Aussage von Satz 2 reicht aus, daß f auf K stetig und in den inneren Punkten von K (soweit vorhanden) regulär ist. Dieser Satz von Mergelyan ist erheblich schwieriger zu beweisen; auf ihn kommen wir in Kap. III, § 2 zurück.

Hinweis zu § 3

Satz 1 stammt in dieser Allgemeinheit von Walsh und Russell [190]. Der hier gegebene Beweis geht auf Shen ([161], S. 158/59) zurück; siehe auch Walsh [189], S. 173. Der Beweis ist auf die Interpolation durch rationale Funktionen übertragbar. Dazu seien $\alpha_k^{(n)}$ ($k = 0, 1, \ldots, n$) vorgegebene Polstellen, die sich nur außerhalb C_ρ häufen dürfen, und die Interpolationsknoten $z_k^{(n)}$ seien so auf K gewählt, daß

$$\prod_{j<k} |z_j^{(n)} - z_k^{(n)}| / \prod_{j,k=0}^{n} |z_j^{(n)} - \alpha_k^{(n)}|$$

maximal wird. Statt Polynomen läßt dann Shen rationale Funktionen der Form

$$\frac{a_0 + a_1 z + \ldots + a_n z^n}{(z - \alpha_0^{(n)})(z - \alpha_1^{(n)}) \ldots (z - \alpha_n^{(n)})}$$

zur Interpolation zu und beweist einen Satz 1 verallgemeinernden Satz.

§ 4. Interpolation im Einheitskreis

Dieser Sonderfall soll hier noch etwas näher studiert werden, weil sich bei ihm einige feinere Aussagen über das Konvergenz- und Divergenzverhalten von Interpolationspolynomen machen lassen. Außerdem bringen wir noch einen Satz über Approximation durch rationale Funktionen im Einheitskreis, bei denen die Interpolationsstellen ebenfalls im Einheitskreis liegen.

A. Interpolation auf $\{z : |z| = r\}, r < 1$

Am übersichtlichsten ist die Situation, wenn wir als Interpolationsknoten die Stellen

(4.1) $\quad z_k^{(n)} = r e^{2\pi i k/(n+1)} \quad (k = 0, 1, \ldots, n; \ 0 < r < 1)$

wählen. Die zu approximierende Funktion f sei in $\mathbb{D} = \{z : |z| < 1\}$ regulär; L_n bezeichne das n-te Interpolationspolynom zu den Stellen $z_k^{(n)}$ und S_n die n-te Teilsumme der Taylorentwicklung von f an 0. Die Hermitesche Interpolationsformel führt dann wie in § 1, B auf die Darstellung

$$L_n(z) - S_n(z) = r^{n+1} \cdot \frac{1}{2\pi i} \int_{|t|=\tau} \frac{t^{n+1} - z^{n+1}}{t^{n+1}(t-z)(t^{n+1} - r^{n+1})} f(t) dt \quad (z \in \mathbb{C}),$$

wobei $r < \tau < 1$ ist. Für $|z| = R > 1$ erhält man $L_n(z) - S_n(z) = O\left(\frac{r^n R^n}{\tau^{2n}}\right)$ $(n \to \infty)$, und da τ beliebig nahe an 1 sein darf, gilt für jedes $R < \frac{1}{r}$

(4.2) $\qquad L_n(z) - S_n(z) \Rightarrow 0 \qquad (n \to \infty; |z| \leq R).$

Die Folgen $\{L_n\}$ *und* $\{S_n\}$ *sind also in einem* $\mathbb{D}$ *enthaltenden Kreis äquikonvergent.*

Daraus ziehen wir die *Folgerungen.*

1) In jedem kompakten Teil von $\mathbb{D}$ gilt $L_n(z) \Rightarrow f(z)$ $(n \to \infty)$.

2) Es gibt eine in $\overline{\mathbb{D}}$ stetige, in $\mathbb{D}$ reguläre Funktion f, deren zu (4.1) gehörige Interpolationspolynome L_n an $z = 1$ unbeschränkt sind: $\sup_n |L_n(1)| = \infty$. Denn bekanntlich (Fejér, 1910) gibt es ein solches f mit $\sup_n |S_n(1)| = \infty$.

3) Andererseits streben die arithmetischen Mittel der S_n, ebenfalls nach Fejér (1904), für $|z| = 1$ gegen f, falls f stetig in $\overline{\mathbb{D}}$, regulär in $\mathbb{D}$ ist. Für solche f gilt also

$$\frac{1}{n+1} \sum_{k=0}^{n} L_k(z) \Rightarrow f(z) \qquad (n \to \infty; z \in \overline{\mathbb{D}}).$$

Die Aussage (4.2) soll nun noch etwas näher untersucht werden. Zunächst ist der Gültigkeitsbereich $\{z : |z| \leq R\}$ mit $R < \frac{1}{r}$ im allgemeinen nicht zu vergrößern. Nimmt man nämlich speziell $f(z) = \frac{1}{z-1}$, so erhält man

$$L_n(z) = \frac{1}{z-1} - \frac{z^{n+1} - r^{n+1}}{(1 - r^{n+1})(z-1)}$$

und

$$S_n(z) = \frac{1 - z^{n+1}}{z - 1},$$

also

$$L_n(z) - S_n(z) = \frac{r^{n+1}}{1 - r^{n+1}} \cdot \frac{1 - z^{n+1}}{z - 1}.$$

§ 4. Interpolation im Einheitskreis

Für $z = \dfrac{1}{r}$ wird die rechte Seite $-\dfrac{r}{1-r}$, strebt also nicht gegen Null.

Hingegen kann man anstelle der Teilsummen S_n der Taylorentwicklung $f(z) = \sum_{k=0}^{\infty} a_k z^k$ ($z \in \mathbb{D}$) andere Polynome vom Grad n verwenden und damit den Gültigkeitsbereich erweitern. Darauf haben Caravetta, Sharma und Varga in einer neueren Arbeit [36a] hingewiesen. (Dort ist alles auf Interpolation in den Einheitswurzeln bezogen, und f ist in $\{z : |z| < \rho\}$ regulär mit einem $\rho > 1$.) Wir betrachten dazu die Polynome vom Grad n

$$S_{n,j}(z) := \sum_{k=0}^{n} a_{j(n+1)+k} z^k \qquad (j = 0, 1, 2, \ldots);$$

ersichtlich ist $S_{n,0}(z) = S_n(z)$. Sie gestatten die Integraldarstellung

$$S_{n,j}(z) = \frac{1}{2\pi i} \int_{|t|=\tau} \frac{t^{n+1} - z^{n+1}}{t - z} \cdot \frac{f(t)}{t^{(j+1)(n+1)}} \, dt,$$

und für die Polynome $\sum_{j=0}^{l} S_{n,j}(z) r^{j(n+1)}$ ($l = 0, 1, 2, \ldots$), ebenfalls vom Grade n, findet man so

$$\sum_{j=0}^{l} S_{n,j}(z) r^{j(n+1)} = \frac{1}{2\pi i} \int_{|t|=\tau} \frac{t^{n+1} - z^{n+1}}{t - z} \cdot \frac{t^{(l+1)(n+1)} - r^{(l+1)(n+1)}}{(t^{n+1} - r^{n+1}) t^{(l+1)(n+1)}} f(t) \, dt.$$

Damit wird

$$L_n(z) - \sum_{j=0}^{l} S_{n,j}(z) r^{j(n+1)} = r^{(l+1)(n+1)} \cdot \frac{1}{2\pi i} \int_{|t|=\tau} \frac{t^{n+1} - z^{n+1}}{t - z} \cdot \frac{f(t) \, dt}{(t^{n+1} - r^{n+1}) t^{(l+1)(n+1)}},$$

eine Verallgemeinerung der Formel nach (4.1) oben. Für $|z| = R > 1$ ist die rechte Seite $O\left(\dfrac{r^{(l+1)n} R^n}{\tau^{(l+2)n}}\right)$ $(n \to \infty)$, und da τ beliebig nahe an 1 sein darf, erhalten wir

(4.2′) $\qquad L_n(z) - \sum_{j=0}^{l} S_{n,j}(z) r^{j(n+1)} \to 0 \qquad (n \to \infty; \ |z| \leq R),$

sobald $R < \dfrac{1}{r^{l+1}}$ ist. Für $l = 0$ erhalten wir (4.2).

Diese Schranke r^{-l-1} ist wieder scharf, aber es gilt (4.2′) sogar für $|z| \leq r^{-l-1}$, falls f nach $\mathbb{D}$ stetig fortgesetzt werden kann oder wenigstens eine integrierbare

Randfunktion besitzt. Wegen der Einzelheiten verweisen wir auf die genannte Arbeit [36a]. Dort werden auch noch entsprechende Sätze über Hermite-Interpolation und Birkhoff-Hermite-Interpolation bewiesen.

B. Interpolation auf $\{z : |z| = 1\}$

Nimmt man als Interpolationsknoten die $(n+1)$-ten Einheitswurzeln $z_k^{(n)} = e^{2\pi i k/(n+1)}$ ($k = 0, 1, \ldots, n$), so muß man auf die Lagrangesche Formel zurückgreifen. Es ist

$$\omega(z) = z^{n+1} - 1 \text{ und } \omega'(z) = (n+1)z^n = \frac{n+1}{z}, \text{ falls } z = z_k^{(n)},$$

also

(4.3) $\qquad L_n(z) = (1 - z^{n+1}) \cdot \frac{1}{2\pi} \sum_{k=0}^{n} \frac{f(z_k^{(n)}) \, z_k^{(n)}}{z_k^{(n)} - z} \cdot \frac{2\pi}{n+1}.$

Den zweiten Faktor erkennen wir als Riemann-Summe für $\dfrac{1}{2\pi} \displaystyle\int_0^{2\pi} \dfrac{f(e^{i\varphi}) \, e^{i\varphi}}{e^{i\varphi} - z} d\varphi$,

und wir erhalten als Ergebnis: Ist f stetig auf $\{z : |z| = 1\}$, so gilt

$$L_n(z) \to \frac{1}{2\pi i} \int_{\partial \mathbb{D}} \frac{f(\zeta)}{\zeta - z} d\zeta \qquad (n \to \infty; \, z \in \mathbb{D}),$$

gleichmäßig in kompakten Teilen von $\mathbb{D}$. Das Ergebnis läßt sich auf (glatte) Jordankurven verallgemeinern; vgl. Curtiss [38]. Ist insbesondere $f \in A$ (d. h. in $\overline{\mathbb{D}}$ stetig, in $\mathbb{D}$ regulär), so gilt jedenfalls $L_n(z) \Rightarrow f(z)$ ($n \to \infty$) in jedem kompakten Teil von $\mathbb{D}$.

Wie aber ist das Verhalten von $\{L_n\}$ *auf dem Rande des Einheitskreises?* Dieser Frage wenden wir uns jetzt zu.

Wir beginnen mit einem positiven Satz. Dabei gehen die Zahlen

$$E_n = \inf \max \{|f(z) - P(z)| : z \in \overline{\mathbb{D}}\}$$

ein, worin das Infimum über alle Polynome P vom Grad n zu erstrecken ist.

Satz 1. *Es sei $f \in A$, das heißt f in $\overline{\mathbb{D}}$ stetig, in $\mathbb{D}$ regulär, und L_n sei das Interpolationspolynom* (4.3). *Dann gilt mit einer absoluten Konstanten M*

(4.4) $\quad |f(z) - L_n(z)| \leq M E_n \log(n+1) \qquad (n = 1, 2, \ldots; z \in \overline{\mathbb{D}}).$

Zum Beweis benötigen wir folgenden

Hilfssatz 1. *Es sei P ein Polynom vom Grad $n \geq 1$ und $|P(z_k^{(n)})| \leq 1$ in den $(n+1)$-ten Einheitswurzeln $z_k^{(n)}$ ($k = 0, 1, \ldots, n$). Dann gilt*

(4.5) $\qquad |P(z)| < 3 \log(n+1) \quad \text{für} \quad |z| \leq 1.$

§ 4. Interpolation im Einheitskreis

Die Größenordnung der rechten Seite ist bestmöglich, wenngleich die Konstante 3 noch verkleinert werden könnte. Zu diesem Thema siehe Gronwall [88].
Beweis. Für $n = 1$ stellen wir P dar als
$$P(z) = \frac{1+z}{2} P(1) + \frac{1-z}{2} P(-1),$$
woraus $|P(z)| \leq \frac{1}{2} [|1+z| + |1-z|] \leq \sqrt{2}$ folgt, wenn $|z| \leq 1$ ist. Also gilt (4.5) für $n = 1$.

Für $n \geq 2$ knüpfen wir an die Darstellung von P durch die Lagrangesche Formel an (siehe (4.3)) und erhalten zunächst

$$|P(z)| \leq \frac{1}{n+1} \sum_{k=0}^{n} \frac{|1-z^{n+1}|}{|z_k^{(n)} - z|}.$$

Wir können jetzt annehmen, daß $|z| = 1$ und $0 < \arg z < \alpha := \frac{2\pi}{n+1}$ ist. In der letzten Summe ist jeder Summand $\leq n+1$, denn

(4.6) $\quad \left|\dfrac{1-z^{n+1}}{z_k^{(n)} - z}\right| = |(z_k^{(n)})^n + (z_k^{(n)})^{n-1} z + \ldots + (z_k^{(n)}) z^{n-1} + z^n| \leq n+1.$

Die zu $k = 0$ und $k = 1$ gehörenden Glieder schätzen wir durch $n+1$ ab. Für die *übrigen* $z_k^{(n)}$ auf jeder Seite des Durchmessers des Einheitskreises, der durch 0 und z geht, hat der Bogen zwischen z und $z_k^{(n)}$ eine Länge $\geq \alpha, 2\alpha, 3\alpha, \ldots, p\alpha$, wo $p\alpha \leq \pi$ ist. Daher ist $|z_k^{(n)} - z|$ mindestens $2 \sin \frac{\alpha}{2}, 2 \sin \frac{2\alpha}{2}, \ldots, 2 \sin \frac{p\alpha}{2}$, also wegen $\sin x \geq \frac{2}{\pi} x$ in $0 \leq x \leq \frac{\pi}{2}$ mindestens $\frac{2\alpha}{\pi}, \frac{4\alpha}{\pi}, \ldots, \frac{2p\alpha}{\pi}$. Für diese $z_k^{(n)}$ ist also

$$\left|\frac{1-z^{n+1}}{z_k^{(n)} - z}\right| \text{ höchstens } \frac{\pi}{\alpha}, \frac{\pi}{2\alpha}, \ldots, \frac{\pi}{p\alpha}.$$

Folglich ist

$$|P(z)| \leq 2 + \frac{2}{n+1} \cdot \frac{\pi}{\alpha} \sum_{j=1}^{p} \frac{1}{j} = 2 + \sum_{j=1}^{p} \frac{1}{j} < 3 + \log p \leq 3 + \log \frac{\pi}{\alpha},$$

also

$$|P(z)| < 3 + \log \frac{n+1}{2} \quad \text{für } |z| \leq 1.$$

Für $n \geq 3$ ist die rechte Seite $< 3 \log(n+1)$, wie in (4.5) behauptet. Und für $n = 2$ haben wir $|P(z)| \leq 3$ wegen (4.6), und daher gilt (4.5) für alle $n \geq 1$.

Beweis von Satz 1. Es sei P ein Polynom vom Grad n mit $\|f-P\| = E_n$. Dann ist

$$f(z) - L_n(z,f) = [f(z) - P(z)] - L_n(z, f-P)$$

wegen $L_n(z, P) = P(z)$. Daraus folgt mit (4.5) für $n \geq 1$

$$\|f - L_n\| \leq \|f - P\| + \|L_n(\cdot, f-P)\| \leq E_n + 3 E_n \log(n+1),$$

da ja $L_n(\cdot, f-P)$ ein Polynom vom Grad n ist mit Werten vom Betrag $\leq E_n$ in den $(n+1)$-ten Einheitswurzeln. Damit ist (4.4) bewiesen.

Nun strebt zwar unter den Annahmen von Satz 1 stets $E_n \to 0$, aber $L_n(z) \Rightarrow f(z)$ ($n \to \infty, z \in \overline{\mathbb{D}}$) ist erst dann gesichert, wenn sogar $E_n \log(n+1) \to 0$ ($n \to \infty$). Dies ist zum Beispiel dann der Fall, wenn $f \in \text{Lip }\alpha$ ist auf $\partial \mathbb{D}$ mit einem $\alpha > 0$; vgl. Kap. I, § 6D. Im allgemeinen kann jedoch die Folge $\{L_n(-1)\}$ unbeschränkt sein, wie Fejér [72] durch eine trickreiche Konstruktion gezeigt hat.

Zur technischen Vereinfachung sei dazu in den Stellen

$$w_k^{(n)} = -z_k^{(n)} = -e^{2\pi i k/(n+1)} \qquad (k = 0, 1, \ldots, n)$$

interpoliert; die Interpolationspolynome nennen wir U_n. Dann gilt

Satz 2. *Es gibt eine in $\overline{\mathbb{D}}$ stetige, in $\mathbb{D}$ reguläre Funktion f, für welche die Folge $\{U_n(1, f)\}$ unbeschränkt ist.*

Beweis. Fejér arbeitet mit den von ihm früher eingeführten Polynomen

$$h_p(z) := \left(\frac{1}{p} + \frac{z}{p-1} + \ldots + \frac{z^{p-1}}{1}\right) - \left(\frac{z^{p+1}}{1} + \frac{z^{p+2}}{2} + \ldots + \frac{z^{2p}}{p}\right) (p \in \mathbb{N}).$$

Zunächst ist $U_n(1, h_p)$ für verschiedene Werte von p und n zu beurteilen.

i) Für ungerades n ist 1 Interpolationsstelle, also ist

$$U_n(1, h_p) = h_p(1) = 0 \qquad \text{für alle ungeraden } n.$$

ii) Ist $n \geq 2p$, so ist $U_n(z, h_p) = h_p(z)$, also ist

$$U_n(1, h_p) = h_p(1) = 0 \qquad \text{für alle } n \geq 2p.$$

iii) Jetzt wird $U_n(1, h_p)$ für $p = n+1, p = 3(n+1), \ldots, p = u(n+1)$ beurteilt, wobei n gerade und u ungerade ist.

Für $p = n+1$ ist $(w_k^{(n)})^p = (-1)^p = -1$ und also

$$h_p(w_k^{(n)}) = \left(\frac{1}{p} + \frac{w_k^{(n)}}{p-1} + \ldots + \frac{(w_k^{(n)})^{p-1}}{1}\right) +$$

$$+ \left(\frac{w_k^{(n)}}{1} + \frac{(w_k^{(n)})^2}{2} + \ldots + \frac{(w_k^{(n)})^{p-1}}{p-1} - \frac{1}{p}\right) = g_1(w_k^{(n)}),$$

§ 4. Interpolation im Einheitskreis

wo

$$g_1(z) = \left(\frac{1}{p-1} + 1\right)z + \left(\frac{1}{p-2} + \frac{1}{2}\right)z^2 + \ldots + \left(\frac{1}{1} + \frac{1}{p-1}\right)z^{p-1}.$$

Also ist $U_n(z, h_p) = g_1(z)$ und folglich

$$U_n(1, h_p) = g_1(1) = 2 \sum_{j=1}^{n} \frac{1}{j} \quad \text{für } p = n+1, n \text{ gerade.}$$

Für $p = 3(n+1)$ findet man auf dieselbe Weise $h_p(w_k^{(n)}) = g_3(w_k^{(n)})$ mit

$$g_3(z) = \left(\frac{1}{p-1} + 1\right)z + \left(\frac{1}{p-2} + \frac{1}{2}\right)z^2 + \ldots + \left(\frac{1}{p-n} + \frac{1}{n}\right)z^n$$

$$- \left[\left(\frac{1}{p-n-2} + \frac{1}{n+2}\right)z + \ldots + \left(\frac{1}{p-2n-1} + \frac{1}{2n+1}\right)z^n\right]$$

$$+ \left(\frac{1}{p-2n-3} + \frac{1}{2n+3}\right)z + \ldots + \left(\frac{1}{1} + \frac{1}{3n+2}\right)z^n.$$

Also ist

$$U_n(z, h_p) = g_3(z) \text{ und folglich } U_n(1, h_p) = g_3(1),$$

was ersichtlich positiv ist. Wir notieren

$$U_n(1, h_p) > 0 \quad \text{für } p = 3(n+1), n \text{ gerade.}$$

Analog zeigt man allgemein

$$U_n(1, h_p) > 0 \quad \text{für } p = u(n+1), n \text{ gerade, } u \text{ ungerade.}$$

Das gesuchte f wird nun als Reihe angesetzt

$$f(z) := \sum_{k=1}^{\infty} k^{-2} h_{p_k}(z) \quad \text{mit } p_k = 3k^3.$$

Diese Reihe konvergiert gleichmäßig in $\overline{\mathbb{D}}$, da allgemein $|h_p(z)| \leq M$ ist für $z \in \overline{\mathbb{D}}$ und $p \in \mathbb{N}$. Also ist $f \in A$. Ferner ist

$$U_n(1, f) = \sum_{k=1}^{\infty} k^{-2} U_n(1, h_{p_k}).$$

Wir setzen nun $n = 3k_0^3 - 1$ für ein $k_0 \in \mathbb{N}$ und zerlegen U_n gemäß

$$U_n(1, f) = \sum_{k < k_0} k^{-2} U_n(1, h_{p_k}) + k_0^{-2} U_n(1, h_{p_{k_0}}) + \sum_{k > k_0} k^{-2} U_n(1, h_{p_k}).$$

In der ersten Summe ist $p_k \leq \dfrac{n}{2}$, also ist jeder Summand 0 wegen ii). In der letzten

Summe ist $p_k = 3^{k^3} = u \cdot 3^{k_0^3} = u(n+1)$ mit ungeradem Faktor u, also ist jeder Summand > 0 wegen iii). Für den mittleren Ausdruck ist aber $p_{k_0} = n+1$, wobei n gerade ist, also ist er wegen iii)

$$k_0^{-2} \cdot 2 \sum_{j=1}^{n} \frac{1}{j} > 2 k_0^{-2} \log(n+1) = 2 k_0^{-2} \cdot k_0^3 \log 3.$$

Insgesamt ist die Folge $\{U_n(1,f)\}$ unbeschränkt; Satz 2 ist bewiesen.

Um das in Satz 2 ausgedrückte Divergenzphänomen zu vermeiden, kann man daran denken, diejenigen Polynome H_n vom Grad $2n+1$ zu betrachten, welche

$$H_n(z_k^{(n)}) = f(z_k^{(n)}) \quad \text{und} \quad H_n'(z_k^{(n)}) = 0 \qquad (k = 0, 1, \ldots, n)$$

erfüllen. Diese Hermite-Interpolation führt im Reellen bei jeder stetigen Funktion f und bei geeigneter Knotenwahl stets zu einem konvergenten Prozeß; siehe etwa Natanson [136], S. 397. Hier kann man jedoch zeigen, daß

$$H_n(z) = (1 - z^{n+1}) L_n(z) + O(1) \qquad (n \to \infty; \; z \in \overline{\mathbb{D}})$$

ist (Losinsky [119], S. 320), sodaß die Unbeschränktheit von $\{L_n(-1)\}$ (n gerade) die von $\{H_n(-1)\}$ nach sich zieht. Dies gilt übrigens auch dann, wenn man allgemeiner verlangt

$$H_n(z_k^{(n)}) = f(z_k^{(n)}) \quad \text{und} \quad H_n'(z_k^{(n)}) = \alpha_k^{(n)},$$

wo $\alpha_k^{(n)} = o\left(\dfrac{n}{\log n}\right)$ ($n \to \infty$) gleichmäßig in k; siehe Gaier [77], S. 131.

C. Approximation durch rationale Funktionen

Aus diesem umfangreichen Thema wollen wir hier nur ein spezielles Ergebnis herausgreifen, das mit der Interpolation im Einheitskreis zusammenhängt. Es hat überdies eine gewisse praktische Bedeutung.

Satz 3. *Es sei $f \in A$, und $\alpha_1, \alpha_2, \ldots, \alpha_n$ seien paarweise verschiedene in $\{z : |z| > 1\}$ gelegene Stellen. Für rationale Funktionen der Form*

(4.7) $$r(z) = \frac{a_0 + a_1 z + \ldots + a_n z^n}{(z - \alpha_1)(z - \alpha_2) \ldots (z - \alpha_n)}$$

wird dann

$$\int_{\partial \mathbb{D}} |f(z) - r(z)|^2 \, |dz|$$

minimal genau dann, wenn r die gegebene Funktion f an den Stellen $0, 1/\bar{\alpha}_1, \ldots, 1/\bar{\alpha}_n$ interpoliert.

Beweis. Es sei r^* diese interpolierende rationale Funktion von der Form (4.7); sie ist eindeutig bestimmt. Wir zeigen, daß

§ 4. Interpolation im Einheitskreis

$f - r^*$ orthogonal zu den Funktionen 1 und $\dfrac{1}{z - \alpha_k}$ $(k = 1, 2, \ldots, n)$

ist. Denn es ist

$$\int_{\partial \mathbb{D}} (f - r^*) \cdot 1 \, |dz| = \frac{1}{i} \int_{\partial \mathbb{D}} (f - r^*) \frac{dz}{z} = 0,$$

da $f - r^*$ in 0 verschwindet, und ferner

$$\int_{\partial \mathbb{D}} (f - r^*) \cdot \frac{1}{z - \alpha_k} \, |dz| = \frac{1}{i} \int_{\partial \mathbb{D}} (f - r^*) \frac{dz}{1 - \bar{\alpha}_k z} = 0,$$

da $f - r^*$ in $1/\bar{\alpha}_k$ verschwindet.

Daher wird nun $\int_{\partial \mathbb{D}} |f - r|^2 \, |dz|$ minimal genau für $r = r^*$. Denn es ist

$$\int |f - r|^2 |dz| = \int [(f - r^*) + (r^* - r)] \, \overline{[(f - r^*) + (r^* - r)]} \, |dz|$$

$$= \int |f - r^*|^2 |dz| + \int |r^* - r|^2 |dz| + 0,$$

weil

$$r^* - r = \sum_{k=1}^{n} \frac{A_k}{z - \alpha_k} + A_0$$

ist mit Konstanten A_k. Denn $r^* - r$ ist eine rationale Funktion mit einfachen Polen an $z = \alpha_k$, die für $z \to \infty$ beschränkt bleibt. Daraus folgt alles.

Nimmt man immer mehr Polstellen $\alpha_k^{(n)}$, so erhält man eine Folge $\{r_n\}$ bestapproximierender rationaler Funktionen, für die

$$r_n(z) \Rightarrow f(z) \qquad (n \to \infty; \; z \in \overline{\mathbb{D}})$$

sicher dann gilt, wenn f in $\overline{\mathbb{D}}$ regulär ist und die Pole sich auf $\partial \mathbb{D}$ nicht häufen. Näheres bei Walsh [189], S. 245.

Hinweise zu § 4

1. In der reellen Interpolationstheorie werden häufig Limitierungsverfahren angewendet. Ist etwa f 2π-periodisch und stetig auf $\mathbb{R}$, und

$$U_n(x, f) = \frac{a_0^{(n)}}{2} + \sum_{k=1}^{n} (a_k^{(n)} \cos kx + b_k^{(n)} \sin kx)$$

das zu f und den Stellen $x_k^{(n)} = \dfrac{2\pi k}{2n + 1}$ $(k = 0, 1, \ldots, 2n)$ gehörige Interpolationspolynom, so setzt man

$$U_{n,j}(x, f) = \frac{a_0^{(n)}}{2} + \sum_{k=1}^{j} (a_k^{(n)} \cos kx + b_k^{(n)} \sin kx)$$

und untersucht zum Beispiel die arithmetischen Mittel

$$(4.8) \qquad \sigma_n(x,f) = \frac{1}{n+1} \sum_{j=0}^{n} U_{n,j}(x,f)$$

auf Konvergenz. Der allgemeine Prozeß dieser Art wird durch

$$\sigma_n(x,f) = \sum_{k=0}^{n} (a_k^{(n)} \cos kx + b_k^{(n)} \sin kx) \lambda_k^{(n)}$$

mit gewissen Gewichten $\lambda_k^{(n)}$ erklärt; siehe hierzu z. B. Natanson [136], S. 406 ff. und Zygmund [194], S. 22 ff. Man beachte, daß bei der Bildung dieser Mittel nur die Werte von f an den Stellen $x_k^{(n)}$, für das betreffende n, eingehen.

Seltener diskutiert werden Mittel der Form $\sum_{k=0}^{n} \lambda_k^{(n)} U_k(x,f)$, also etwa die C_1-Mittel

$$\tau_n(x,f) = \frac{1}{n+1} \sum_{k=0}^{n} U_k(x,f),$$

bei denen Interpolationspolynome zu *verschiedenen* Stützstellen-Systemen gemittelt werden. Für sie zeigt z. B. Marcinkiewicz ([122], S. 5), daß es ein stetiges, 2π-periodisches f und eine Stelle x_0 gibt, an der $\{\tau_n(x_0, f)\}$ nicht beschränkt bleibt.

Diese Methoden ließen sich zur Limitierung der Polynome $L_n(z, f)$, die auf dem Einheitskreis interpolieren, anwenden, jedoch liegt nur wenig vor. Bei Berman [27] wird der zu (4.8) analoge Prozeß auf $\{L_n\}$ angewendet, und bei Gaier [77] ein f konstruiert, für das nicht nur $\{L_n(-1)\}$ unbeschränkt ist, sondern sogar die Borel-Mittel dieser Folge. Offen scheint die Frage, wie sich die C_1-Mittel von $\{L_n(z,f)\}$ auf $\partial \mathbb{D}$ verhalten.

2. Ist f in $\overline{\mathbb{D}}$ regulär, so gilt bei Interpolation in gleichverteilten Punkten auf $\partial \mathbb{D}$ sicher $L_n(z, f) \Rightarrow f(z)$ ($n \to \infty$, $z \in \overline{\mathbb{D}}$). Hlawka behandelt in [95] die Frage, welche Approximationsaussage gemacht werden kann, wenn die Interpolationsstellen nicht gleichverteilt sind. Dabei spielt ein Maß der Abweichung von der Gleichverteilung eine Rolle.

TEIL II

ALLGEMEINE APPROXIMATIONSSÄTZE IM KOMPLEXEN

Im Gegensatz zu den bisherigen Entwicklungen sollen hier die konstruktiven Gesichtspunkte keine so wichtige Rolle spielen. Vielmehr geht es jetzt darum, Fragen nach der *Existenz* von approximierenden rationalen, ganzen oder meromorphen Funktionen zu behandeln. Zunächst ist die Menge, auf der approximiert werden soll, ein Kompaktum K in $\mathbb{C}$, und dann in Kapitel IV eine bloß abgeschlossene Menge F in einem beliebigen Gebiet $G \subset \mathbb{C}$.

KAPITEL III

APPROXIMATION AUF KOMPAKTEN MENGEN

Zur Approximation einer Funktion f auf einer kompakten Menge K können Polynome oder allgemeiner rationale Funktionen herangezogen werden. Die Situation ist einfach, wenn f auf K regulär ist, während eine Abschwächung dieser Annahme einen erheblich größeren Aufwand erfordert. Wir beginnen mit dem Rungeschen Satz; eine schwache Version ist zwar schon bewiesen, doch wird so Kap. III vom Vorhergehenden unabhängig.

§ 1. Der Approximationssatz von Runge

Dieser Satz aus dem Jahre 1885 steht am Anfang der Approximation im Komplexen. Eine Funktion f soll auf einem Kompaktum $K \subset \mathbb{C}$ durch rationale Funktionen R gleichmäßig approximiert werden. Es ist also

$$R(z) = \frac{P(z)}{Q(z)}, \text{ wo } P, Q \text{ (teilerfremde) Polynome sind,}$$

oder

$$R(z) = \sum_j P_j\left(\frac{1}{z - z_j}\right) + P_0(z),$$

wo P_0, P_j endlich viele Polynome sind (Partialbruchdarstellung). Kompakte Mengen können sehr kompliziert sein; ein Beispiel mag genügen (siehe auch § 3, A):

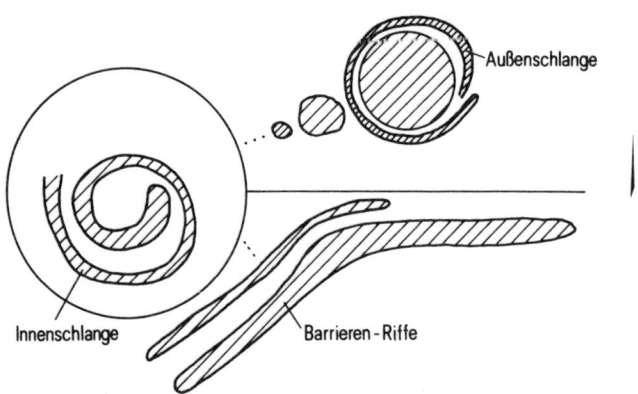

§ 1. Der Approximationssatz von Runge

A. Allgemeine Cauchy-Formel

Als Hilfsmittel stellen wir bereit

Satz 1. *Es sei K kompakt in $\mathbb{C}$ und $U \supset K$ eine offene Menge. Dann gibt es endlich viele horizontale oder vertikale, orientierte Strecken $\gamma_1, \ldots, \gamma_N$ in $U \setminus K$ so, daß gilt: Ist f regulär in U, und wird $\Gamma = \gamma_1 + \ldots + \gamma_N$ gesetzt, so gilt*

$$f(z) = \frac{1}{2\pi i} \int_\Gamma \frac{f(\zeta)}{\zeta - z} d\zeta \quad (z \in K).$$

Man beachte, daß Γ von K und U, aber nicht von f abhängt.

Beweis. Mit $\delta := \text{dist}(K, \partial U) > 0$ legen wir ein Quadratgitter der Maschenweite h auf die Ebene, wobei $h\sqrt{2} < \delta$ gewählt sei. Alle abgeschlossenen Quadrate des Gitters, die K treffen, werden numeriert: $Q_1, Q_2, \ldots, Q_p$. Dann gilt

$$K \subset \cup Q_j \subset U.$$

Die linke Inklusion ist klar, und ist $z_0 \in Q_j \cap K$, so ist die ganze δ-Scheibe um z_0 in U, also erst recht das Quadrat Q_j mit seinem Durchmesser $h\sqrt{2} < \delta$.

Der Rand jedes Q_j wird nun positiv orientiert. Haben zwei Quadrate Q_j, Q_k eine Seite γ gemeinsam, so wird sie weggeworfen. Die übrigen orientierten Seiten der Q_j mögen $\gamma_1, \gamma_2, \ldots, \gamma_N$ heißen. Kein γ_j trifft K, sonst würde γ_j zu zwei anstoßenden Quadraten gehören. Also gilt

$$\Gamma := \gamma_1 + \gamma_2 + \ldots + \gamma_N \subset U \setminus K.$$

Nun sei f in U regulär und $z \in K$ gewählt, also $z \in Q_{j_0}$ für mindestens ein j_0. Ist sogar $z \in Q_{j_0}^\circ$, so gilt die Formel von Satz 1:

$$f(z) = \frac{1}{2\pi i} \int_{\partial Q_{j_0}} \frac{f(\zeta)}{\zeta - z} d\zeta = \frac{1}{2\pi i} \sum_j \int_{\partial Q_j} \frac{f(\zeta)}{\zeta - z} d\zeta = \frac{1}{2\pi i} \int_\Gamma \frac{f(\zeta)}{\zeta - z} d\zeta.$$

Und ist $z \in \partial Q_{j_0}$, so gehört z zu zwei anstoßenden Quadraten und liegt also auf einer weggeworfenen Seite, folglich $z \notin \Gamma$. Eine Stetigkeitsüberlegung ergibt die Formel auch in diesem Falle.

B. Der Satz von Runge

Wie schon früher setzen wir im folgenden $K^c = \mathbb{C} \setminus K$.

Satz 2 (Runge 1885). *Es sei K kompakt in $\mathbb{C}$ und f regulär auf K, ferner $\epsilon > 0$. Dann gibt es eine rationale Funktion R mit Polen in K^c so, daß*

$$|f(z) - R(z)| < \epsilon \quad (z \in K).$$

Beweis. Wir knüpfen an Satz 1 an und approximieren das Integral durch Riemann-Summen. Da f auf K regulär ist, gibt es eine offene Menge $U \supset K$, in der f regulär ist. Es sei Γ bestimmt und

$$\frac{f(\zeta)}{\zeta-z} \quad \text{für} \quad (\zeta,z)\in \Gamma \times K$$

betrachtet. Diese Funktion ist dort stetig, also gleichmäßig stetig, und folglich gibt es zu $\epsilon' > 0$ ein $\delta > 0$ so, daß

$$\left|\frac{f(\zeta)}{\zeta-z} - \frac{f(\zeta')}{\zeta'-z}\right| < \epsilon', \text{ sobald } z\in K \text{ und } \zeta, \zeta' \in \Gamma, |\zeta-\zeta'|<\delta.$$

Wir unterteilen Γ in Teilintervalle Γ_j der Länge $<\delta$ und wählen $\zeta_j \in \Gamma_j$. Dann gilt

$$\left|\frac{1}{2\pi i}\int_{\Gamma_j}\frac{f(\zeta)}{\zeta-z}d\zeta - \frac{1}{2\pi i}\int_{\Gamma_j}\frac{f(\zeta_j)}{\zeta_j-z}d\zeta\right| < \frac{\epsilon'}{2\pi}|\Gamma_j| \quad (z\in K),$$

und nach Summation über j erhält man

$$|f(z)-R(z)| < \frac{\epsilon'}{2\pi}|\Gamma| \quad (z\in K),$$

wobei R die rationale Funktion

$$R(z) = \frac{1}{2\pi}\sum_j \frac{f(\zeta_j)}{\zeta_j-z}\int_{\Gamma_j}d\zeta$$

ist, die an den Stellen $\zeta_j \in \Gamma_j \subset K^c$ einfache Pole besitzt. Wählte man $\epsilon' = \frac{2\pi\epsilon}{|\Gamma|}$, so folgt die Aussage von Satz 2.

Wie gesagt, ist R von der Form $R(z) = \sum_j \frac{c_j}{z-\zeta_j}$ mit $\zeta_j \in \Gamma$. Wird ϵ kleiner gewählt, so verdichten sich die ζ_i auf Γ, rücken aber an K nicht heran. Mit der Lage der Pole beschäftigt sich auch der folgende Abschnitt.

C. Die Methode der Polverschiebung

Bei dieser ebenfalls auf Runge ([156], S. 236) zurückgehenden Methode geht es darum, eine rationale Funktion R_1 auf K durch eine andere rationale Funktion R_2 zu approximieren, deren Pole woanders liegen. Dies ist *nicht immer* möglich: Ist etwa $K = \{z : |z| = 1\}$, $R_1(z) = \frac{1}{z}$, und R_2 soll Pol nur an $z = 2$ haben, so ist $\max_{z\in K} |R_1(z) - R_2(z)| < 1$ nicht möglich. Das ist aus

$$\int_K R_1(z)dz - \int_K R_2(z)dz = \int_K [R_1(z) - R_2(z)]dz$$

sofort abzulesen, denn links steht $2\pi i$, während der Betrag der rechten Seite $< 2\pi$ wäre.

Im Hinblick auf die Anwendung in Kap. IV, § 2 wird jetzt K durch eine allgemeine Menge M ersetzt.

§ 1. Der Approximationssatz von Runge

Satz 3. *Es sei M eine beliebige Menge in $\mathbb{C}$ und γ ein Jordanbogen mit $\gamma \cap \bar{M} = \phi$. Die Endpunkte von γ seien z_1 und z_2. Dann gibt es zu jedem Polynom P und $\epsilon > 0$ ein Polynom Q so, daß gilt*

$$(1.1) \qquad \left| P\left(\frac{1}{z-z_1}\right) - Q\left(\frac{1}{z-z_2}\right) \right| < \epsilon \qquad (z \in M).$$

Beweis. Auf Grund unserer Annahme ist dist$(\gamma, z) \geq \delta > 0$ für alle $z \in M$. Es seien $z_1 = \zeta_0, \zeta_1, \zeta_2, \ldots, \zeta_N = z_2$ Punkte auf γ mit $|\zeta_j - \zeta_{j+1}| < \delta$ ($j = 0, 1, \ldots, N-1$). Da $(z - z_1)^{-1}$ in $\{z : |z - \zeta_1| \geq \delta\} \cup \{\infty\}$ regulär ist, gibt es zu $\eta > 0$ ein Polynom p so, daß

$$\left| \frac{1}{z-z_1} - p\left(\frac{1}{z-\zeta_1}\right) \right| < \eta \quad \text{für} \quad \{z : |z-\zeta_1| \geq \delta\},$$

insbesondere also für $z \in M$. Folglich finden wir ein Polynom P_1 mit

$$\left| P\left(\frac{1}{z-z_1}\right) - P_1\left(\frac{1}{z-\zeta_1}\right) \right| < \frac{\epsilon}{N} \qquad \text{für} \quad z \in M.$$

Analog folgt

$$\left| P_1\left(\frac{1}{z-\zeta_1}\right) - P_2\left(\frac{1}{z-\zeta_2}\right) \right| < \frac{\epsilon}{N} \qquad \text{für} \quad z \in M$$

und schließlich

$$\left| P_{N-1}\left(\frac{1}{z-\zeta_{N-1}}\right) - P_N\left(\frac{1}{z-z_2}\right) \right| < \frac{\epsilon}{N} \qquad \text{für} \quad z \in M.$$

Mit $Q = P_N$ gilt (1.1).

Nun wird Satz 3 mit $M = K$ auf den Rungeschen Satz angewendet. Dort ist $R(z) = \sum_j \frac{c_j}{z - \zeta_j}$. Die Pole ζ_j liegen auf Γ, können aber gemäß Satz 3 in Punkte ζ_j^* verschoben werden, solange ζ_j und ζ_j^* in derselben Zusammenhangskomponente von K^c liegen:

$$\left| \frac{c_j}{z - \zeta_j} - Q_j\left(\frac{1}{z-\zeta_j^*}\right) \right| < \epsilon \cdot 2^{-j} \qquad (z \in K)$$

mit gewissen Polynomen Q_j. Die rationale Funktion $R^*(z) = \sum_j Q_j\left(\frac{1}{z-\zeta_j^*}\right)$ erfüllt dann $|f(z) - R^*(z)| < 2\epsilon$ ($z \in K$), und ihre Pole liegen an den Stellen ζ_j^*.

Zusatz 1 zum Satz von Runge: *Wählt man in jeder Komponente von K^c einen Punkt z_j, so kann R so gewählt werden, daß seine Pole an den Stellen z_j liegen.*

Nun ist ja eine Komponente von K^c unbeschränkt. Mit $m := \max\{|z| : z \in K\}$ legen wir die zu ihr gehörige Polstelle nach $z_0 = m + 1$. Ihr Anteil an R ist von der Form $P\left(\dfrac{1}{z - z_0}\right)$, was für $|z| \leq m$ regulär ist. Daher gibt es ein Polynom Q mit

$$\left|P\left(\frac{1}{z - z_0}\right) - Q(z)\right| < \epsilon$$

für $|z| \leq m$, also erst recht für $z \in K$.

Zusatz 2 zum Satz von Runge: *Für die unbeschränkte Komponente von K^c kann die Polstelle ∞ gewählt werden.*

Im Sonderfall, daß K^c nur die unbeschränkte Komponente besitzt, ergibt sich ein schon früher bewiesenes Ergebnis („kleiner Runge-Satz"):

Satz 4. *Es sei K kompakt in $\mathbb{C}$ und K^c zusammenhängend, ferner f regulär auf K. Dann gibt es zu $\epsilon > 0$ ein Polynom P so, daß*

$$|f(z) - P(z)| < \epsilon \qquad (z \in K).$$

Unser Ziel ist nun, die in den Sätzen 2 und 4 geforderte Regularität von f auf K dahingehend abzuschwächen, daß f nur stetig auf K und regulär in den inneren Punkten von K sein muß. Zunächst behandeln wir Polynom-Approximation, bevor in § 3 die Approximation durch rationale Funktionen weiter studiert wird.

§ 2. Der Satz von Mergelyan

Dieser 1951 von Mergelyan bewiesene große Satz beendet eine lange Kette von Sätzen über die Approximation durch Polynome, die mit den Namen Runge, Walsh, Keldych und Lavrentieff verknüpft sind. Literatur: Mergelyan [131] und Chapter I in [132], Rudin Chapter 20 in [155], Walsh Appendix 1 in [189]. Diese Darstellungen verwenden Hilfsmittel der klassischen Analysis, während Carleson [36] einen funktionalanalytischen Beweis gibt; als Vorläufer davon sind Bishop [29] und Glicksberg-Wermer [86] zu nennen. Wir verfolgen den klassischen Weg.

A. Formulierung des Ergebnisses; Sonderfälle; Folgerungen

Satz 1 (Mergelyan 1951). *Es sei K kompakt in $\mathbb{C}$ und K^c zusammenhängend, ferner f stetig auf K und regulär in K°. Dann gibt es zu $\epsilon > 0$ ein Polynom P so, daß*

(2.1) $\qquad |f(z) - P(z)| < \epsilon \qquad (z \in K).$

Zur Schärfe der Voraussetzungen ist zu sagen, daß f notwendig auf K stetig und in K° regulär sein muß, wenn es eine Polynomfolge $\{P_n\}$ geben soll mit $P_n(z) \Rightarrow f(z)$ $(z \in K)$. Und auch der Zusammenhang von K^c ist notwendig, wie wir schon früher gesehen haben; siehe Kap. II, § 3, B.

Folgende *Sonderfälle* sind in Satz 1 enthalten: K ein abgeschlossenes Intervall

§ 2. Der Satz von Mergelyan

[a, b] (Weierstraß); $K = \{z : |z| \leq 1\}$ (Fejér-Polynome, arithmetische Mittel der Potenzreihenentwicklung von f an 0); $K = \overline{G}$, wo G ein Jordangebiet, also ∂G eine Jordankurve ist (Walsh 1926); $K = \Gamma$ ein Jordanbogen (Walsh 1926). Dieser Sonderfall wird übrigens falsch in $\mathbb{C}^2$ (Rudin [154]). Ferner die Sonderfälle $K^\circ = \phi$ (Lavrentieff 1934) und $K = \overline{K^\circ}$ (Keldych 1945).

Wir erwähnen ferner drei *Folgerungen* aus Satz 1.

a) Ist Γ eine Jordankurve, $O \in \text{int } \Gamma$, und f stetig auf Γ, so gibt es zu $\epsilon > 0$ ein
$$P(z) = \sum_{n=-N}^{N} a_n z^n \text{ mit } |f(z) - P(z)| < \epsilon \ (z \in \Gamma).$$

Zum Beweis ziehen wir die konforme Abbildung g von int Γ auf $\mathbb{D} = \{w : |w| < 1\}$ heran; dabei sei $g(0) = 0$. Sie ist auf $\overline{\text{int } \Gamma}$ stetig erweiterungsfähig, so wie $h := g^{-1}$ auf $\overline{\mathbb{D}}$ stetig fortgesetzt werden kann. Da $f \circ h$ auf $\partial \mathbb{D}$ stetig ist, gibt es ein trigonometrisches Polynom T mit $|f(h(w)) - T(\varphi)| < \frac{\epsilon}{2}$ ($w = e^{i\varphi}$). T kann als Polynom in w und $\frac{1}{w}$ geschrieben werden, also gilt

oder
$$|f(h(w)) - \sum_{m=-M}^{M} A_m w^m| < \frac{\epsilon}{2} \qquad (|w| = 1)$$

$$|f(z) - \sum_{m=-M}^{M} A_m (g(z))^m| < \frac{\epsilon}{2} \qquad (z \in \Gamma).$$

Jede Funktion $(g(z))^m$ ($m \geq 0$) ist nun wegen Satz 1 auf Γ beliebig gut durch Polynome approximierbar, und bei $(g(z))^m = \left(\frac{g(z)}{z}\right)^m \cdot z^m$ ($m < 0$) gilt dies jedenfalls für den ersten Faktor. Daraus folgt unsere Behauptung a).

b) Ist Γ eine rektifizierbare Jordankurve, $G = \text{int } \Gamma$, und f in $\overline{G}$ stetig und in G regulär, so gilt der verallgemeinerte Cauchysche Integralsatz $\int_\Gamma f(z) dz = 0$.
Denn für jedes Polynom P ist $\int_\Gamma f = \int_\Gamma (f - P) + \int_\Gamma P$. Der zweite Summand verschwindet, der erste kann wegen Satz 1 beliebig klein gemacht werden.

c) Unter Verwendung von Satz 1 kann man folgende Verallgemeinerung beweisen. Es existiert eine feste, für $|z| < 1$ konvergente Potenzreihe mit Teilsummen $s_n(z)$ mit folgender Eigenschaft:

Zu jedem Kompaktum K mit $K \cap \{z : |z| \leq 1\} = \phi$ und zusammenhängendem K^c, und zu jeder auf K stetigen, in K° regulären Funktion f, gibt es eine Indexfolge $\{n_k\}$, für die gilt
$$s_{n_k}(z) \Rightarrow f(z) \qquad (z \in K, k \to \infty).$$

Das Ergebnis stammt von Chui und Parnes [37]; Luh hat es auf Matrix-Transformationen verallgemeinert [120], [121].

B. Hilfsmittel zum Beweis

Wir stellen einige Hilfsmittel zusammen. Die Teile B_1 und B_2 werden später wiederholt gebraucht.

B_1. Erweiterungssatz von Tietze

Es sei X ein lokal kompakter Hausdorff-Raum, K eine kompakte Teilmenge von X, $f: K \mapsto \mathbb{C}$ stetig auf K. Dann gibt es eine auf X stetige Funktion $F: X \mapsto \mathbb{C}$ mit kompaktem Träger so, daß $F(x) = f(x)$ für $x \in K$ gilt.

Die Erweiterung F kann so bestimmt werden, daß

$$\max \{|F(x)| : x \in X\} = \max \{|f(x)| : x \in K\};$$

siehe etwa Rudin ([155], S. 422). Für X wird nachher meist $\mathbb{C}$ genommen.

B_2. Eine Darstellungsformel

Beim Beweis des Satzes von Mergelyan kommen nicht-analytische Funktionen vor, die man durch eine Integralformel mit Cauchy-Kern darstellen will. Es sei jetzt G eine offene Menge in $\mathbb{R}^2$ und $f: G \mapsto \mathbb{C}$ stetig differenzierbar in G. Wir führen zwei Differentialoperatoren ein:

$$\partial f := \frac{1}{2}\left(\frac{\partial f}{\partial x} - i \frac{\partial f}{\partial y}\right), \quad \bar{\partial} f := \frac{1}{2}\left(\frac{\partial f}{\partial x} + i \frac{\partial f}{\partial y}\right).$$

Sie bilden ebenfalls G nach $\mathbb{C}$ ab. Setzt man $f = u + iv$, so wird

$$\bar{\partial} f = 0 \Leftrightarrow u_x = v_y, \; u_y = -v_x \Leftrightarrow f \text{ regulär in } G.$$

Ist dies der Fall, so gilt $f'(z) = (\partial f)(z)$.

Nun folgt die manchmal als Pompeiu-Formel bezeichnete Darstellungsformel.

Satz 2. *Die Funktion $f: \mathbb{R}^2 \mapsto \mathbb{C}$ sei stetig differenzierbar in $\mathbb{R}^2$ und mit kompaktem Träger. Dann gilt für alle $z \in \mathbb{R}^2$*

$$(2.2) \qquad f(z) = -\frac{1}{\pi} \iint_{\mathbb{R}^2} \frac{(\bar{\partial} f)(\zeta)}{\zeta - z} \, db_\zeta.$$

Beweis. Für das feste $z \in \mathbb{R}^2$ substituieren wir $\zeta = z + re^{i\varphi}$, was $f(\zeta) = f(z + re^{i\varphi}) = F(r, \varphi)$ ergebe. Mit Hilfe der Kettenregel findet man

$$(\bar{\partial} f)(\zeta) = \frac{1}{2} e^{i\varphi} \left(F_r + \frac{i}{r} F_\varphi\right).$$

Die rechte Seite von (2.2) wird daher der Grenzwert ($\epsilon \to 0$) von

$$-\frac{1}{2\pi} \int_{r=\epsilon}^{\infty} \int_{\varphi=0}^{2\pi} \left(F_r + \frac{i}{r} F_\varphi\right) d\varphi \, dr.$$

§ 2. Der Satz von Mergelyan

Da F in φ die Periode 2π hat, ist $\int F_\varphi \, d\varphi = 0$ und daher die rechte Seite von (2.2)

$$\lim_{\epsilon \to 0} \frac{1}{2\pi} \int_{\varphi=0}^{2\pi} F(\epsilon, \varphi) \, d\varphi = f(z),$$

wegen $F(\epsilon, \varphi) \Rightarrow f(z)$ $(\epsilon \to 0)$.

B$_3$. Koebe's $\frac{1}{4}$-Satz

Es sei S die Klasse der in $\mathbb{D} = \{z : |z| < 1\}$ schlichten Funktionen f, die an $z = 0$ eine Entwicklung der Form $f(z) = z + a_2 z^2 + \ldots$ besitzen.

Satz von Koebe. *Jedes $f \in S$ nimmt jeden Wert ω mit $|\omega| < \frac{1}{4}$ in $\mathbb{D}$ an.*

Der Wertevorrat von f in $\mathbb{D}$ überdeckt also die Scheibe $\left\{\omega : |\omega| < \frac{1}{4}\right\}$. Die Zahl $\frac{1}{4}$ ist bestmöglich: $f(z) = z + 2z^2 + 3z^3 + \ldots = \frac{z}{(1-z)^2}$. Siehe etwa Pommerenke ([147], S. 22).

Wir brauchen noch eine

Folgerung. *Die Funktion f bilde $\{z : |z| > 1\}$ konform auf ein Gebiet G mit $\infty \in G$ ab, ihre Entwicklung an ∞ sei von der Form*

$$f(z) = az + a_0 + \frac{a_1}{z} + \ldots \ .$$

Dann hat ∂G einen Durchmesser $\leq 4 |a|$.

Die Zahl 4 ist scharf: Bei $f(z) = z + \frac{1}{z}$ wird $\partial G = [-2, +2]$. Zum *Beweis* nehmen wir an, f lasse in $\{z : |z| > 1\}$ die Werte c, c' aus. Dann betrachten wir

$$F(z) := \frac{a}{f(1/z) - c} \quad \text{für } z \in \mathbb{D};$$

es ist $F \in S$, und F nimmt den Wert $\frac{a}{c' - c}$ in $\mathbb{D}$ nicht an, sodaß nach dem $\frac{1}{4}$-Satz $\left|\frac{a}{c' - c}\right| \geq \frac{1}{4}$ gelten muß, also $|c' - c| \leq 4 |a|$. Daraus folgt die Behauptung. –

Übrigens ist der Durchmesser von ∂G stets $\geq |a|$.

B$_4$. Das Lemma von Mergelyan

Hier handelt es sich um ein technisches Lemma, dessen Bedeutung man erst im Verlauf des Beweises erkennen wird. Es sei K unser Kompaktum und

$$D := \{\zeta : |\zeta - \zeta_0| < r\}$$

eine Kreisscheibe. Das *Problem* ist, den Cauchy-Kern $\frac{1}{z - \zeta}$ für $z \in K$ und $\zeta \in D$

durch Polynome zu approximieren. Im allgemeinen ist eine solche Approximation nicht möglich, etwa wenn $K = \{z : |z - \zeta_0| = 2r\}$ ist; man benötigt noch eine topologische Zusatzbedingung.

Lemma von Mergelyan. *Es gebe einen Jordanbogen Γ von ζ_0 nach ∞ mit $\Gamma \cap K = \phi$. Dann gibt es ein Polynom p und eine Konstante b mit folgender Eigenschaft. Setzt man*

$$P_\zeta(z) := p(z) + (\zeta - b)(p(z))^2,$$

so gelten

(2.3) $\qquad |P_\zeta(z)| < \dfrac{100}{r} \qquad (z \in K, \zeta \in D)$

(2.4) $\qquad \left| P_\zeta(z) - \dfrac{1}{z-\zeta} \right| < \dfrac{1000 r^2}{|z-\zeta|^3} \qquad (z \in K, \zeta \in D).$

Man sieht, daß das Polynom P_ζ in z und ζ in besonders übersichtlicher Weise von ζ abhängt. Ferner bemerken wir, daß (2.4) aus (2.3) folgt, falls $z \in K, \zeta \in D$ und $|z - \zeta| < 2r$ ist:

$$|z - \zeta|^3 \left| P_\zeta(z) - \dfrac{1}{z-\zeta} \right| < 8r^3 \cdot \dfrac{100}{r} + 4r^2 < 1000\, r^2.$$

Für kleine $|z - \zeta|$ hat man (2.3) zu verwenden, für größere $|z - \zeta|$ dagegen (2.4).

Beweis des Lemmas in zwei Schritten. *1. Schritt.* Zunächst erklären wir eine analytische Funktion q (kein Polynom) so, daß

(2.5) $\qquad Q_\zeta(z) := q(z) + (\zeta - b)(q(z))^2$

zu (2.3) und (2.4) analoge Eigenschaften hat. Dazu bezeichne γ den Teilbogen von Γ von ζ_0 zum ersten Schnittpunkt von Γ mit ∂D, und $\gamma^c = \mathbb{C} \setminus \gamma$.

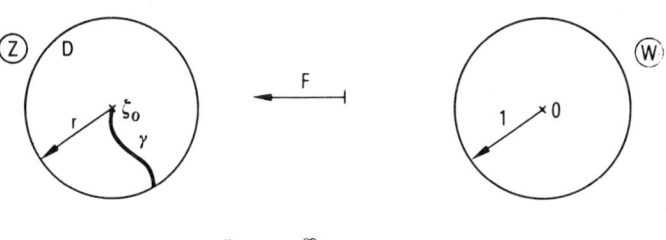

$$F(w) = \dfrac{a}{w} + \sum_{n=0}^{\infty} c_n w^n.$$

Es sei F die normierte konforme Abbildung von $\{w : |w| < 1\}$ auf $\gamma^c \cup \{\infty\}$ mit $0 \mapsto \infty$ und $a > 0$. Wir setzen

(2.6) $\qquad q(z) := \dfrac{F^{-1}(z)}{a} \qquad (z \in \gamma^c) \quad \text{und} \quad b := \dfrac{1}{2\pi i} \int_{\partial D} z\, q(z)\, dz,$

§ 2. Der Satz von Mergelyan

und erklären dann $Q_\zeta(z)$ für $z \in \gamma^c$, $\zeta \in D$ durch (2.5).

Es gelten dann folgende *Eigenschaften*.

a) Die Folgerung in B_3 liefert $r \leq \operatorname{diam} \gamma \leq 4a$, daher gilt $a \geq \dfrac{r}{4}$.

b) Daraus ergibt sich zunächst

$$|q(z)| < \frac{1}{a} \leq \frac{4}{r} \quad (z \in \gamma^c).$$

Weiter hat q an ∞ die Entwicklung $q(z) = \dfrac{1}{z} + \ldots$, weshalb $\int_{\partial D} q(z)\, dz = 2\pi i$ ist und daher

$$|b - \zeta_0| = |\frac{1}{2\pi i} \int_{\partial D} (z - \zeta_0) q(z)\, dz | \leq \frac{1}{2\pi} r \cdot \frac{4}{r} \cdot 2\pi r = 4r.$$

c) Folglich gilt als Analogon zu (2.3)

(2.3′) $\qquad |Q_\zeta(z)| < \dfrac{4}{r} + 5r \cdot \left(\dfrac{4}{r}\right)^2 = \dfrac{84}{r} \quad (z \in \gamma^c, \zeta \in D).$

Um das Analogon zu (2.4) zu finden, wird q in eine Laurentreihe um die feste Stelle $\zeta \in D$ entwickelt

$$q(z) = \frac{1}{z - \zeta} + \frac{A_2(\zeta)}{(z - \zeta)^2} + \ldots \;.$$

Der erste Koeffizient ist 1 wegen $zq(z) \to 1$ $(z \to \infty)$, und die Reihe konvergiert jedenfalls für $|z - \zeta| > 2r$. Außerdem ist

$$A_2(\zeta) = \frac{1}{2\pi i} \int_k (z - \zeta) q(z)\, dz = b - \zeta \cdot 1,$$

bei Integration über einen großen Kreis k. Nun betrachten wir, für das feste $\zeta \in D$ und $z \in \gamma^c$, die Hilfsfunktion

$$H(z) := [Q_\zeta(z) - \frac{1}{z - \zeta}] (z - \zeta)^3 = [q(z) + (\zeta - b)(q(z))^2 - \frac{1}{z - \zeta}] (z - \zeta)^3$$

$$= [\frac{b - \zeta}{(z - \zeta)^2} + \frac{\zeta - b}{(z - \zeta)^2} + \text{fall. Pot.}] (z - \zeta)^3.$$

H ist also an ∞ regulär, weshalb das Maximumprinzip anwendbar wird:

$$|H(z)| \leq \max\{|H(z)| : z \in \gamma\} \leq \frac{84}{r}(2r)^3 + (2r)^2 = 676\, r^2 \quad (z \in \gamma^c).$$

Als Analogon zu (2.4) gilt somit

(2.4′) $\qquad |Q_\zeta(z) - \dfrac{1}{z - \zeta}| < \dfrac{700\, r^2}{|z - \zeta|^3} \quad (z \in \gamma^c, \zeta \in D).$

2. *Schritt.* Um zu (2.3) und (2.4) zu gelangen, wird q durch ein Polynom approximiert. Da q in γ^c regulär ist, ist q auf und innerhalb jeder Niveaulinie Γ_ρ von Γ regulär.

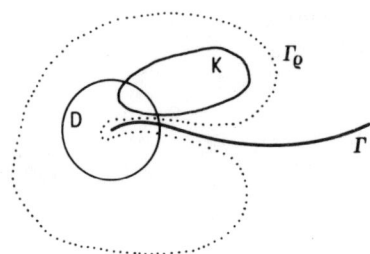

Ist ρ hinreichend nahe bei 1, so umschließt Γ_ρ das zu Γ fremde Kompaktum K. Nach dem kleinen Rungeschen Satz gibt es daher zu $\epsilon > 0$ ein Polynom p mit

$$|q(z) - p(z)| < \epsilon, \quad |(q(z))^2 - (p(z))^2| < \epsilon \quad (z \in K).$$

Bilden wir daher $P_\zeta(z) = p(z) + (\zeta - b)(p(z))^2$ mit diesem p, so wird

$$|P_\zeta(z) - Q_\zeta(z)| \leq |p(z) - q(z)| + |\zeta - b| \, |(p(z))^2 - (q(z))^2| < \epsilon + 5r\epsilon$$
$$(z \in K, \zeta \in D).$$

Aus (2.3′) und (2.4′) folgen daher

$$|P_\zeta(z)| < \frac{84}{r} + \epsilon(1 + 5r) < \frac{100}{r} \quad (z \in K, \zeta \in D),$$

sobald $\epsilon < \epsilon_1$, sowie

$$\left| P_\zeta(z) - \frac{1}{z - \zeta} \right| < \frac{700 r^2}{|z - \zeta|^3} + \epsilon(1 + 5r) < \frac{1000 r^2}{|z - \zeta|^3} \quad (z \in K, \zeta \in D),$$

sobald $\epsilon < \epsilon_2$ war. Man beachte, daß $|z - \zeta|$ für diese Werte von z, ζ unter einer festen Schranke liegt.

Somit gelten (2.3) und (2.4) für das zu einem geeigneten $\epsilon > 0$ gewählte Polynom p.

C. Beweis des Satzes von Mergelyan

Nach dem Satz von Tietze kann f zu einer in $\mathbb{C}$ stetigen Funktion mit kompaktem Träger erweitert werden. Wir denken uns eine solche Erweiterung vorgenommen; die entstandene Funktion heiße wieder f. Wie üblich sei

$$\omega(\delta) := \sup \{|f(z_1) - f(z_2)| : |z_1 - z_2| \leq \delta\} \quad (\delta > 0).$$

Da f in $\mathbb{C}$ gleichmäßig stetig ist, gilt $\omega(\delta) \to 0 \; (\delta \to 0)$.

Wir zeigen: Zu gegebenem $\delta > 0$ gibt es ein Polynom P mit

$$|f(z) - P(z)| < 10\,000 \, \omega(\delta) \quad (z \in K);$$

Dann ist alles bewiesen. Den Beweis führen wir in zwei Schritten:

§ 2. Der Satz von Mergelyan

(1): Konstruktion einer nicht-analytischen Funktion Φ, die auf $\mathbb{C}$ nahe an f liegt;
(2): Konstruktion eines Polynoms P, das auf K nahe an Φ liegt.

1. Schritt (Anwendung einer Glättungsoperation). Zunächst erklären wir

$$G := \{z \in K : \mathrm{dist}(z, \partial K)\} > \delta.$$

Dies ist eine offene Menge, die alle Punkte von K° enthält, die „weit drinnen"
in K liegen; eventuell ist G leer.

Sodann konstruieren wir eine in $\mathbb{C}$ stetig differenzierbare Funktion Φ mit kompaktem Träger, die folgende Eigenschaften besitzt:

(2.7)
(a) $|f(z) - \Phi(z)| \leq \omega(\delta)$ $(z \in \mathbb{C})$
(b) $|(\bar{\partial}\Phi)(z)| \leq \dfrac{2\omega(\delta)}{\delta}$ $(z \in \mathbb{C})$
(c) $\Phi(z) = f(z)$ $(z \in G)$.

Dazu gehen wir aus von

$$a(r) = \begin{cases} \dfrac{3}{\pi\delta^2}\left(1 - \dfrac{r^2}{\delta^2}\right)^2 & 0 \leq r \leq \delta \\ 0 & r \geq \delta, \end{cases}$$

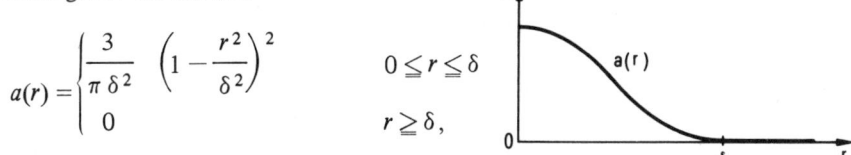

setzen $A(z) = a(|z|)$ $(z \in \mathbb{C})$, und stellen fest

(2.8) $\displaystyle\iint_{\mathbb{R}^2} A = 1, \quad \iint_{\mathbb{R}^2} \bar{\partial} A = 0, \quad \iint_{\mathbb{R}^2} |\bar{\partial}A| = \frac{24}{15\delta} < \frac{2}{\delta}.$

Die erste und die letzte Beziehung bestätigt man durch Einführung von Polarkoordinaten, während $\iint_{\mathbb{R}^2}(A_x + iA_y)\,dx\,dy$ verschwindet, weil A kompakten Träger hat. Mit dieser Funktion A erklären wir

(2.9) $\Phi(z) := \iint_{\mathbb{R}^2} f(z - \zeta) A(\zeta)\,db_\zeta = \iint_{\mathbb{R}^2} f(\zeta) A(z - \zeta)\,db_\zeta \quad (z \in \mathbb{C}),$

eine Faltung von f mit der Glättungsfunktion A. Wir bemerken gleich wegen $A(z - \zeta) = 0$ für $|z - \zeta| \geq \delta$, daß

$$\Phi(z) = \iint_{\{\zeta:|\zeta - z| < \delta\}} f(\zeta) A(z - \zeta)\,db_\zeta \quad (z \in \mathbb{C}).$$

Folglich ist $\Phi(z) = 0$, wenn z vom Träger von f einen Abstand $\geq \delta$ hat. Insbesondere hat Φ wie f kompakten Träger.

Jetzt weisen wir (2.7) *nach*. Zu (a): Es ist

$$\Phi(z) - f(z) = \iint_{\mathbb{R}^2} [f(z - \zeta) - f(z)] A(\zeta)\,db_\zeta = \iint_{\{\zeta:|\zeta| \leq \delta\}} [f(z - \zeta) - f(z)] A(\zeta)\,db_\zeta.$$

Aus (2.8) folgt (a).

Die für (b) benötigten Ableitungen Φ_x und Φ_y können durch Differentiation unter dem Integral (2.9) gewonnen werden. Denn für $h > 0$ ist etwa

$$\frac{\Phi(z+h) - \Phi(z)}{h} = \iint_{\mathbb{R}^2} f(\zeta) \frac{A(z+h-\zeta) - A(z-\zeta)}{h} \, db_\zeta.$$

Der Integrand ist für $z, \zeta \in \mathbb{C}$ und $h > 0$ unter einer festen Schranke, und der Grenzwert $(h \to 0)$ ist $f(\zeta) A_x(z-\zeta)$. Da wir über eine kompakte Menge integrieren, ist der Lebesguesche Konvergenzsatz anwendbar:

$$(\bar{\partial}\Phi)(z) = \iint_{\mathbb{R}^2} f(\zeta)(\bar{\partial}A)(z-\zeta) \, db_\zeta = \iint_{\mathbb{R}^2} f(z-\zeta)(\bar{\partial}A)(\zeta) \, db_\zeta$$

$$= \iint_{\mathbb{R}^2} [f(z-\zeta) - f(z)](\bar{\partial}A)(\zeta) \, db_\zeta$$

wegen (2.8). Die dritte Beziehung in (2.8) liefert (2.7.b).

Um (2.7.c) nachzuweisen, sei $z \in G$, weshalb f in der abgeschlossenen δ-Umgebung von z regulär ist. Die Mittelwerteigenschaft liefert

$$\int_{\varphi=0}^{2\pi} f(z - \rho e^{i\varphi}) \, d\varphi = 2\pi f(z) \qquad (\rho \leq \delta).$$

Daher ist

$$\Phi(z) = \iint_{\{\zeta : |\zeta - z| < \delta\}} f(\zeta) A(z-\zeta) \, db_\zeta = \int_{\rho=0}^{\delta} \int_{\varphi=0}^{2\pi} f(z - \rho e^{i\varphi}) a(\rho) \rho \, d\rho \, d\varphi$$

$$= 2\pi f(z) \int_{\rho=0}^{\delta} a(\rho) \rho \, d\rho = f(z) \iint_{\mathbb{R}^2} A(\zeta) \, db_\zeta = f(z)$$

wegen (2.8). Damit ist (2.7) vollständig bewiesen.

Bevor wir den 2. Schritt beginnen, ziehen wir noch eine Folgerung aus (2.7.c). Wir wenden die Integralformel (2.2) auf Φ an und erhalten

$$\Phi(z) = -\frac{1}{\pi} \iint_{\mathbb{R}^2} \frac{(\bar{\partial}\Phi)(\zeta)}{\zeta - z} \, db_\zeta.$$

Auf der offenen Menge $G \subset K^\circ$ ist $\Phi = f$ regulär, also $\bar{\partial}\Phi = 0$, sodaß sich die Integration über G erübrigt:

Die Funktion Φ mit den Eigenschaften (2.7) hat die Darstellung

(2.10) $$\Phi(z) = -\frac{1}{\pi} \iint_X \frac{(\bar{\partial}\Phi)(\zeta)}{\zeta - z} \, db_\zeta \qquad (z \in \mathbb{C}),$$

wobei

$$X := \{\text{Träger von } \Phi\} \cap G^c$$

eine kompakte Menge ist.

§ 2. Der Satz von Mergelyan

2. Schritt. Um schließlich Φ durch ein Polynom P zu approximieren, wird der Kern $\dfrac{1}{\zeta-z}$ in (2.10) durch eine Funktion $R_\zeta(z)$ approximiert, die stückweise ein Polynom ist.

Zunächst zerlegen wir X in endlich viele fremde Teilmengen X_j, mit $\cup X_j = X$, wie folgt. Für $\zeta \in X$ ist $\zeta \in G^c$, folglich $\operatorname{dist}(\zeta, K^c) \leq \delta$. Daraus folgt, daß die kompakte Menge X durch endlich viele offene Scheiben $D_1, \ldots, D_N$ überdeckt werden kann, deren Radius 2δ ist und deren Mittelpunkte M_j in K^c liegen. Nach Voraussetzung ist K^c zusammenhängend, und es gibt also Jordanbögen Γ_j, die M_j mit ∞ verbinden, ohne K zu treffen.

Nun setzen wir

$$X_1 := X \cap D_1, \quad X_j := X \cap D_j \setminus (X_1 \cup X_2 \cup \ldots \cup X_{j-1}) \quad (j = 2, \ldots, N);$$

diese Mengen $X_j \subset D_j$ sind fremd, und es gilt $\cup X_j = X$.

Für jede Scheibe D_j denken wir uns jetzt die Konstruktion des Lemmas von Mergelyan gemacht ($r = 2\delta$) und erhalten so die Polynome $P_{\zeta,j}$ mit den Eigenschaften (2.3) und (2.4). Die oben genannte Funktion R_ζ wird dann aus den $P_{\zeta,j}$ zusammengebaut:

$$R_\zeta(z) := P_{\zeta,j}(z) \quad \text{für } \zeta \in X_j,$$

wodurch $R_\zeta(z)$ für $\zeta \in X$ und $z \in \mathbb{C}$ erklärt ist. Sie erfüllt

(2.11) $\quad |R_\zeta(z)| < \dfrac{50}{\delta} \qquad (z \in K, \zeta \in X)$

(2.12) $\quad |R_\zeta(z) - \dfrac{1}{z-\zeta}| < \dfrac{4000\,\delta^2}{|z-\zeta|^3} \qquad (z \in K, \zeta \in X),$

wie aus (2.3) und (2.4) folgt.

Und schließlich wird das gesuchte Polynom P erklärt durch

$$P(z) := \frac{1}{\pi} \iint_X (\bar{\partial}\Phi)(\zeta)\, R_\zeta(z)\, db_\zeta = \frac{1}{\pi} \sum_j \iint_{X_j} (\bar{\partial}\Phi)(\zeta)\, P_{\zeta,j}(z)\, db_\zeta.$$

Jeder Summand ist hier ein Polynom in z, also ist P ein Polynom.

Es bleibt $|P(z) - \Phi(z)|$ für $z \in K$ abzuschätzen. Mit (2.10) und (2.7.b) erhalten wir

$$|P(z) - \Phi(z)| = \left| \frac{1}{\pi} \iint_X [R_\zeta(z) - \frac{1}{z-\zeta}](\bar{\partial}\Phi)(\zeta)\, db_\zeta \right|$$

$$\leq \frac{2\omega(\delta)}{\pi\delta} \iint_X |R_\zeta(z) - \frac{1}{z-\zeta}|\, db_\zeta = \frac{2\omega(\delta)}{\pi\delta}\left[\iint_{X^{(1)}} + \iint_{X^{(2)}}\right].$$

Dabei setzten wir für das feste $z \in K$

$$X^{(1)} := \{\zeta \in X : |\zeta - z| < 4\delta\}, \quad X^{(2)} := \{\zeta \in X : |\zeta - z| \geq 4\delta\}.$$

Das erste Integral wird mit (2.11) abgeschätzt

$$\left| \iint_{X^{(1)}} \right| \leq \frac{50}{\delta} \cdot \pi(4\delta)^2 + 2\pi \cdot (4\delta) = 808 \, \pi\delta,$$

und das zweite Integral mit (2.12):

$$\left| \iint_{X^{(2)}} \right| < 2\pi \int_{\rho = 4\delta}^{\infty} \frac{4000 \, \delta^2}{\rho^2} \, d\rho = 2000 \, \pi\delta.$$

Insgesamt gilt

$$|P(z) - \Phi(z)| < \frac{2\,\omega(\delta)}{\pi\delta} \cdot 2808 \, \pi\delta < 6000 \, \omega(\delta) \quad (z \in K).$$

Nimmt man dies mit (2.7.a) zusammen, so ergibt sich die zu Beginn des Abschnitts C gemachte Behauptung.

Hinweis zu § 2

Erst kürzlich haben Arakeljan und Martirosjan [18a] untersucht, unter welchen Annahmen für das Kompaktum K und die Indexmenge E jede auf K stetige, in K° reguläre Funktion f durch *Lückenpolynome* $P(z) = \sum_{k \in E} a_k z^k$ beliebig gut approximiert werden kann. Dabei wird angenommen, daß E die Null enthält und Dichte 1 hat, ferner, daß K^c zusammenhängend ist. Im Fall $0 \in K^\circ$ ist notwendig $E = \mathbb{N} \cup \{0\}$, aber im Falle $0 \notin K$ oder bei $0 \in \partial K$ (mit Zusatzbedingungen) reicht aus, daß E Dichte 1 hat.

§ 3. Approximation durch rationale Funktionen

Wir greifen nun das in § 1 begonnene Thema der rationalen Approximation erneut auf, allerdings unter der schwächeren Annahme, daß f auf dem Kompaktum K stetig und in K° regulär ist. Das Gegenstück zum Satz von Mergelyan ist der Satz von Vitushkin (1966); über ihn können wir hier nur berichten. Ausführlich behandeln wir jedoch einige instruktive Beispiele, den Lokalisationssatz von Bishop und einige seiner Anwendungen.

Zur Vereinfachung der Bezeichnungen führen wir vier Funktionenräume ein:

$C(K) = \{f : f \text{ stetig auf } K\}$ mit der Norm $\|f\| = \max\{|f(z)| : z \in K\}$,
$A(K) = \{f \in C(K) : f \text{ regulär in } K^\circ\}$,
$P(K) = \{f \in A(K) : \text{Zu } \epsilon > 0 \text{ existiert ein Polynom } P \text{ mit } \|f - P\| < \epsilon\}$,
$R(K) = \{f \in A(K) : \text{Zu } \epsilon > 0 \text{ existiert eine rat. Funktion } R \text{ mit } \|f - R\| < \epsilon\}$.

Die Pole von R sind dann automatisch außerhalb K. Alle Räume sind Algebren, mit der „uniform norm" $\|f\|$. Dieser Gesichtspunkt steht bei Gamelin [80] im Vordergrund. Ersichtlich gilt

§ 3. Approximation durch rationale Funktionen

$$P(K) \subset R(K) \subset A(K) \subset C(K),$$

und der Satz von Mergelyan besagt, daß $P(K) = A(K)$ ist genau dann, wenn K^c zusammenhängt. Analog fragen wir jetzt: Wann gilt $R(K) = A(K)$, oder bescheidener: Wann folgt $f \in R(K)$ aus $f \in A(K)$?

A. Schweizer Käse

Darunter sind kompakte Mengen K zu verstehen, die unendlich viele Löcher haben, bei denen also K^c aus unendlich vielen Komponenten besteht. Bei ihnen (und nur bei ihnen, vgl. Abschnitt C_2) ist $R(K) \neq A(K)$ möglich.

A_1. Die Konstruktion von Alice Roth

Die Schweizerin Alice Roth hat 1938 den ersten Schweizer Käse wie folgt konstruiert ([150], S. 96). Es bezeichne $\mathbb{D} = \{z : |z| < 1\}$ und $\Delta_j = \{z : |z - a_j| < r_j\}$ abzählbar viele offene Kreisscheiben, $\overline{\Delta}_j \subset \mathbb{D}$, mit folgenden Eigenschaften:

a) Die $\overline{\Delta}_j$ sind paarweise fremd;
b) $\Sigma \, r_j < 1$;
c) $\overline{\mathbb{D}} \setminus \cup \Delta_j$ enthält keine Kreisscheibe.

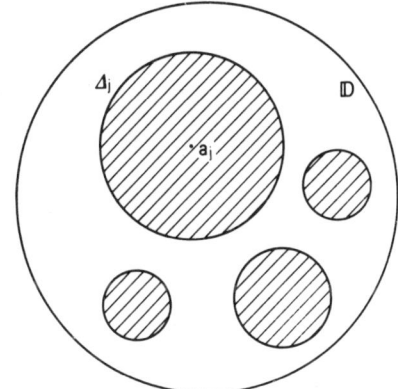

Schweizer Käse

Die Wahl solcher Scheiben Δ_j ist auf vielerlei Weise möglich. Die Restmenge

(3.1) $\qquad K := \overline{\mathbb{D}} \setminus \bigcup_j \Delta_j$

ist Roth's Schweizer Käse. Man sieht: K ist kompakt, K enthält zum Beispiel alle Kreise $\partial \Delta_j$ und $\partial \mathbb{D}$, $K^\circ = \phi$, und

$$K^c = (\cup \Delta_j) \cup \{z : |z| > 1\}$$

besteht aus abzählbar vielen Komponenten. Das zweidimensionale Lebesgue-Maß von K kann übrigens beliebig nahe an π sein, wenn die r_j hinreichend klein gewählt werden.

Ist nun die rationale Funktion $R \in R(K)$, so gilt bei positiver Orientierung von $\partial \mathbb{D}$ und $\partial \Delta_j$

$$\int_{\partial \mathbb{D}} R(z)\, dz = \sum_j \int_{\partial \Delta_j} R(z)\, dz;$$

rechts sind nur endlich viele Summanden $\neq 0$. Falls daher $f \in R(K)$ ist, so ist

$$|\int_{\partial \mathbb{D}} f(z)\, dz - \sum_j \int_{\partial \Delta_j} f(z)\, dz| = |\int_{\partial \mathbb{D}} [f(z)-R(z)]\, dz - \sum_j \int_{\partial \Delta_j} [f(z)-R(z)]\, dz|$$
$$\leq \|f-R\|\,(2\pi + \Sigma\, 2\pi r_j)$$

beliebig klein zu machen, also gilt

(3.2) $\qquad \int_{\partial \mathbb{D}} f(z)\, dz = \sum_j \int_{\partial \Delta_j} f(z)\, dz \qquad$ für alle $\ f \in R(K)$.

Nun nehmen wir etwa $0 \notin K$ an und betrachten

$$f(z) = \frac{|z|}{z} = e^{-i\varphi} \qquad \text{für} \ z = re^{i\varphi} \in K.$$

Dann ist $f \in C(K) = A(K)$, weil $K^\circ = \phi$. Weiter ist die linke Seite von (3.2) $2\pi i$, während die rechte Seite vom Betrag $\leq \Sigma\, 2\pi r_j < 2\pi$ ist. Folglich ist $f \notin R(K)$:

Für das Kompaktum (3.1) ist $R(K) \neq A(K)$.

Durch Variation der Rothschen Idee kann man weitere Kompakta konstruieren, die zusätzliche Eigenschaften haben und weitere Folgerungen gestatten.

A_2. Schweizer Käse mit inneren Punkten

Zunächst sei Γ ein Jordanbogen von positivem zweidimensionalem Lebesgue-Maß $\mu(\Gamma)$, der außer einem Endpunkt ($z = 1$) in $\mathbb{D}$ liege. Δ_j seien abzählbar viele offene Kreisscheiben mit Radien r_j, $\overline{\Delta}_j \subset \mathbb{D}$, mit den Eigenschaften:

a) Die $\overline{\Delta}_j$ sind paarweise fremd;
b) $\Sigma\, r_j < \infty$;
c) $\overline{\Delta}_j \cap \Gamma$ ist ein Punkt P_j;
d) $\{\Delta_j\}$ häuft sich gegen jeden Punkt von Γ.

Wie in Roths Beispiel setzen wir

$$K := \overline{\mathbb{D}} \setminus \bigcup_j \Delta_j.$$

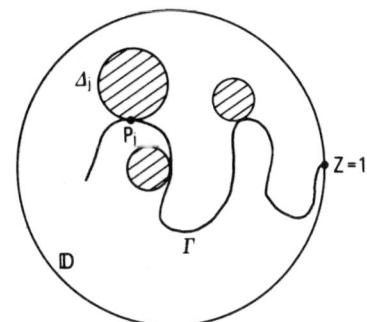

K ist kompakt und K^c hat unendlich viele Komponenten, aber K° ist nicht leer: K° ist hier ein einfach zusammenhängendes Gebiet, dessen Abschluß K ist.

Wie in A_1 zeigt man nun, daß für jedes $f \in R(K)$ notwendig

(3.2) $\qquad \int_{\partial \mathbb{D}} f(z)\, dz = \sum_j \int_{\partial \Delta_j} f(z)\, dz$

§ 3. Approximation durch rationale Funktionen

gelten muß. Nur müssen wir jetzt (wegen $K^\circ \neq \phi$) eine andere Funktion f betrachten, etwa

$$f(z) = \iint_\Gamma \frac{db_\zeta}{\zeta - z} \qquad (z \in \mathbb{C}).$$

Sie ist in $\mathbb{C}$ stetig und außerhalb Γ sogar regulär, also sicherlich $f \in A(K)$; wegen d) ist ja $\Gamma \subset \partial K$. Integration über $\gamma = \{z : |z| = 2\}$ liefert

$$\int_\gamma f(z)\, dz = \iint_\Gamma \left(\int_\gamma \frac{dz}{\zeta - z} \right) db_\zeta = -2\pi i \cdot \mu(\Gamma) \neq 0,$$

also ist auch $\int_{\partial \mathbb{D}} f(z)\, dz \neq 0$, während ja doch alle Integrale $\int_{\partial \Delta_j} f(z)\, dz$ verschwinden. Somit ist (3.2) verletzt, $f \notin R(K)$.

Folglich gilt wieder $R(K) \neq A(K)$, obgleich $K^\circ \neq \phi$ und topologisch sehr einfach war.

A_3. Schweizer Käse mit zwei Komponenten

Wir modifizieren das Beispiel A_2 so, daß der Jordanbogen Γ beide Endpunkte auf $\partial \mathbb{D}$ hat, etwa in ± 1; es entsteht der „stitched disc". Wieder ist $R(K) \neq A(K)$. Aber K° zerfällt jetzt in *zwei* einfach zusammenhängende Gebiete: $K^\circ = G_1 \cup G_2$. Zur Beurteilung der rationalen Approximation auf den Kompakta $K_1 = \overline{G}_1, K_2 = \overline{G}_2$ verwenden wir folgendes

Kriterium. *Ist ein Kompaktum K so, daß jeder Punkt $z \in \partial K$ Randpunkt einer Komponente von K^c ist, so gilt $R(K) = A(K)$.*

Dies ist eine Folge aus dem Satz von Vitushkin (Gamelin [80], S. 219; Zalcman [193], S. 108), und liefert für unsere Situation die Erkenntnis:

Hier gilt $R(K_j) = A(K_j)$ $(j = 1, 2)$, aber $R(K_1 \cup K_2) \neq A(K_1 \cup K_2)$.

A_4. Häufung von Löchern gegen den Durchmesser von $\mathbb{D}$

In diesem Beispiel reihen wir die Gebiete Δ_j, deren Ränder γ_j Jordankurven seien, am Durchmesser $[-1, +1]$ auf. Es gelte:

a) Die $\overline{\Delta}_j$ sind paarweise fremd;
b) diam $\gamma_j \to 0$ $(j \to \infty)$;
c) $\overline{\Delta}_j \cap [-1, +1]$ ist ein Punkt P_j.

Und es sei wieder

$$K := \overline{\mathbb{D}} \setminus \bigcup_j \Delta_j$$

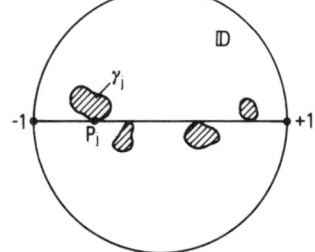

unser Kompaktum. In diesem Fall läßt sich zeigen, daß es zu jeder Funktion $f \in A(K)$ und zu $\epsilon > 0$ eine Funktion g_ϵ gibt mit $\|f - g_\epsilon\|_K < \epsilon$, wobei g_ϵ ebenfalls aus $A(K)$ ist, aber zusätzlich noch regulär auf $[-1, +1]$ (Gamelin [80], S. 235). Auf diese Funktion läßt sich die Folgerung aus Satz 4 (siehe Teil C) anwenden, und es gibt eine rationale Funktion R so, daß $\|g_\epsilon - R\|_{K'} < \epsilon$ ausfällt, wobei jedenfalls $K' \supset K$ ist.

Für jedes solche Kompaktum K gilt also $R(K) = A(K)$.

Nun sei h eine homöomorphe Abbildung von $\mathbb{C}$ nach $\mathbb{C}$ mit $h(z) = z$ für $|z| \geq 1$, die den Bogen Γ von Beispiel A_3 in $[-1, +1]$ überführt. Dabei geht das Kompaktum von A_3 in ein Kompaktum K der obigen Form über. Die Betrachtung von $g = h^{-1}$ zeigt uns:

Es gibt Fälle, in denen $R(K) = A(K)$ ist, aber $R(g(K)) \neq A(g(K))$.

Die Eigenschaft $R(K) = A(K)$ bleibt bei topologischen Abbildungen der Ebene nicht invariant. −

Sämtliche Kompakta in Abschnitt A haben die Eigenschaft, daß K^c aus unendlich vielen Komponenten besteht. Wir streben nun den Satz an, daß $R(K) = A(K)$ sicher dann gilt, wenn K^c nur endlich viele Komponenten besitzt. Dies gelingt über den wichtigen Lokalisationssatz von Bishop, für den wir jetzt Vorbereitungen treffen.

B. Hilfsmittel für den Satz von Bishop

B_1. Eine Integraltransformation

Beim Beweis des Satzes von Bishop kommen − wie schon beim Mergelyanschen Satz − nicht-analytische Funktionen vor, die durch ein Integral mit Cauchy-Kern dargestellt werden.

Satz 1. *Es sei f stetig in $\mathbb{R}^2$, g stetig differenzierbar in $\mathbb{R}^2$ und mit kompaktem Träger t_g, und gesetzt*

$$(3.3) \qquad f_g(z) := \frac{1}{\pi} \iint_{\mathbb{R}^2} \frac{f(\zeta) - f(z)}{\zeta - z} (\bar{\partial} g)(\zeta) \, db_\zeta \qquad (z \in \mathbb{R}^2).$$

Dann gilt:

a) *f_g läßt die Darstellung zu*

$$(3.4) \qquad f_g(z) := f(z) g(z) + \frac{1}{\pi} \iint_{\mathbb{R}^2} \frac{f(\zeta)}{\zeta - z} (\bar{\partial} g)(\zeta) \, db_\zeta \qquad (z \in \mathbb{R}^2);$$

b) *f_g ist stetig in $\mathbb{R}^2$ und $f_g(z) \to 0$ für $z \to \infty$;*
c) *f_g ist regulär in t_g^c;*
d) *ist f regulär in G, so auch f_g;*
e) *hat g einen Träger t_g vom Durchmesser $\leq \delta$, so gilt*

$$\|f_g\|_{\mathbb{R}^2} \leq 2\delta \omega_f(\delta) \|\bar{\partial} g\|_{\mathbb{R}^2}.$$

Beweis. a) folgt aus der Darstellungsformel (2.2) von § 2, auf g angewandt.
b) Setzt man $\zeta = z - u$ in (3.4), so wird der zweite Term $\iint F(z-u) u^{-1} db_u$,

§ 3. Approximation durch rationale Funktionen

wobei F in $\mathbb{R}^2$ stetig ist und kompakten Träger hat. Daraus folgt die Stetigkeit von f_g in $\mathbb{R}^2$; $f_g(z) \to 0$ $(z \to \infty)$ liest man am besten an (3.4) ab.

c) Für $z \in t_g$ ist $f_g(z) = \dfrac{1}{\pi} \iint \dfrac{f(\zeta)}{\zeta - z} (\bar{\partial} g)(\zeta)\, db_\zeta$, wobei über t_g zu integrieren ist. Also ist f_g in t_g^c regulär. Wegen b) ist f_g sogar an ∞ regulär.

d) Hierzu wird $[f_g(z+h) - f_g(z)]/h$ gebildet und der Grenzwert für $h \to 0$ ($h \in \mathbb{C}, z \in G$) nachgewiesen. Anwendung des Lebesgueschen Satzes.

e) Berücksichtigt man c), b) und das Maximumprinzip, so sieht man, daß $\|f_g\|_{\mathbb{R}^2}$ für ein $z_0 \in t_g$ angenommen wird. Dann aber liefert (3.3)

$$|f_g(z_0)| \leq \frac{1}{\pi} \omega_\delta(f) \|\bar{\partial} g\|_{\mathbb{R}^2} \iint_{t_g} \frac{db_\zeta}{|\zeta - z_0|},$$

und das Integral ist $(\zeta = z_0 + re^{i\varphi})$

$$\leq \int_{\varphi=0}^{2\pi} \int_{r=0}^{\delta} dr\, d\varphi = 2\pi\delta.$$

B$_2$. Zerlegung der Eins

Dieses Hilfsmittel spielt auch sonst bei lokalen Sätzen in der Topologie und Funktionalanalysis eine wichtige Rolle. Wir gehen in zwei Schritten vor.

Hilfssatz 1. *Es sei K kompakt in $\mathbb{C}$, $U \supset K$ offen. Dann gibt es eine Funktion $H \in C^\infty(\mathbb{R}^2)$ mit $0 \leq h(z) \leq 1$ $(z \in \mathbb{R}^2)$ und*

$$H(z) = 1 \;\; (z \in K), \qquad H(z) = 0 \;\; (z \notin U).$$

Beweis. Zu jedem $\zeta \in K$ wählen wir Kreisscheiben u_ζ, U_ζ so, daß $u_\zeta \subset U_\zeta \subset U$, und Funktionen $h_\zeta \in C^\infty(\mathbb{R}^2)$ mit $0 \leq h_\zeta(z) \leq 1$ $(z \in \mathbb{R}^2)$ und

$$h_\zeta(z) = 1 \;(z \in u_\zeta), \qquad h_\zeta(z) = 0 \;(z \notin U_\zeta).$$

Die Scheiben u_{ζ_j} ($j = 1, 2, \ldots, m$) mögen K überdecken. Dann besitzt

$$H(z) := 1 - \prod_{j=1}^{m} (1 - h_{\zeta_j}(z)) \qquad (z \in \mathbb{R}^2)$$

die gewünschten Eigenschaften.

Es folgt die Zerlegung der Eins, die wir in folgender Form brauchen.

Satz 2. *Gegeben seien endlich viele Paare u_j, U_j von Kreisscheiben um Punkte ζ_j, mit $u_j \subset U_j$. Dann gibt es Funktionen $\varphi_j \in C^\infty(\mathbb{R}^2)$ mit $0 \leq \varphi_j(z) \leq 1$ $(z \in \mathbb{R}^2)$ und*

$$\varphi_j(z) = 0 \;\; (z \notin U_j) \;\; \text{und} \;\; \sum_j \varphi_j(z) = 1 \;\; (z \in \cup u_j).$$

Auf $\cup u_j$ wird also die Eins additiv in die Funktionen φ_j zerlegt.

Beweis. Zunächst bilden wir die h_{ζ_j} von oben und bestimmen dann Kreisscheiben

$u'_j \supset \bar{u}_j$ so, daß $h_{\zeta_j}(z) > \frac{1}{2}$ ist für $z \in u'_j$. Sodann setzen wir

$$K = \cup \bar{u}_j \quad \text{und} \quad U = \cup u'_j$$

in Hilfssatz 1 und bestimmen die dortige Funktion H.
Schließlich setzen wir

$$\varphi_j(z) = H(z) \left[\sum_j h_{\zeta_j}(z)\right]^{-1} h_{\zeta_j}(z) \quad (z \in \mathbb{R}^2).$$

Alle φ_j sind aus $C^\infty(\mathbb{R}^2)$, weil $\sum_j$ in einer Umgebung von $\bar{U}$ größer als $\frac{1}{4}$ ist und

ja $H(z) = 0$ ist für $z \notin U$. Die anderen in Satz 2 genannten Eigenschaften von φ_j folgen sofort; zum Beispiel ist $\sum_j \varphi_j(z) = H(z) = 1$, falls $z \in \cup u_j \subset K$.

C. Der Lokalisationssatz von Bishop mit Anwendungen

Die Beispiele in Abschnitt A ließen schon erkennen, daß die Charakterisierung der Mengen K, für die $R(K) = A(K)$ ist, schwierig sein wird. Immerhin läßt sich ohne große Mühe zeigen, daß die Eigenschaft $R(K) = A(K)$ eine „lokale Eigenschaft" des Kompaktums K ist.

C_1. Der Lokalisationssatz

Satz 3 (Bishop). *Es sei K kompakt in $\mathbb{C}$ und f stetig in $\mathbb{C}$. Zu jedem $z \in K$ gebe es eine Umgebung U_z so, daß für das Kompaktum $K_z := K \cap \bar{U}_z$ gilt $f|_{K_z} \in R(K_z)$. Dann ist $f \in R(K)$.*

Man bemerkt, daß zwar von f zunächst nur die Stetigkeit auf K (oder auf $\mathbb{C}$) gefordert ist, daß aber die weitere Annahme $f|_{K_z} \in R(K_z)$ für jedes $z \in K$ impliziert $f \in A(K)$. Für Satz 3 gibt es mehrere Beweise. Der nachfolgende Beweis stammt von Garnett, und in § 4 bringen wir einen weiteren, das Lemma von Roth verwendenden Beweis.

Beweis. *1. Schritt.* Zunächst wird f auf K additiv zerlegt. Zu $z \in K$ bestimme man die Umgebung U_z gemäß der Annahme im Satz; sie kann offenbar als zu z konzentrische Kreisscheibe angenommen werden. u_z sei die Scheibe um z mit halbem Radius: $u_z \subset U_z$. Endlich viele dieser Scheiben überdecken K; wir nennen sie u_j ($j = 1, 2, \ldots, n$) und bilden die zu u_j, U_j gehörigen Funktionen φ_j gemäß Satz 2. Diese erfüllen dann

$$\sum_j \varphi_j(z) = 1 \quad \text{für} \quad z \in V := \cup \bar{u}_j, \text{ wobei } V^\circ \supset K,$$

und $\varphi_j(z) = 0$ für $z \notin U_j$. Schließlich setzen wir noch

$$C := \max_j \max_{z \in \mathbb{C}} \frac{1}{\pi} \iint_{\mathbb{R}^2} \frac{|(\bar{\partial}\varphi_j)(\zeta)|}{|\zeta - z|} \, db_\zeta < \infty.$$

Zu der angestrebten Zerlegung von f kommen wir, indem wir setzen

§ 3. Approximation durch rationale Funktionen

(3.5) $$f_j(z) := f(z)\,\varphi_j(z) + \frac{1}{\pi} \iint_{\mathbb{R}^2} \frac{f(\zeta)}{\zeta - z} (\bar\partial \varphi_j)(\zeta)\, db_\zeta \qquad (z \in \mathbb{R}^2),$$

also $f_j = f_{\varphi_j}$ in der Bezeichnung von (3.4). Für $z \in V$ erhalten wir $\sum_j f_j(z) = f(z) + \Phi(z)$ mit

$$\Phi(z) = \frac{1}{\pi} \iint_{\mathbb{R}^2} \frac{f(\zeta)}{\zeta - z} (\bar\partial\varphi)(\zeta)\, db_\zeta = \frac{1}{\pi} \iint_{\mathbb{R}^2 \setminus V} \frac{f(\zeta)}{\zeta - z} (\bar\partial\varphi)(\zeta)\, db_\zeta,$$

weil $\varphi = \sum \varphi_j = 1$ auf V, und Φ ist sicher auf V° regulär, also auf K. Auf Φ kann daher der Rungesche Satz angewandt werden: $\Phi \in R(K)$. Es genügt daher, zu zeigen $f_j \in R(K)$ $(j = 1, 2, \ldots, n)$.

2. *Schritt.* Es folgt die Approximation einer Funktion f_j. Dazu wird f_j durch eine Funktion g_j approximiert, die wie f_j erzeugt ist. Zuerst greifen wir auf die lokal Approximierenden zurück: Wir setzen $K_j = K \cap \bar U_j$ und betrachten zu gegebenem $\epsilon > 0$ eine rationale Funktion $r_j \in R(K_j)$ mit

$$\|f - r_j\|_{K_j} < \epsilon_1 := \frac{\epsilon}{1 + C}\,.$$

Wir finden dann offene Mengen V_j, W_j mit $K_j \subset V_j$, $\bar V_j \subset W_j$ so, daß auch noch $\|f - r_j\|_{\overline{W}_j} < \epsilon_1$ ist, und bilden die zu $\bar V_j$, W_j gehörige C^∞-Funktion H_j gemäß dem Hilfssatz 1. Die Funktion

$$s_j := f - (f - r_j) H_j$$

ist dann stetig in $\mathbb{C}$,

$$s_j = \begin{cases} r_j & \text{in } V_j \supset K_j \\ f & \text{außerhalb } W_j, \end{cases}$$

und ferner ist

$$\|f - s_j\|_\mathbb{C} \leq \|f - r_j\|_{\overline{W}_j} < \epsilon_1.$$

Mit diesen nahe f liegenden s_j bilden wir analog zu (3.5)

(3.6) $$g_j(z) := s_j(z)\varphi_j(z) + \frac{1}{\pi} \iint_{\mathbb{R}^2} \frac{s_j(\zeta)}{\zeta - z} (\bar\partial\varphi_j)(\zeta)\, db_\zeta \qquad (z \in \mathbb{R}^2).$$

Dann gilt jedenfalls

$$\|g_j - f_j\|_\mathbb{C} \leq \|f - s_j\|_\mathbb{C} + \|f - s_j\|_\mathbb{C} \cdot \frac{1}{\pi} \max_{z \in \mathbb{C}} \iint_{\mathbb{R}^2} \frac{|(\bar\partial\varphi_j)(\zeta)|}{|\zeta - z|} db_\zeta$$
$$< (1 + C)\epsilon_1 = \epsilon.$$

Außerdem ist wegen Satz 1 c) und d) die Funktion g_j regulär außerhalb t_{φ_j}, d. h. in $\bar U_j^c$, sowie in V_j, da $s_j = r_j$ in V_j noch regulär ist. Es ist aber $K \subset V_j \cup \bar U_j^c$, denn wenn $z \in K, z \notin \bar{U}_j^c$ ist, so ist $z \in K \cap \bar{U}_j = K_j \subset V_j$. Also ist g_j regulär auf K, und Runges Satz garantiert eine rationale Funktion $R_j \in R(K)$ mit $\|g_j - R_j\|_K < \epsilon$, sodaß $\|f_j - R_j\|_K < 2\epsilon$ wird. Somit sind alle Funktionen $f_j \in R(K)$, und Satz 3 ist bewiesen.

C_2. Anwendungen des Satzes von Bishop

Mit Hilfe von Satz 3 lassen sich in einfacher Weise *zwei hinreichende Kriterien* für $R(K) = A(K)$ ableiten, die geometrisch leicht nachprüfbar sind.

Satz 4 (Mergelyan 1952). *Das Kompaktum $K \subset \mathbb{C}$ sei derart, daß die Komponenten von K^c einen Durchmesser $> \delta > 0$ haben. Dann ist $R(K) = A(K)$.*

Das Ergebnis stammt von Mergelyan [132], S. 317. Garnett bemerkte ([82], S. 463), daß es mit Hilfe des Lokalisationssatzes auf den Satz von Mergelyan über Polynom-Approximation zurückgeführt werden kann.

Beweis. Für einen beliebigen Punkt $z \in K$ wählen wir als U_z die Kreisscheibe um z mit Radius $\frac{\delta}{2}$, setzen $K_z = K \cap \bar{U}_z$, und betrachten

$$K_z^c = K^c \cup \bar{U}_z^c.$$

Diese Menge enthält einmal alle Punkte außerhalb $\bar{U}_z$. Ist ferner $\zeta \in K_z^c$ und $\zeta \in \bar{U}_z$, so ist $\zeta \in K^c$, also in einer der Komponenten von K^c mit Durchmesser $> \delta$. Diese Komponente muß jedenfalls Punkte außerhalb $\bar{U}_z$ haben, d. h. ζ läßt sich in $K^c \subset K_z^c$ mit einem Punkt außerhalb $\bar{U}_z$ verbinden. Daher ist K_z^c zusammenhängend, und folglich nach Satz 1, § 2 $f|_{K_z} \in P(K_z) \subset R(K_z)$. Da dies für alle $z \in K$ gilt, ist $f \in R(K)$ nach Bishop's Lokalisationssatz.

Aus Satz 4 ziehen wir noch die

Folgerung. *Sicher dann ist $R(K) = A(K)$, wenn K^c nur endlich viele Komponenten besitzt.*

An diese Folgerung knüpfen wir für das zweite hinreichende Kriterium an. Gibt es zu jedem $z \in K$ eine Umgebung U_z so, daß U_z nur endlich viele Komponenten von K^c trifft, so hat $K_z = K \cap \bar{U}_z$ selbst ein Komplement K_z^c mit endlich vielen Komponenten, und es ist daher $R(K_z) = A(K_z)$ für alle $z \in K$, nach Bishop's Satz also $R(K) = A(K)$. Frage: Was läßt sich sagen, wenn es $z \in K$ gibt, für die jede Umgebung U_z unendlich viele Komponenten von K^c trifft?

Es sei also

$M := \{z \in K :$ Jede Umgebung U_z trifft unendlich viele Komponenten

von $K^c\} \neq \phi$;

ersichtlich ist M abgeschlossene Teilmenge von K.

Satz 5 (Garnett). *Ist M abzählbar, so ist $R(K) = A(K)$.*

Haupthilfsmittel zum Beweis ist der Satz von Bishop, doch benötigen wir ferner den selbständig interessierenden

§ 3. Approximation durch rationale Funktionen 111

Hilfssatz 2. *Es sei f stetig in $\mathbb{C}$, regulär in einer offenen Menge G, und $z_0 \in \mathbb{C}$. Dann gibt es Funktionen f_n ($n = 1, 2, \ldots$) so, daß gilt:*
a) f_n *ist stetig in $\mathbb{C}$;*
b) f_n *ist regulär in $G \cup \{z_0\}$;*
c) $f_n(z) \Rightarrow f(z)$ $(n \to \infty, z \in \mathbb{C})$.

Beweis. Wir dürfen $z_0 = 0$ annehmen, wählen Hilfsfunktionen $g_n \in C^1(\mathbb{R}^2)$ mit

$$g_n(z) = \begin{cases} 1 & \text{für } |z| \leq \frac{1}{n} \\ 0 & \text{für } |z| \geq \frac{2}{n} \end{cases} \quad |(\bar{\partial} g_n)(z)| \leq 2n \quad (z \in \mathbb{R}^2),$$

und bilden die Integraltransformationen (3.3)

$$G_n(z) := \frac{1}{\pi} \iint_{\mathbb{R}^2} \frac{f(\zeta) - f(z)}{\zeta - z} (\bar{\partial} g_n)(\zeta) \, db_\zeta \quad (z \in \mathbb{R}^2).$$

Alle G_n sind in $\mathbb{C}$ stetig und in G regulär, und nach Satz 1, e) ist

$$\|G_n\|_{\mathbb{R}^2} \leq 2 \cdot \frac{4}{n} \cdot 2 \max\{|f(\zeta) - f(0)| : |\zeta| \leq \frac{2}{n}\} \cdot 2n \to 0 \ (n \to \infty).$$

Die Funktionen $f_n := f - G_n$ erfüllen dann die Bedingungen des Hilfssatzes, weil infolge (3.4)

$$f_n(z) = -\frac{1}{\pi} \iint_{\mathbb{R}^2} \frac{f(\zeta)}{\zeta - z} (\bar{\partial} g_n)(\zeta) \, db_\zeta \quad (|z| < \frac{1}{n})$$

gilt, wobei die Integration nur über $\{\zeta : \frac{1}{n} < |\zeta| < \frac{2}{n}\}$ erstreckt werden muß. Die Funktionen f_n sind daher in $U_n = \{z : |z| < \frac{1}{n}\}$ regulär.

Beweis von Satz 5. Es bezeichne

$N := \{z \in K : $ Es gibt eine Umgebung U_z so, daß für jedes $f \in A(K)$
gilt $f|_{K_z} \in R(K_z)\}$.

N enthält die „normalen" Punkte von K; man beachte, daß U_z von f unabhängig wählbar sein soll. Ist $N = K$, so liefert der Satz von Bishop die Behauptung. Wir setzen $S = K \setminus N$ und zeigen $S = \phi$.

i) S ist abgeschlossen in $\mathbb{C}$: Denn N ist offen in K (klar), S also abgeschlossen in K, also ist S abgeschlossen in $\mathbb{C}$;

ii) S ist höchstens abzählbar: Aus $z \notin M$ folgt $z \in N$; daher ist $S \subset M$, was abzählbar vorausgesetzt war;

iii) S ist ohne isolierte Punkte.

Dann wären wir fertig, weil eine perfekte Menge überabzählbar oder leer ist.

Angenommen, z_0 sei isolierter Punkt von S. Dann gäbe es eine Umgebung U so, daß $\bar{U} \cap S = \{z_0\}$ ist; alle anderen Punkte von K, die in $\bar{U}$ liegen, gehören dann zu N. *Wir zeigen:* Ist $f \in A(K)$, so ist $f|_{K \cap \bar{U}} \in R(K \cap \bar{U})$. Dann wäre $z_0 \in N$, im Widerspruch zu $z_0 \in S$.

Dazu wenden wir auf f — stetig von K nach $\mathbb{C}$ fortgesetzt — den Hilfssatz 2 an und bestimmen f_n so, daß $\|f - f_n\|_{\mathbb{R}^2} < \epsilon$. Diese Funktion f_n ist auch in $A(K)$ und außerdem regulär in z_0. Daher ist auf $f_n|_{K \cap \bar{U}}$ der Lokalisationssatz anwendbar: An z_0 ist f_n regulär, und die Punkte $z \in K \cap \bar{U}$ mit $z \neq z_0$ sind aus N. Daher gibt es eine rationale Funktion $R \in R(K \cap \bar{U})$ mit $\|f_n - R\|_{K \cap \bar{U}} < \epsilon$. Daraus folgt $\|f - R\|_{K \cap \bar{U}} < 2\epsilon$, also $f|_{K \cap \bar{U}} \in R(K \cap \bar{U})$, und dies war zu zeigen.

D. Der Satz von Vitushkin; ein Bericht

Dieser Satz gibt ein notwendiges und hinreichendes Kriterium dafür an, daß für ein Kompaktum K gilt $R(K) = A(K)$, und er ist damit ein Analogon zum Satz von Mergelyan im Bereich der rationalen Approximation. Die Bereitstellung der Hilfsmittel und sein Beweis erfordern einen größeren Aufwand, auf den wir in dieser Einführung verzichten müssen. Ausführliche Darstellungen findet der Leser bei Zalcman [193] und Gamelin [80], Kap. 8.

Zur Formulierung des Ergebnisses benötigt man den *Begriff der AC-Kapazität* einer Menge $M \subset \mathbb{C}$. Es sei $\mathfrak{K}(M)$ die Klasse der in $\mathbb{C}$ stetigen Funktionen f mit $f(z) \to 0$ $(z \to \infty)$, die $\|f\|_{\mathbb{C}} \leq 1$ genügen und im Komplement einer kompakten Teilmenge von M regulär sind. Jedes $f \in \mathfrak{K}(M)$ hat folglich an ∞ eine Entwicklung der Form

$$f(z) = \frac{c_1(f)}{z} + \text{fallende Potenzen.}$$

Dann heißt

$$\alpha(M) := \sup\{|c_1(f)| : f \in \mathfrak{K}(M)\}$$

die *AC-Kapazität von M*. Sie wurde 1962 von Dolzhenko zum Studium der rationalen Approximation eingeführt. Zusammenhänge mit anderen Kapazitätsbegriffen werden in der oben genannten Literatur behandelt.

Der Satz von Vitushkin lautet dann

Satz 6 (Vitushkin 1966). *Es ist $R(K) = A(K)$ genau dann, wenn*

(3.7) $\qquad \alpha(K^c \cap D) = \alpha(K^{\circ c} \cap D),$ *das heißt* $\alpha(D \setminus K) = \alpha(D \setminus K^{\circ})$

gilt für jede offene Kreisscheibe D.

Auch andere, ebenfalls die AC-Kapazität verwendende Kriterien sind möglich. (3.7) bedeutet grob, daß die Komplemente von K und von K° in der Umgebung jedes Punktes gleich „dick" sein müssen, gemessen mit der AC-Kapazität α.

In dem Sonderfall, daß K° leer ist, lautet (3.7) $\alpha(D \setminus K) = \alpha(D)$, doch kann hier statt α die etwas einfachere analytische Kapazität γ verwendet werden; Vitushkin [186].

Hinweise zu § 3

1. Aus dem zuletzt genannten Ergebnis von Vituškin läßt sich ohne Schwierigkeit der Satz von Hartogs und Rosenthal [89] ableiten: Ist das Kompaktum $K \subset \mathbb{C}$ vom Lebesgue-Maß $\mu(K) = 0$, so ist $R(K) = C(K)$.

2. Erwähnenswert ist ferner, daß aus $R(K) = A(K)$ stets $R(\partial K) = C(\partial K)$ folgt, auch dies ein Kriterium für rationale Approximation auf Punktmengen ohne innere Punkte. Siehe Zalcman [193], S. 74.

3. Weiter sei bemerkt, daß unser Hilfssatz 2 nur ein Sonderfall eines allgemeineren Ergebnisses ist. Die dort vorkommenden Funktionen f_n können nämlich sogar so gewählt werden, daß statt b) f_n regulär ist auf $G \cup \Gamma$, wobei Γ ein vorgegebener, zweimal stetig differenzierbarer Kurvenbogen ist. Das Resultat stammt von Vituškin; siehe Gamelin, Kap. 8.13.

4. Anstelle von $A(K)$ kann man auch die Unteralgebra

$$A^\alpha(K) = \{f \in A(K) : f \in \text{Lip } \alpha \text{ auf } K\}$$

betrachten ($0 < \alpha \leq 1$) und nach Bedingungen für K fragen, unter denen jede Funktion $f \in A^\alpha(K)$ rational approximierbar ist. Solche Bedingungen sind bekannt und enthalten den Begriff der analytischen α-Kapazität einer Punktmenge. Siehe den Übersichtsartikel von Melnikov-Sinanjan [124], § 1 und § 14.

§ 4. Das Fusion Lemma von Roth

Auch dieser Paragraph beschäftigt sich noch mit der Approximation auf kompakten Mengen. Allerdings dient uns das Fusion Lemma von Roth [152] hauptsächlich als Sprungbrett zum Studium der Approximation auf nicht kompakten Mengen, das wir im nächsten Kapitel aufnehmen wollen. In Teil B verwenden wir das Fusion Lemma, um den Lokalisationssatz von Bishop erneut zu beweisen.

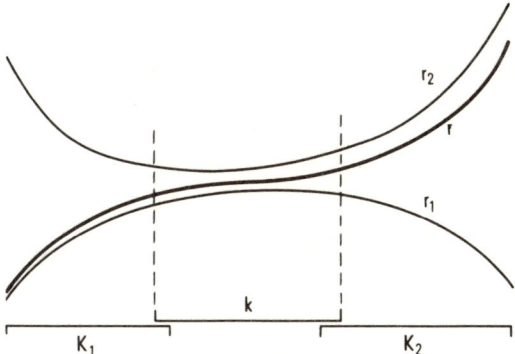

A. Das Fusion Lemma

Es handelt sich darum, zwei rationale Funktionen r_1, r_2, die auf einer kompakten Menge k nahe beisammen sind, in ihrem weiteren Verlauf durch *eine* approximierende rationale Funktion r zu „verbinden"; vgl. nebenstehende Skizze.

Satz 1 (Roth 1976). *Es seien K_1, K_2, k kompakte Mengen in der erweiterten komplexen Ebene $\hat{\mathbb{C}}$ und $K_1 \cap K_2 = \phi$. Dann gibt es eine nur von K_1, K_2 abhängige Konstante A mit folgender Eigenschaft. Sind r_1, r_2 rationale Funktionen mit*

$$|r_1(z) - r_2(z)| < \epsilon \qquad (z \in k),$$

so gibt es eine dritte rationale Funktion r mit

$$|r(z) - r_1(z)| < A\epsilon \ (z \in K_1 \cup k) \ \text{und} \ |r(z) - r_2(z)| < A\epsilon \ (z \in K_2 \cup k).$$

Man beachte, daß über die Lage der Pole nichts vorausgesetzt wird.

Außerdem sei bemerkt, daß Satz 1 sofort aus Runges Satz folgt, wenn $K_1 \cap k = \phi$ oder $K_2 \cap k = \phi$ ist. Denn ist etwa $K_1 \cap k = \phi$, so setzen wir

$$f(z) = \begin{cases} r_1(z) & (z \in K_1) \\ r_2(z) & (z \in K_2 \cup k) \end{cases}$$

und bezeichnen mit H_1 die Summe der Hauptteile von r_1 auf K_1, mit H_2 die Summe der Hauptteile von r_2 auf $K_2 \cup k$. Dann ist $f - H_1 - H_2$ auf $K_1 \cup K_2 \cup k$ regulär, und der Satz von Runge liefert eine rationale Funktion R mit

$$|f(z) - H_1(z) - H_2(z) - R(z)| < \epsilon \qquad (z \in K_1 \cup K_2 \cup k).$$

Die Behauptung im Satz ist dann mit $r = H_1 + H_2 + R$ und $A = 2$ erfüllt. — Im Satz 1 ist also nur der Fall $K_1 \cap k \neq \phi$ und $K_2 \cap k \neq \phi$ interessant.

Beweis von Satz 1. *1. Schritt:* Vorbereitungen. a) Es genügt, den Fall $r_2 = 0$ zu behandeln. Denn für den allgemeinen Fall setzen wir $\rho_1 = r_1 - r_2, \rho_2 = 0$, und es gibt eine rationale Funktion ρ mit

$$|\rho - \rho_1| < A\epsilon \ \text{auf} \ K_1 \cup k \ \text{und} \ |\rho| < A\epsilon \ \text{auf} \ K_2 \cup k,$$

das heißt

$$|(\rho + r_2) - r_1| < A\epsilon \ \text{auf} \ K_1 \cup k \ \text{und} \ |(\rho + r_2) - r_2| < A\epsilon \ \text{auf} \ K_2 \cup k.$$

b) Wir können ferner annehmen, daß $\infty \in K_2$ ist, und wählen Umgebungen U_1, U_2 von K_1, K_2 so, daß $\bar{U}_1 \cap \bar{U}_2 = \phi$ ist und U_1, U_2 von endlich vielen Jordankurven berandet sind. Eine typische Situation zeigt untenstehende Figur.

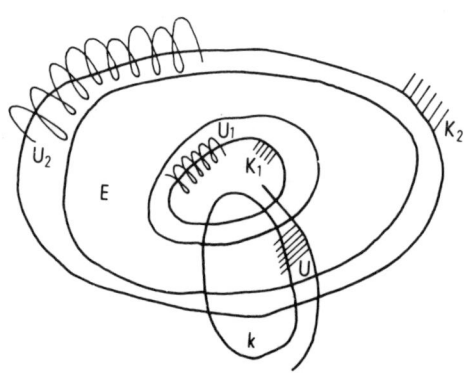

§ 4. Das Fusion Lemma von Roth

Wir setzen $E := (U_1 \cup U_2)^c$, eine in $\mathbb{C}$ kompakte Menge. Dabei gilt ($\zeta = z + re^{i\varphi}$)

$$\iint_E \frac{db_\zeta}{|z - \zeta|} = \iint_E dr\, d\varphi \leq 2\pi \operatorname{diam} E \qquad (z \in \mathbb{C}).$$

c) Schließlich bestimmen wir eine Funktion $H \in C^1(\mathbb{R}^2)$ mit $0 \leq H(z) \leq 1$ ($z \in \mathbb{C}$) so, daß

$$H(z) = 1 \text{ für } z \in \bar{U}_1 \text{ und } H(z) = 0 \text{ für } z \in \bar{U}_2;$$

vergleiche Hilfssatz 1 in § 3, B_2. Offenbar ist für $z \in \mathbb{C}$

(4.1) $\quad \dfrac{1}{\pi} \iint_E \dfrac{1}{|\zeta - z|} |(\bar{\partial}H)(\zeta)|\, db_\zeta \leq \max_E |(\bar{\partial}H)(\zeta)| \cdot \dfrac{1}{\pi} 2\pi \operatorname{diam} E < A - 2$

mit einer nur von K_1, K_2 abhängenden Konstanten A.

2. Schritt: Konstruktion einer auf $U_1 \cup U_2 \cup U$ meromorphen Funktion F. Der Beweis greift nun auf die schon in § 3, B_1 vorkommende Integraltransformation zurück, allerdings mit einer in der Ebene *bis auf Pole stückweise stetigen* Funktion f. Sie wird wie folgt erklärt.

Nach Annahme gibt es eine Umgebung $U \supset k$ so, daß $|r_1(z)| < \epsilon$ gilt für $z \in \bar{U}$. Wir setzen $f = r_1$ auf $\bar{U} \cap E$ und erweitern diese Funktion stetig auf ganz E, wobei $|f(z)| < \epsilon$ ($z \in E$) erhalten bleibt (Satz von Tietze). Auf $E^c = U_1 \cup U_2$ wird $f = r_1$ gesetzt. Bezeichnet

$$P = \{\text{Pole von } r_1 \text{ in } U_1 \cup U_2\},$$

so ist f stückweise stetig in $\mathbb{C} \setminus P$.

Mit dieser Funktion f erklären wir

(4.2) $\quad F(z) := \dfrac{1}{\pi} \iint_{\mathbb{R}^2} \dfrac{f(\zeta) - f(z)}{\zeta - z} (\bar{\partial}H)(\zeta)\, db_\zeta = \dfrac{1}{\pi} \iint_E \dfrac{f(\zeta) - f(z)}{\zeta - z} (\bar{\partial}H)(\zeta)\, db_\zeta$
$\hfill (z \in \mathbb{C} \setminus P).$

Berücksichtigt man die Pompeiu-Formel (§ 2, Satz 2) für H,

$$H(z) = -\frac{1}{\pi} \iint_{\mathbb{R}^2} \frac{1}{\zeta - z} (\bar{\partial}H)(\zeta)\, db_\zeta = -\frac{1}{\pi} \iint_E \frac{1}{\zeta - z} (\bar{\partial}H)(\zeta)\, db_\zeta \qquad (z \in \mathbb{C}),$$

so wird

$$F(z) = f(z) H(z) + g(z) \qquad (z \in \mathbb{C} \setminus P)$$

mit

$$g(z) = \frac{1}{\pi} \iint_E \frac{f(\zeta)}{\zeta - z} (\bar{\partial}H)(\zeta)\, db_\zeta \qquad (z \in \mathbb{C}).$$

Über g notieren wir gleich: Es ist g in $E^c = U_1 \cup U_2$ regulär, und wegen (4.1) gilt

$$|g(z)| < \epsilon(A - 2) \qquad (z \in \mathbb{C}).$$

Die in (4.2) definierte Funktion F hat daher folgende Eigenschaften:

Für $z \in U_1$ ist $H(z) = 1$, also ist $F = f + g = r_1 + g$ meromorph in U_1 mit denselben Polen wie r_1;

für $z \in U_2$ ist $H(z) = 0$, also ist $F = g$ regulär in U_2;

für $z \in U$ ist F regulär; denn in U ist $f = r_1$ rational und ohne Pole, also ist (4.2) in U regulär.

Ergebnis: F ist, abgesehen von endlich vielen Polen in U_1, regulär in $U_1 \cup U_2 \cup U$.

3. *Schritt:* Abschätzungen für F. Für $z \in K_1$ ist $F - r_1 = (H-1)r_1 + g = g$, also $|F - r_1| < \epsilon (A - 2)$ $(z \in K_1)$, und für $z \in k$ ist $|F - r_1| \leq |r_1| + |g| < \epsilon + \epsilon \cdot (A - 2)$.

Folglich gilt

(4.3) $\qquad |F(z) - r_1(z)| < \epsilon (A - 1) \qquad (z \in K_1 \cup k)$.

Entsprechend ist für $z \in K_2$ $F = g$, also $|F(z)| < \epsilon (A - 2)$ $(z \in K_2)$, und für $z \in k$ ist $F = fH + g = r_1 H + g$, also $|F(z)| < \epsilon + \epsilon(A - 2) = \epsilon(A - 1)$ $(z \in k)$.

Folglich gilt

(4.4) $\qquad |F(z)| < \epsilon (A - 1) \qquad (z \in K_2 \cup k)$.

4. *Schritt:* Konstruktion von r. Da $K_1 \cup K_2 \cup k$ kompakt in $U_1 \cup U_2 \cup U$ liegt, wo F mit Ausnahme endlich vieler Pole regulär ist, können wir auf $F - \Sigma$ (wo Σ die Hauptteile von F auf U_1 enthält) den Rungeschen Satz anwenden und erhalten so eine rationale Funktion r mit

$$|F(z) - r(z)| < \epsilon \qquad (z \in K_1 \cup K_2 \cup k).$$

Diese erfüllt wegen (4.3) und (4.4)

$$|r(z) - r_1(z)| < A\epsilon \ (z \in K_1 \cup k) \text{ und } |r(z)| < A\epsilon \ (z \in K_2 \cup k),$$

wie Satz 1 für $r_2 = 0$ behauptet.

Bemerkung. Man kann fragen, ob folgende stärkere Version des Fusion Lemmas richtig ist. Es seien K_1, K_2 zwei in $\mathbb{C}$ kompakte Mengen und r_1, r_2 zwei rationale Funktionen mit

$$|r_1(z) - r_2(z)| < \epsilon \qquad \text{für} \quad z \in K_1 \cap K_2.$$

Dann gibt es eine rationale Funktion r mit

$$|r(z) - r_j(z)| < A\epsilon \qquad \text{für} \quad z \in K_j \ (j = 1, 2),$$

wobei A eine nur von K_1, K_2 abhängige Konstante ist.

Diese Version würde Satz 1 implizieren; sie ist jedoch *im allgemeinen falsch* (Mitteilung von Gauthier). Denn aus ihr würde folgen:

(*) $\qquad A(K_j) = R(K_j) \ (j = 1, 2) \Rightarrow A(K_1 \cup K_2) = R(K_1 \cup K_2)$.

Denn ist $f \in A(K_1 \cup K_2)$, folglich $f|_{K_j} \in A(K_j) = R(K_j)$ $(j = 1, 2)$, so gäbe es rationale Funktionen r_1, r_2 mit

$$|f(z) - r_1(z)| < \epsilon \ (z \in K_1) \text{ und } |f(z) - r_2(z)| < \epsilon \ (z \in K_2),$$

§ 4. Das Fusion Lemma von Roth

daher
$$|r_1(z) - r_2(z)| < 2\epsilon \quad (z \in K_1 \cap K_2).$$

Gilt die stärkere Version, so gäbe es eine rationale Funktion r mit
$$|r(z) - r_1(z)| < 2A\epsilon \quad (z \in K_1) \text{ und } |r(z) - r_2(z)| < 2A\epsilon \quad (z \in K_2).$$

Damit wäre aber
$$|f(z) - r(z)| < (2A + 1)\epsilon \quad (z \in K_1 \cup K_2) \text{ für jedes } \epsilon > 0,$$
also $f \in R(K_1 \cup K_2)$.

Aber (*) ist im allgemeinen falsch, wie das Beispiel des „stitched disc" aus § 3, Abschnitt A_3 zeigte. Allerdings ist $K_1 \cap K_2$ in diesem Fall ein Jordanbogen mit positiver Fläche, und es muß offen bleiben, ob die oben genannte stärkere Version des Fusion Lemmas richtig wird, wenn K_1 und K_2 „glatt" zusammenstoßen.

B. Neuer Beweis des Satzes von Bishop

Als erste Anwendung des Fusion Lemmas geben wir, wie bei Roth ([152], S. 108) angedeutet, einen elementaren Beweis von Bishop's Lokalisationssatz. Es sei also K kompakt in $\mathbb{C}$, und für jedes $z \in K$ gebe es eine Kreisscheibe U_z um z so, daß mit $K_z := \overline{U}_z \cap K$ gilt
$$f|_{K_z} \in R(K_z).$$

Wir behaupten $f \in R(K)$; f ist auf K gleichmäßig durch rationale Funktionen (mit Polen auf K^c) approximierbar.

Mit u_z bezeichnen wir die Kreisscheiben um z, deren Radien halb so groß sind wie die von U_z. Endlich viele u_z überdecken K: $u_{z_1}, u_{z_2}, \ldots, u_{z_N}$, und ρ sei ihr Minimalradius.

Nun legen wir ein Gitter der Maschenweite $h < \dfrac{\rho}{3}$ auf die Ebene; nur endlich viele Teilquadrate treffen K. Unsere Wahl von h hat zur Folge: Enthält ein abgeschlossenes Quadrat Q der Seitenlänge $2h$ (also mit Durchmesser $\sqrt{8}\,h < 3h < \rho$) einen Punkt $P \in K$, so liegt P in einem u_{z_j}, folglich $Q \subset U_{z_j}$ für dieses j. Daher ist rationale Approximation in jedem Quadrat Q der Seitenlänge $2h$ möglich:
$$f|_{K \cap Q} \in R(K \cap Q).$$

Um rationale Approximation in größeren Rechtecken zu ermöglichen, wird das Fusion Lemma herangezogen. Sei etwa rationale Approximation im (jeweils abgeschlossenen) Rechteck der Seitenlängen mh, $2h$ möglich ($m \geq 2$).

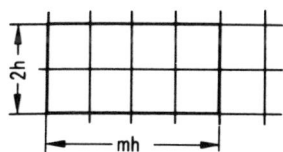

Dann bezeichne R_1 das Rechteck mit Seitenlängen $(m-1)h, 2h$,
R das anschließende Rechteck mit Seiten $h, 2h$,
R_2 das daran anschließende Rechteck mit Seiten $h, 2h$.
Nach Annahme gibt es zu $\epsilon > 0$ eine rationale Funktion r_1 mit

$$|f(z) - r_1(z)| < \epsilon \quad \text{für} \quad z \in (R_1 \cup R) \cap K.$$

Weiter ist im Quadrat $R \cup R_2$ rationale Approximation möglich:

$$|f(z) - r_2(z)| < \epsilon \quad \text{für} \quad z \in (R \cup R_2) \cap K.$$

Nun wird das Fusion Lemma angewandt mit

$$K_1 = R_1 \cap K, \ K_2 = R_2 \cap K, \ k = R \cap K;$$

beachte, daß

$$|r_1(z) - r_2(z)| < 2\epsilon \quad \text{für} \quad z \in k.$$

Es liefert die Existenz einer rationalen Funktion r mit

$$|r(z) - r_1(z)| < A \cdot 2\epsilon \quad \text{für} \quad z \in (R_1 \cup R) \cap K$$

und

$$|r(z) - r_2(z)| < A \cdot 2\epsilon \quad \text{für} \quad z \in (R_2 \cup R) \cap K.$$

Daraus folgt $|f(z) - r(z)| < (2A + 1)\epsilon$ für $z \in (R_1 \cup R \cup R_2) \cap K$, und da $\epsilon > 0$ beliebig war, ist rationale Approximation im Rechteck der Seiten $(m+1)h, 2h$ möglich. Nach endlich vielen Schritten erhält man so

$$f|_{K \cap r} \in R(K \cap r)$$

für jedes Rechteck r der Höhe $2h$.

Schließlich wendet man das Fusion Lemma auf ähnliche Weise in vertikaler Richtung an und erhält so $f \in R(K)$.

KAPITEL IV

APPROXIMATION AUF ABGESCHLOSSENEN MENGEN

Während bisher die Menge, auf der approximiert werden sollte, ein Kompaktum $K \subset \mathbb{C}$ war, und die approximierenden Funktionen Polynome oder rationale Funktionen, werden jetzt Funktionen approximiert, die auf einer Menge F gegeben sind, welche abgeschlossen in einem Gebiet G liegt. Zur Approximation dienen Funktionen, die in G regulär oder meromorph sind. Ist $G = \mathbb{C}$, so erhält man speziell die Approximation durch ganze Funktionen. Dabei spielt auch die Geschwindigkeit der Approximation (für $z \to \infty$) eine Rolle. Mehrere dieser Sätze können dazu verwendet werden, reguläre Funktionen mit kompliziertem Randverhalten zu konstruieren; diese Fragen behandeln wir am Ende des Kapitels in § 5.

§ 1. Gleichmäßige Approximation durch meromorphe Funktionen

Unser erstes Ziel ist die gleichmäßige Approximation von Funktionen auf abgeschlossenen Mengen F durch Funktionen, die in einem Gebiet $G \supset F$ holomorph sind (§ 2). Die Behandlung wird besonders übersichtlich durch Einschaltung der Approximation durch meromorphe Funktionen. Dieses Thema behandeln Roth [150], [151], [152] und Nersesjan [139].

A. Problemstellung

Es sei $G \subset \mathbb{C}$ ein beliebiges Gebiet und F eine in G abgeschlossene Teilmenge von G. Es bezeichne $M(G)$ die Menge der in G meromorphen Funktionen. Sie sollen zur gleichmäßigen Approximation einer auf F gegebenen Funktion f herangezogen werden.

Es ist leicht zu sehen, daß man mit Funktionen aus $M(G)$ mehr Funktionen approximieren kann als mit rationalen Funktionen. Ist etwa $G = \{z : |z| < 1\}$ und $F = \bigcup_{2}^{\infty} k_n$, wo $k_n = \{z : |z - a_n| = r_n\}$, $a_n = 1 - \frac{1}{n}$, $r_n = \frac{c}{n^2}$ ($c > 0$ so, daß die k_n fremd sind), so ist

$$f(z) = \sum_{n=2}^{\infty} \frac{c}{n^2} \cdot \frac{1}{(z - a_n)} \in M(G).$$

Gäbe es eine rationale Funktion r mit $|f(z) - r(z)| < 1$ $(z \in F)$, so wäre insbesondere

$$|(z - a_n)f(z) - (z - a_n)r(z)| < r_n \qquad (z \in k_n).$$

Hat r innerhalb k_n keinen Pol, so gilt die Ungleichung auch innerhalb k_n, und für $z = a_n$ kommt der Widerspruch

$$\frac{c}{n^2} < r_n = \frac{c}{n^2}.$$

Also hat r innerhalb jedes Kreises k_n einen Pol, r ist nicht rational.

B. Der Approximationssatz von Roth

Der folgende Satz reduziert das Problem der Approximation von f auf F durch meromorphe Funktionen auf das Problem der Approximation von Funktionen auf Kompakta durch rationale Funktionen.

Satz 1 (Roth 1976). *Eine Funktion f ist auf F gleichmäßig approximierbar durch Funktionen aus $M(G)$ ohne Pole in F genau dann, wenn*

(1.1) $\qquad f|_K \in R(K)$ *für jede kompakte Teilmenge $K \subset F$.*

Bemerkung. Der nachfolgende Beweis wird zeigen, daß für die meromorphe Approximierbarkeit von f auf F nicht die volle Bedingung (1.1) benötigt wird. Vielmehr reicht es aus, anzunehmen, daß

(1.2) $\qquad f|_K \in R(K) \qquad$ für $\quad K = F \cap \overline{G}_n \ (n = 1, 2, \ldots)$

gilt, wobei $\{G_n\}$ irgendeine Ausschöpfung von G durch beschränkte Gebiete G_n ist: $\overline{G}_n \subset G_{n+1}, \cup G_n = G$. Hierbei bezeichnet $\overline{G}_n$ den Abschluß von G_n in $\mathbb{C}$.

Beweis von Satz 1. Zunächst ist klar, daß (1.1) *notwendig* ist, wenn f auf F durch $m \in M(G)$, ohne Pole in F, approximierbar ist. Denn jedes m ist auf K regulär und nach Runge seinerseits auf K rational approximierbar. Also ist $f|_K \in R(K)$.

Jetzt sei (1.1) erfüllt. Es seien G_n beschränkte Gebiete mit $\overline{G}_n \subset G_{n+1}$ und $\cup G_n = G$; dann sind $F_n := F \cap \overline{G}_{n+1}$ kompakte Teilmengen von F. Ferner sei $\epsilon > 0$ vorgegeben und eine monotone Nullfolge $\{\epsilon_n\}$ mit $\Sigma \epsilon_n < \dfrac{\epsilon}{2}$.

Nun soll, für jedes $n = 1, 2, \ldots$, das Fusion Lemma aus Kapitel III, § 4 angewendet werden mit

$$K_1 = \overline{G}_n, \ K_2 = \hat{\mathbb{C}} \setminus G_{n+1}, \ \text{und} \ k = F_n.$$

Die dort vorkommende Konstante A sei mit A_n bezeichnet; wir können $1 \leq A_n \nearrow$ annehmen. Als die beiden rationalen Funktionen werden verwendet q_n und q_{n+1}, wobei

(1.3) $\qquad |f(z) - q_n(z)| < \dfrac{\epsilon_n}{2A_n} \quad (z \in F_n)$

§ 1. Gleichmäßige Approximation durch meromorphe Funktionen

nach Voraussetzung durch rationale q_n (ohne Pole auf F_n) erfüllt werden kann. [*Wir beachten, daß* (1.1) *nur für die Mengen F_n ausgenützt wird.*] Es gilt daher

$$|q_n(z) - q_{n+1}(z)| < \frac{\epsilon_n}{A_n} \qquad (z \in F_n).$$

Nach dem Fusion Lemma gibt es eine rationale Funktion r_n mit

(1.4) $\qquad |r_n(z) - q_n(z)| < \epsilon_n \quad$ für $\; z \in \bar{G}_n \cup F_n$

und

(1.5) $\qquad |r_n(z) - q_{n+1}(z)| < \epsilon_n \quad$ für $\; z \in (\hat{\mathbb{C}} \setminus G_{n+1}) \cup F_n.$

Mit diesen rationalen Funktionen r_n setzen wir

$$m(z) := q_1(z) + \sum_{k=1}^{\infty} [r_k(z) - q_k(z)].$$

Für festes n und $z \in G_n$ ist $r_k - q_k$ wegen (1.4) in G_n holomorph, sobald $k \geq n$ ist, und da (1.4) die gleichmäßige Konvergenz von $\sum_{k \geq n} (r_k - q_k)$ in G_n garantiert, ist somit m in G_n holomorph mit Ausnahme endlich vieler Pole. Damit ist m in G meromorph.

Schließlich zeigen wir, daß f durch m auf F approximiert wird. Zunächst ist für $z \in F_1$

$$|m(z) - f(z)| \leq |q_1(z) - f(z)| + \sum_1^{\infty} |r_k(z) - q_k(z)| < \frac{\epsilon_1}{2A_1} + \sum_1^{\infty} \epsilon_k < \epsilon$$

wegen (1.3) und (1.4). Für $z \in F_n \setminus F_{n-1}$, was in $\hat{\mathbb{C}} \setminus G_k$ liegt für $k = 1, 2, \ldots, n$, haben wir $|r_k(z) - q_{k+1}(z)| < \epsilon_k$ für $k = 1, 2, \ldots, n-1$ wegen (1.5), und

$$|r_k(z) - q_k(z)| < \epsilon_k \text{ für } z \in F_k \supset F_n \setminus F_{n-1} \text{ für } k \geq n$$

wegen (1.4). Schreibt man daher

$$m - f = \sum_{k=1}^{n-1} (r_k - q_{k+1}) + (q_n - f) + \sum_{k=n}^{\infty} (r_k - q_k),$$

so folgt sofort

$$|m(z) - f(z)| \leq \sum_{k=1}^{n-1} \epsilon_k + \frac{\epsilon_n}{2A_n} + \sum_{k=n}^{\infty} \epsilon_k < \epsilon \quad \text{für } z \in F_n \setminus F_{n-1}.$$

Insgesamt gilt $|m(z) - f(z)| < \epsilon \; (z \in F)$, und da aus (1.1) folgt, daß f notwendig aus $A(F)$ ist, kann m auf F auch keine Pole haben.

C. Sonderfälle des Approximationssatzes

Wir behandeln nun drei hinreichende Kriterien dafür, daß (1.1) oder (1.2) erfüllt ist. Das dritte Kriterium benützt einige topologische Überlegungen, die wir vorwegnehmen wollen.

C_1. Die Ein-Punkt-Kompaktifizierung G^* von G; Zusammenhang von $G^* \setminus F$

Unter der *Ein-Punkt-Kompaktifizierung G^** eines Gebiets $G \subset \mathbb{C}$ versteht man die Erweiterung von G durch Hinzunahme eines idealen Punktes „∞" zu einem topologischen Raum $G^* = G \cup \{\infty\}$. Eine Menge $E \subset G^*$ heißt dabei offen, wenn

E offene Teilmenge von G ist, oder wenn

$E = G^* \setminus K$ gilt mit einer kompakten Teilmenge K von G.

Mit dieser Topologie ist G^* ein kompakter Raum; siehe etwa Taylor [183], S. 67.

Wir beschäftigen uns nun mit der auch in § 2 vorkommenden Bedingung, daß der Raum $S = G^* \setminus F$ zusammenhängend ist.

Hilfssatz. *Es ist $S = G^* \setminus F$ zusammenhängend genau dann, wenn jede Zusammenhangskomponente Z der offenen Menge $G \setminus F$ einen Häufungspunkt auf ∂G hat oder unbeschränkt ist.*

Beispiel. Es sei

$G = \{z : \operatorname{Re} z > 0\}$,
$F = \{z : |z| = 1, \operatorname{Re} z > 0\}$
$\cup \{z = x : x > 1\}$
$\cup \bigcup_{n=3}^{\infty} \{z : z = re^{i\varphi} : r > 1, \varphi = \frac{\pi}{n}\}$.

Hier ist $S = G^* \setminus F$ zusammenhängend.

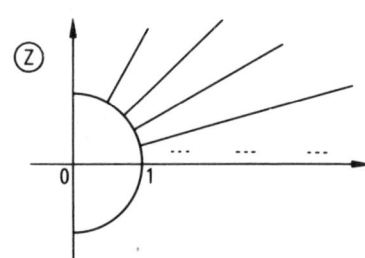

Beweis. Es sei S zusammenhängend und angenommen, es gebe eine beschränkte Zusammenhangskomponente Z von $G \setminus F$ so, daß $Z' \cap \partial G = \phi$ ist. Dann ist $\overline{Z} = Z \cup Z'$ kompakte Teilmenge von G, folglich $T := G^* \setminus \overline{Z}$ offen in G^*, also $S \cap T$ offen in S. Ferner ist Z offen in G, also offen in G^*, also $Z \cap S = Z$ offen in S. Schließlich schreiben wir

$$G \setminus F = Z \cup (G \setminus F) \cap (G \setminus \overline{Z}),$$

also nach Hinzunahme des idealen Punktes ∞

$$S = Z \cup (S \cap T) \,;$$

S wäre Union zweier fremder, nicht leerer, in S offener Teilmengen; Widerspruch.

Für den Umkehrschluß sei angenommen $S = X \cup Y$, wobei X und Y fremde, nicht leere, in S offene Teilmengen sind; dabei sei $\infty \in X$ und $y \in Y$. Dann ist Y jedenfalls beschränkt: Denn es ist $X = S \cap T$, wo T offen in G^* mit $\infty \in T$, also $T = G^* \setminus K$ für eine kompakte Teilmenge K von G. Folglich ist

$$Y = S \setminus X = S \setminus (S \cap T) = S \setminus T \subset G^* \setminus T = K,$$

das heißt $Y \subset K$. Wir betrachten nun die Zusammenhangskomponente Z von $G \setminus F$, die y enthält. Die Voraussetzung besagt $Z \cap T \neq \phi$, also ist auch $Z \cap X \neq \phi$, und man erhält in

$$Z = (Z \cap X) \cup (Z \cap Y)$$

eine Darstellung von Z durch zwei fremde, nicht leere, in S offene Teilmengen.

Dann wäre aber Z nicht zusammenhängend.

Bemerkung. Im allgemeinen Fall zerfällt S in eine Zusammenhangskomponente Z_∞, die ∞ enthält, und weitere Komponenten Z, die kompakt in G liegen. Dabei ist $Z_\infty = (\cup g) \cup \{\infty\}$, wobei g die Zusammenhangskomponenten von $G \setminus F$ durchläuft, die einen Häufungspunkt auf ∂G haben oder unbeschränkt sind.

C_2. Drei hinreichende Kriterien für meromorphe Approximation

Ganz einfach ist die Lage, wenn von f viel gefordert wird.

Fall 1: *f ist holomorph auf F.*

Wegen des Rungeschen Satzes ist (1.1) erfüllt; f ist also auf F gleichmäßig durch Funktionen aus $M(G)$ approximierbar. Dieser Fall stellt die Erweiterung des Satzes von Runge auf *abgeschlossene*, nicht notwendig kompakte Mengen dar und geht für $G = \mathbb{C}$ bereits auf Roth ([150], S. 105) zurück.

Ein weiteres handliches und leicht nachprüfbares Kriterium für meromorphe Approximation enthält

Fall 2: *Es ist $f \in A(F)$ (f stetig auf F, holomorph auf F°), und zu jedem $z \in F$ gibt es eine Scheibe U_z um z so, daß $(\bar{U}_z \cap F)^c$ zusammenhängend ist.*

Wegen der nach Satz 1 gemachten Bemerkung reicht es aus, für die kompakten Mengen
$$F_n := F \cap \bar{G}_n$$
die Voraussetzung des Satzes von Bishop nachzuweisen. Dabei nehmen wir eine Ausschöpfung $\{G_n\}$ von G, bei der ∂G_n aus endlich vielen Jordankurven besteht. Für jedes $z \notin \bar{G}_n$ gibt es dann einen von z ausgehenden Jordanbogen γ_z im Komplement von $\bar{G}_n$ mit diam $\gamma_z \geq \delta > 0$; $\delta = \delta_n$.

Nun sei $z \in F_n$, also $z \in F$. Wir wählen eine Scheibe V_z um z so, daß $V_z \subset U_z$ und diam $V_z < \delta$ ist, und behaupten, daß die offene Menge $(\bar{V}_z \cap F_n)^c$ zusammenhängend ist. Dabei genügt es, $z_1 \in V_z$ und $z_1 \notin F_n$ zu betrachten. Es ist also $z_1 \notin F$ oder $z_1 \notin \bar{G}_n$. Im ersten Fall kann z_1 nach Annahme mit ∂U_z verbunden werden, ohne F zu treffen, also kann z_1 mit ∂V_z verbunden werden, ohne F_n zu treffen. Und ist $z_1 \notin \bar{G}_n$, so gibt es einen Jordanbogen $\gamma_{z_1} \subset \bar{G}_n^c$ mit Durchmesser $\geq \delta$, der folglich ∂V_z trifft. Also kann z_1 mit ∂V_z verbunden werden, ohne $\bar{G}_n$ zu treffen, also ohne F_n zu treffen. Somit ist $(\bar{V}_z \cap F_n)^c$ zusammenhängend, auf $\bar{V}_z \cap F_n$ ist nach Mergelyan Approximation durch Polynome möglich.

Die in Fall 2 genannte Bedingung für F ist in folgenden Beispielen erfüllt:

Beispiel 1: $G = \mathbb{C}$ Beispiel 2: $G = \{z : |z| < 1\}$

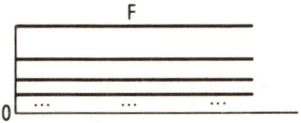
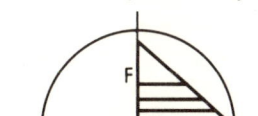

Schließlich verwenden wir die Ein-Punkt-Kompaktifizierung G^* von G und fordern

Fall 3: *Es ist $f \in A(F)$, und $G^* \setminus F$ ist zusammenhängend.*

Jetzt ist nämlich das Kriterium von Fall 2 erfüllt. Denn wählt man zu $z \in F$ die Scheibe U_z so, daß $\bar{U}_z \subset G$ ist, so läßt sich jeder Punkt $z_1 \in U_z, z_1 \notin F$ in der Zusammenhangskomponente von $G \setminus F$, die z_1 enthält, mit einem Punkt außerhalb $\bar{U}_z$ verbinden (Hilfssatz). Also ist $(\bar{U}_z \cap F)^c$ zusammenhängend in $\mathbb{C}$.

Auch im Fall 3 ist f auf F meromorph approximierbar.

D. Charakterisierung der Mengen, auf denen meromorphe Approximation möglich ist

In Satz 1 war F eine beliebige abgeschlossene Menge in G, und es wurden die Funktionen f charakterisiert, die meromorphe Approximation auf F zulassen. Jetzt suchen wir die Mengen F zu charakterisieren, auf denen *jede* Funktion $f \in A(F)$ meromorph approximierbar ist; wie immer ist

$$A(F) = \{f : f \text{ stetig auf } F, \text{ holomorph auf } F^\circ\}.$$

Satz 2. *Eine in G abgeschlossene Menge $F \subset G$ hat die Eigenschaft, daß jede Funktion $f \in A(F)$ gleichmäßig durch Funktionen aus $M(G)$ approximierbar ist, genau dann, wenn gilt*

(1.6) $\quad\quad R(F \cap \bar{g}) = A(F \cap \bar{g})$

für jedes Gebiet g mit $\bar{g} \subset G$.

Wegen Bishops Lokalisationssatz reicht es aus, (1.6) nur für jede Kreisscheibe k mit $\bar{k} \subset G$ zu fordern.

Beweis. Die Bedingung (1.6) ist hinreichend. Denn ist $f \in A(F)$ gegeben, folglich $f \in A(F \cap \bar{g})$, so ist f auf $F \cap \bar{g}$ rational approximierbar wegen (1.6), für jedes Gebiet g mit $\bar{g} \subset G$. Daher ist (1.2) erfüllt.

Zum Nachweis der Notwendigkeit von (1.6) hat man auf den Satz von Vitushkin (Kap. III, § 3) zurückzugreifen. Für die AC-Kapazität α wird gezeigt

$$\alpha(k \setminus F) = \alpha(k \setminus F^\circ)$$

für jede Kreisscheibe k. Dies folgt, wenn man auf die Definition von α zurückgeht und eine dabei auftretende Funktion $f \in A(F)$ meromorph approximiert, was nach Annahme möglich ist. Im einzelnen siehe Nersesjan ([139], S. 406) und die Schlußweise bei Zalcman ([193], S. 104).

Bemerkung. In unseren Sätzen hatten wir stets gefordert, daß die auf F approximierenden meromorphen Funktionen m keine Pole auf F hatten. Analoge Sätze sind gültig, wenn Pole von m auf F zugelassen werden; vgl. Roth [152], S. 110.

§ 2. Gleichmäßige Approximation durch holomorphe Funktionen

Wieder sei $G \subset \mathbb{C}$ ein beliebiges Gebiet und F eine in G abgeschlossene Teilmenge von G. Unser Problem lautet: Unter welchen Annahmen über F und G ist jede Funktion $f \in A(F)$ durch Funktionen $g \in \mathrm{Hol}(G)$ gleichmäßig auf F approximierbar? Dabei ist

$$\mathrm{Hol}(G) = \{g : g \text{ holomorph in } G\}.$$

Der erste Satz in dieser Richtung stammt von Carleman (1927) und betrifft den Sonderfall $G = \mathbb{C}, F = \mathbb{R}$; f wird also durch ganze Funktionen g auf $\mathbb{R}$ gleichmäßig approximiert. Bei Carleman stellt sich aber sogar „tangentielle Approximation" ein, weshalb wir den Satz und einen einfachen direkten Beweis auf § 3 verschieben wollen.

A. Polverschiebung bei meromorphen Funktionen

Schon beim Satz von Runge haben wir gesehen, daß es günstig sein kann, die Pole der approximierenden rationalen Funktion zu verschieben, ohne die Approximation selbst zu beeinträchtigen. Jetzt ist wichtig, daß entsprechendes auch für meromorphe Funktionen möglich ist.

Satz 1. *Es sei $G \subset \mathbb{C}$ ein Gebiet, F abgeschlossen in G, und z_1, z_2 in derselben Zusammenhangskomponente von $G \setminus F$ gelegen. Dann gibt es zu jeder in G meromorphen Funktion m mit Pol in z_1 und $\epsilon > 0$ eine in G meromorphe Funktion m^*, die an z_1 regulär ist, an z_2 einen Pol hat und sonst keine weiteren Polstellen als die von m besitzt, und für die gilt*

(2.1) $\qquad |m(z) - m^*(z)| < \epsilon \qquad (z \in F).$

Beweis. Wir greifen auf das entsprechende Resultat für rationale Funktionen zurück, vgl. Satz 3 in Kap. III, § 1. Die Punkte z_1, z_2 lassen sich durch einen Jordanbogen γ in $G \setminus F$ verbinden, folglich $\gamma \cap F = \phi$. Wir schreiben

$$m(z) = P\left(\frac{1}{z - z_1}\right) + H(z),$$

wo P ein Polynom ist und H an z_1 regulär ist. Nach dem genannten Satz gibt es ein Polynom Q so, daß

$$\left| P\left(\frac{1}{z - z_1}\right) - Q\left(\frac{1}{z - z_2}\right) \right| < \epsilon \qquad (z \in F).$$

Setzt man dann

$$m^*(z) = Q\left(\frac{1}{z - z_2}\right) + H(z),$$

so erfüllt m^* die im Satz genannten Bedingungen.

Der Satz impliziert, daß wir bei der Approximation von Funktionen auf F durch Funktionen aus $M(G)$ jedenfalls *endlich viele* Polstellen in einer Zusammenhangskomponente von $G \setminus F$ zusammenlegen können.

B. Topologische Vorbemerkungen

Ein topologischer Raum S heißt *an $a \in S$ lokal zusammenhängend*, wenn zu jeder Umgebung u von a eine zusammenhängende Menge $Z \subset u$ existiert, die a als inneren Punkt hat. Vergleiche etwa Newman [141], S. 84 ff.

Diese Definition wollen wir auf $S = G^* \setminus F$ und $a = \infty$ anwenden, wobei G^* die in § 1, C_1 eingeführte Ein-Punkt-Kompaktifizierung von G ist. Wir sagen, ein von $z_0 \in G$ ausgehender stetiger Kurvenbogen $\gamma \subset G$ *verbinde z_0 mit ∞ in G*, wenn γ von einer Stelle an außerhalb jedes kompakten Teils von G liegt.

Nachfolgender Hilfssatz charakterisiert den lokalen Zusammenhang von $G^* \setminus F$ an ∞ durch Eigenschaften, die in G ablesbar sind. In ihm sind U, V Umgebungen von ∞ in G^*.

Hilfssatz. *Der Raum $S = G^* \setminus F$ ist an ∞ lokal zusammenhängend genau dann, wenn gilt: Zu jeder Umgebung U von ∞ gibt es eine Umgebung $V \subset U$ von ∞ mit der Eigenschaft: Jeder Punkt $z \in V \setminus F$, $z \neq \infty$, kann durch einen stetigen Kurvenbogen $\gamma \subset U \setminus F$ in G mit ∞ verbunden werden.*

Grob gesprochen heißt dies: Jeder hinreichend „weit draußen" liegende Punkt von $G \setminus F$ kann in $G \setminus F$ mit ∞ verbunden werden, ohne „weit herein" zu müssen. Betrachtet man die beiden Beispiele von § 1, C_2, so sieht man, daß $G^* \setminus F$ an ∞ lokal zusammenhängt bei Beispiel 1, nicht dagegen bei Beispiel 2.

Beweis des Hilfssatzes. a) Es sei die Bedingung des Hilfssatzes erfüllt, und u eine Umgebung von ∞ in S, also $u = U \cap S = U \setminus F$ für eine Umgebung U von ∞ in G^*. Mit der in der Bedingung genannten Umgebung $V \subset U$ von ∞ setzen wir

$$Z = \cup \{\gamma_z : z \in V \setminus F, z \neq \infty\} \cup \{\infty\},$$

was eine zusammenhängende Menge in S ist mit $Z \subset U \setminus F = u$. Weiter ist $Z \supset V \setminus F = V \cap S$, was eine Umgebung von ∞ in S ist.

b) Nun sei S an ∞ lokal zusammenhängend und U eine Umgebung von ∞ in G^*. Es genügt zu zeigen:

(*) $\quad \begin{cases} \text{Es gibt eine Umgebung } V \subset U \text{ von } \infty \text{ so, daß jeder Punkt } z_0 \neq \infty \text{ von} \\ V \setminus F \text{ in } U \setminus F \text{ mit einem beliebig nahe an } \infty \text{ liegenden Punkt verbindbar ist.} \end{cases}$

Denn dann konstruieren wir $\{U_n\}$ mit $U_{n+1} \subset U_n$ und $\cap U_n = \{\infty\}$ (Ausschöpfung von G!), die zugehörigen V_n mit $V_{n+1} \subset V_n$, und hängen in ersichtlicher Weise abzählbar viele Bögen zu γ zusammen, der in $U \setminus F$ verläuft und z_0 in G mit ∞ verbindet.

Um (*) zu zeigen, setzen wir $u = U \cap S$ und wählen eine in S zusammenhängende Teilmenge $Z \subset u$, welche die offene Menge v mit $\infty \in v$ enthält:

$$v \subset Z, \quad v = V \cap S = V \setminus F.$$

Für diese Umgebung $V \subset U$ von ∞ gilt (*). Wir wählen $z_0 \in V \setminus F$, $z_0 \neq \infty$, und bezeichnen mit g die Komponente der in G offenen Menge $(G \setminus F) \cap U$, die z_0 enthält. Wir zeigen: g hat den Häufungspunkt ∞; dann ist (*) bewiesen.

Nun ist aber

$$(G \setminus F) \cap U = g \cup R,$$

§ 2. Gleichmäßige Approximation durch holomorphe Funktionen

wo R offen in G ist (eventuell $R = \phi$) und wo kein Punkt von R Häufungspunkt von g sein kann. Nehmen wir ∞ dazu:

$$U \setminus F = g \cup R', \quad R' = R \cup \{\infty\} \neq \phi;$$

die linke Seite ist $U \cap S = u$, und g ist offen in G, also offen in G^*, also offen in S. Der Durchschnitt mit $Z \subset u$ ergibt

$$Z = (g \cap Z) \cup (R' \cap Z) = A \cup B,$$

wo A offen in Z und $B \neq \phi$ ist. Da Z zusammenhängt, kann A nicht abgeschlossen in Z sein. Also hat B einen Häufungspunkt von A, folglich hat g einen Häufungspunkt auf $R' = R \cup \{\infty\}$. In R kann er nicht liegen (s.o.), also ist ∞ Häufungspunkt von g.

Der Hilfssatz ist damit bewiesen.

C. Der Approximationssatz von Arakeljan

Unser Ziel ist jetzt, $f \in A(F)$ durch $g \in \text{Hol}(G)$ auf F gleichmäßig zu approximieren. Dabei spielen folgende Eigenschaften von F relativ zu G eine Rolle:

(K_1) $G^* \setminus F$ ist zusammenhängend,

(K_2) $G^* \setminus F$ ist an ∞ lokal zusammenhängend.

(K_1) war bereits in § 1, C_1 aufgetreten und diskutiert worden. Übrigens ist natürlich $G^* \setminus F$ an jedem Punkt $a \neq \infty$ stets lokal zusammenhängend.

Die Approximation von f wird in folgender Schlußkette erreicht:

$f \in A(F)$ gegebene Funktion

$\downarrow (K_1)$

$m \in M(G)$ approximiert f (§ 1, C_2, Fall 3)

$\downarrow (K_2)$

$r + g$ approximiert m (Satz 2 unten). Dabei $g \in \text{Hol}(G)$,

$\downarrow (K_1) + (K_2)$ r rational, Pole $\notin F$

g approximiert m.

C_1. Approximation meromorpher durch holomorphe Funktionen

Hier ist offenbar eine Verschiebung unendlich vieler Pole erforderlich, was unter der Annahme (K_2) möglich ist.

Satz 2. *Hat $m \in M(G)$ keine Pole auf F, und erfüllt F die Bedingung (K_2), so gibt es zu jedem $\epsilon > 0$ eine rationale Funktion r mit Polen außerhalb F und $g \in \text{Hol}(G)$ so, daß*

$$|m(z) - (r(z) + g(z))| < \epsilon \quad (z \in F).$$

Gilt außerdem (K_1), so kann man $r = 0$ wählen.

Der Sonderfall $G = \mathbb{C}$ ist bereits bei Roth ([150], S. 110) behandelt.

Beweis. Zunächst zwei Vorbemerkungen. a) Die Pole von m häufen sich nicht in G. Wegen (K_2) können alle Pole von m, mit Ausnahme endlich vieler, in $G \setminus F$ mit ∞ verbunden werden. Zunächst nehmen wir an:

(2.2) Alle Pole von m können in $G \setminus F$ mit ∞ verbunden werden,

und zwar sei der Pol z_k durch γ_k mit ∞ verbunden.

Dabei sind die γ_k wegen (K_2) so wählbar, daß jeder kompakte Teil von G nur endlich viele γ_k trifft. Wir bestimmen nämlich eine Folge $\{U_n\}$ von Umgebungen von ∞ mit $\cap \, U_n = \{\infty\}$ so, daß im Hilfssatz $U = U_n$ und $V = U_{n+1}$ genommen werden kann ($n = 1, 2, \ldots$). Die endlich vielen $z_k \in U_{n+1} \setminus U_{n+2}$ verbinden wir in $U_n \setminus F$ mit ∞ durch γ_k; die γ_k sind damit alle festgelegt und haben die genannte Eigenschaft.

b) Ferner seien G_n beschränkte Gebiete mit $\overline{G}_n \subset G_{n+1}$ und $\cup \, G_n = G$. Jedes $\overline{G}_n$ trifft nur endlich viele γ_k.

Schließlich wählen wir noch $\epsilon_n > 0$ mit $\Sigma \, \epsilon_n < \epsilon$.

Schritt 1. Nur endlich viele γ_k treffen $\overline{G}_1$. Die auf ihnen liegenden Pole von m werden auf γ_k nach außerhalb $\overline{G}_1$ geschoben. Nach Satz 1 gibt es $m_1 \in M(G)$ mit

$$|m(z) - m_1(z)| < \epsilon_1 \qquad (z \in F).$$

Erfolg: Alle Pole von m_1 liegen auf Bögen γ_k oder Endstücken davon, welche außerhalb $\overline{G}_1$ liegen und daher $\overline{G}_1 \cup F$ nicht treffen.

Schritt 2. Nur endlich viele γ_k treffen $\overline{G}_2$. Die auf ihnen liegenden Pole von m_1 werden auf γ_k nach außerhalb $\overline{G}_2$ geschoben. Nach Satz 1 gibt es $m_2 \in M(G)$ mit

$$|m_1(z) - m_2(z)| < \epsilon_2 \qquad (z \in F \cup \overline{G}_1).$$

Erfolg: Alle Pole von m_2 liegen auf Bögen γ_k oder Endstücken davon, welche außerhalb $\overline{G}_2$ liegen und daher $\overline{G}_2 \cup F$ nicht treffen.

Schritt n. Analog gibt es $m_n \in M(G)$ so, daß

(2.3) $\qquad |m_{n-1}(z) - m_n(z)| < \epsilon_n \qquad (z \in F \cup \overline{G}_{n-1}),$

und alle Pole von m_n lassen sich mit ∞ verbinden, ohne $\overline{G}_n \cup F$ zu treffen.

Nun betrachten wir

$$g(z) := \lim_{n \to \infty} m_n(z) = m_N(z) + \sum_{n=N}^{\infty} [m_{n+1}(z) - m_n(z)].$$

Hierbei sind die m_n in G_N holomorph, da $n \geq N$ ist, und wegen (2.3) konvergiert die Reihe gleichmäßig in $\overline{G}_N$. Also ist $g \in \mathrm{Hol}(G_N)$ für jedes N, also $g \in \mathrm{Hol}(G)$.

Ferner ist für $z \in F$ wegen (2.3)

$$|g(z) - m(z)| = |m_1(z) - m(z) + \sum_{n=1}^{\infty} [m_{n+1}(z) - m_n(z)]|$$
$$< \epsilon_1 + \sum_{n=2}^{\infty} \epsilon_n < \epsilon.$$

§ 2. Gleichmäßige Approximation durch holomorphe Funktionen

Satz 2 ist damit mit $r = 0$ bewiesen, sofern (2.2) gilt. Dies ist jedenfalls dann zutreffend, wenn F außer der Bedingung (K_2) auch noch (K_1) erfüllt; vgl. den Hilfssatz in § 1, C_1.

Ist aber nur (K_2) erfüllt, so fassen wir die Hauptteile der endlich vielen Ausnahmepole zu r zusammen und betrachten $m - r$, für das (2.2) gültig ist. Satz 2 ist damit bewiesen.

Wir diskutieren noch zwei Beispiele.
Beispiel 1: $G = \{z : |z| < 1\}$ Beispiel 2: $G = \{z : |z| < 1\}$

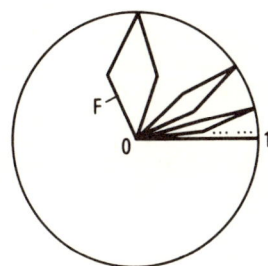   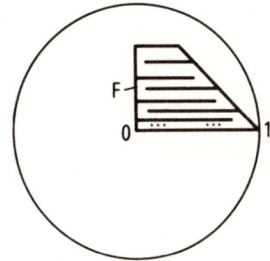

Bei Beispiel 1 sind beide Bedingungen (K_1) und (K_2) erfüllt; bei Beispiel 2 ist (K_1) erfüllt, (K_2) nicht.

Wir haben im Beweis von Satz 2 für den Schluß $r + g \Rightarrow g$ beide Bedingungen (K_1) und (K_2) verwendet. Ob (K_1) allein ausreicht, muß hier offen bleiben. Dies ist sicher richtig, wenn es zu jedem Punkt von $G \setminus F$ einen Bogen $\gamma \subset G \setminus F$ gibt, der von einer Stelle an außerhalb jedes kompakten Teils von G liegt. Beispiel 2 zeigt, daß dies nicht immer der Fall ist, auch wenn (K_1) erfüllt ist.

C_2. Der Satz von Arakeljan

Wir geben nun eine vollständige Antwort auf die am Anfang dieses Paragraphen gestellte Frage. Dabei bedienen wir uns folgender

Definition. *Die in G abgeschlossene Menge F heißt Weierstraß-Menge in G, wenn jede Funktion $f \in A(F)$ auf F gleichmäßig durch Funktionen aus $\mathrm{Hol}(G)$ approximiert werden kann.*

Mit dieser Definition gilt

Satz 3 (Arakeljan 1968). *Es ist F Weierstraß-Menge in G genau dann, wenn die Bedingungen*
(K_1) \qquad $G^* \setminus F$ *ist zusammenhängend*
und
(K_2) \qquad $G^* \setminus F$ *ist an ∞ lokal zusammenhängend*
erfüllt sind.

Der Fall $G = \mathbb{C}$ wurde bereits von Roth 1938 behandelt, wenn auch in anderer Ausdrucksweise und nur für Mengen F vom Flächenmaß 0. Es folgten Arbeiten von Keldych-Lavrentieff (1939) und Keldych (1945), in denen F ein Kontinuum mit $F° = \phi$ war, und der Bericht von Mergelyan (1952). In diesen Arbeiten werden

(K_1) und (K_2) oft in einer Bedingung K_D (bzw. K_G) zusammengefaßt; K für Keldych. Schließlich erledigte Arakeljan 1964 den Fall $G = \mathbb{C}$ und 1968 den Fall eines allgemeinen G vollständig. Eine sorgfältige Darstellung des Falles $G = \mathbb{C}$ findet man bei Fuchs ([75], S. 9–34).

Der hier behandelte Zugang – über die meromorphe Approximation – wurde bei Roth in [151] und [152] angedeutet. Er zeigt, daß Satz 3 letzten Endes aus dem Satz von Mergelyan abgeleitet werden kann.

Beweis von Satz 3. Daß die Bedingungen (K_1) und (K_2) hinreichend sind, haben wir mit Satz 2 in C_1 und Fall 3 in § 1, C_2 bereits bewiesen.

Wir zeigen, daß (K_1) notwendig ist. Wäre (K_1) nicht erfüllt, so hätte $G \setminus F$ eine Zusammenhangskomponente Z, die kompakt in G liegt (Hilfssatz in § 1, C_1); insbesondere ist $\partial Z \subset G$, folglich $\partial Z \subset F$. Es sei d der Durchmesser von Z, $z_0 \in Z$, und es werde $f(z) = 2d/(z - z_0)$ betrachtet, eine Funktion aus $A(F)$.

Nach Voraussetzung gibt es $g \in \text{Hol}(G)$ mit $|f(z) - g(z)| \leq 1$ ($z \in F$), also insbesondere $|f(z) - g(z)| \leq 1$ auf ∂Z. Multiplikation mit $z - z_0$ gibt

$$|2d - (z - z_0) g(z)| \leq d \qquad (z \in \partial Z).$$

Nach dem Maximumprinzip gilt dies auch für $z \in Z$, und für $z = z_0$ ergibt sich ein Widerspruch.

Um zu zeigen, daß auch (K_2) notwendig ist, bemerken wir zunächst, daß zu (K_2) äquivalent ist:

(*) $\begin{cases} \text{Zu jeder Umgebung } U \text{ von } \infty \text{ gibt es eine Umgebung } V \subset U \text{ von } \infty \text{ so, daß} \\ \text{jeder Punkt } z_0 \neq \infty \text{ von } V \setminus F \text{ in } U \setminus F \text{ mit einem beliebig nahe an } \infty \\ \text{liegenden Punkt verbindbar ist.} \end{cases}$

Vergleiche die Überlegung im Beweis des Hilfssatzes. – Gilt (*) *nicht*, so gibt es eine Umgebung $U = G \setminus K$ (K kompakt in G) von ∞ und eine Folge von Punkten $z_n \in G \setminus F$, $z_n \to \infty$, die in $U \setminus F$ nicht mit beliebig nahe an ∞ gelegenen Punkten verbunden werden können. Folglich liegen die Komponenten g_n von $(G \setminus F) \cap U$, die z_n enthalten, kompakt in G.

Die g_n können paarweise fremd angenommen werden, und es sei $d_n = \text{diam } g_n$. Es ist klar, daß $\partial g_n \subset F \cup K$.

Jetzt konstruieren wir mit dem Satz von Mittag-Leffler eine in G meromorphe Funktion f, die an den Punkten z_n einfache Pole mit den Residuen nd_n hat. Es ist $f \in A(F)$, und nach Voraussetzung gibt es $g \in \text{Hol}(G)$ mit $|f(z) - g(z)| \leq 1$ ($z \in F$). Weiter ist natürlich $|f(z) - g(z)| \leq M$ ($z \in K$) für eine gewisse Konstante M. Also gilt

$$|f(z) - g(z)| \leq \max(1, M) \qquad \text{für } z \in \partial g_n$$

und nach Multiplikation mit $z - z_n$

$$|(z - z_n) f(z) - (z - z_n) g(z)| \leq d_n \cdot \max(1, M) \qquad \text{für } z \in \partial g_n.$$

Da f in g_n nur den Pol z_n hat, kann das Maximumprinzip wieder angewendet werden, und für $z = z_n$ erhält man so $nd_n \leq d_n \cdot \max(1, M)$, was für große n falsch ist. Satz 3 ist damit bewiesen.

Hinweise zu § 2

I. Die im Satz von Arakeljan auftretenden Bedingungen (K_1) und (K_2) können in dem Sonderfall $G = \mathbb{C}$ wie folgt zusammengefaßt werden. Wir sagen, eine abgeschlossene Menge $F \subset \mathbb{C}$ erfülle die *Bedingung K*, wenn es eine auf $[0, \infty)$ erklärte Funktion $r(t)$ gibt mit $0 \leq r(t) \to \infty$ für $t \to \infty$ mit folgender Eigenschaft:

Jeder Punkt $z \in F^c$ kann in F^c mit ∞ verbunden werden durch einen Jordanbogen γ_z, der in $\{\zeta : |\zeta| \geq r(|z|)\}$ verläuft.

Diese Bedingung findet sich erstmals bei Keldych-Lavrentieff ([104], S. 746). Sie ist im Fall $G = \mathbb{C}$ zu $(K_1) + (K_2)$ äquivalent.

II. Ferner weisen wir noch auf neuere Entwicklungen hin, die an den Satz von Arakeljan anschließen. Siehe vor allem die Arbeiten [171], [172] und [173] von Stray.

Zunächst bezeichne $B_G(F) \subset A(F)$ die Banach-Algebra der auf F *beschränkten* Funktionen, die auf F gleichmäßige Approximation durch Funktionen $g \in \text{Hol}(G)$ zulassen, und ferner sei

$$A_u(F) := \{f \in A(F) : f \text{ ist gleichmäßig stetig auf } F\} \subset A(F).$$

1) Sind die Bedingungen (K_1) und (K_2) des Satzes von Arakeljan nicht beide erfüllt, so zerfällt $A(F)$ in zwei Teilmengen $A_G(F)$ und N: Die Funktionen aus $A_G(F)$ sind auf F gleichmäßig approximierbar durch Funktionen aus $\text{Hol}(G)$, die aus N sind es nicht. Stray zeigt: N enthält sogar beschränkte Funktionen, und macht Aussagen über die Funktionen in $A_G(F)$ und $B_G(F)$.

2) Ferner beweist Stray ein Analogon zum Satz von Arakeljan in der Klasse $A_u(F)$. Jedes $f \in A_u(F)$ ist gleichmäßig approximierbar durch Funktionen $g \in \text{Hol}(G)$, deren Einschränkung $g|_F \in A_u(F)$ ist, genau dann, wenn $G^* \setminus F$ wegzusammenhängend ist.

3) In [172] wird die Aussage von 2) verallgemeinert. Es sei E eine Teilmenge von $\partial G \cap \partial F$, und

$$A_E(F) := \{f : f \text{ stetig auf } E \cup F, \text{ holomorph auf } F^\circ\}.$$

Für $E = \emptyset$ wird $A_E(F) = A(F)$, und für $E = \partial G \cap \partial F$ erhält man $A_u(F)$ von oben. Frage: Wann läßt sich jede Funktion $f \in A_E(F)$ auf F gleichmäßig approximieren durch Funktionen $g \in \text{Hol}(G)$, deren Einschränkung $g|_F \in A_E(F)$ ist? Dies ist genau dann der Fall, wenn $G^* \setminus F$ wegzusammenhängend ist und die Menge F_0 der „schlecht erreichbaren" Randpunkte von $G \setminus F$ in E enthalten ist.

4) Eine Verallgemeinerung des Satzes von Arakeljan auf vektorwertige analytische Funktionen behandeln Brown, Gauthier und Seidel in [32].

§ 3. Approximation mit Geschwindigkeit

Die Sätze der letzten beiden Paragraphen behandelten die *gleichmäßige* Approximation einer Funktion f auf einer abgeschlossenen Menge $F \subset G$ durch Funktionen $m \in M(G)$ oder $g \in \text{Hol}(G)$. Da F im allgemeinen nicht kompakt in G liegt, stellt sich die Frage, ob sich zusätzliche Aussagen machen lassen über das Verhalten von $|f(z) - m(z)|$ bzw. $|f(z) - g(z)|$ für $z \in F, z \to \infty$, wo ∞ der ideale Punkt von G^* ist.

Richtungweisend ist hier der Satz von Carleman (1927), den wir in Abschnitt A elementar behandeln. Schon Carleman erkannte die Bedeutung seines Ergebnisses für das Studium des Randverhaltens analytischer Funktionen. Vor allem aus diesem Grunde wurde die Theorie weiter ausgebaut durch Roth, Keldych, Arakeljan und Nersesjan.

A. Problemstellung; Satz von Carleman

A_1. Tangentielle Approximation; ϵ-Approximation

Zunächst präzisieren wir unser Problem. Dabei sei G ein beliebiges Gebiet und F eine in G abgeschlossene Menge.

Definition 1. *Eine auf F definierte, positive und stetige Funktion $\epsilon(z)$ heißt Fehlerfunktion. Wir sagen, $f \in A(F)$ lasse auf F ϵ-Approximation durch Funktionen aus $M(G)$ bzw. $\mathrm{Hol}(G)$ zu, wenn gilt*

(3.1) $\quad |f(z) - m(z)| < \epsilon(z) \quad (z \in F) \quad bzw. \quad |f(z) - g(z)| < \epsilon(z) \, (z \in F)$

für ein $m \in M(G)$ bzw. $g \in \mathrm{Hol}(G)$.

Definition 2. *Wir sagen, $f \in A(F)$ lasse auf F tangentielle Approximation zu, wenn es zu jeder Fehlerfunktion $\epsilon(z)$ ein $m \in M(G)$ bzw. $g \in \mathrm{Hol}(G)$ gibt, für das (3.1) gilt.*

Definition 3. *Wir sagen, F sei eine Carleman-Menge in G, wenn jede Funktion $f \in A(F)$ auf F tangentielle Approximation durch Funktionen aus $\mathrm{Hol}(G)$ zuläßt.*

Der entsprechende Begriff für Approximation aus $M(G)$ ist nicht eingeführt. – Unsere Aufgabe besteht nun darin, bei vorgegebener Menge F und vorgegebener Funktion $f \in A(F)$ zu entscheiden, ob ϵ-Approximation oder sogar tangentielle Approximation möglich ist. Wir wenden uns zunächst dem Sonderfall $G = \mathbb{C}$, $F = \mathbb{R}$ zu, der mit elementaren Mitteln zu behandeln ist, und lassen dann allgemeine Gebiete G und abgeschlossene Teilmengen F zu.

A_2. Zwei Hilfssätze

Zur Vorbereitung auf den Satz von Carleman schicken wir zwei Hilfssätze voraus.

Hilfssatz 1. *Es sei $G_k(a) := \mathbb{C} \setminus \{z = a + iy : |y| \geq \frac{1}{k}\} \, (a \in \mathbb{R}, k = 1, 2, \ldots).$*

Dann gibt es in $G_k(a)$ reguläre (und schlichte) Funktionen $H_k^+(z, a)$ und $H_k^-(z, a)$ mit den Eigenschaften:

(a) $\qquad |H_k^+(z, a)| < 1 \quad und \quad |H_k^-(z, a)| < 1 \quad für \quad z \in G_k(a) \, ;$

für jeden kompakten Teil $K_1 \subset \{z : \mathrm{Re}\, z < a\}$ gilt

(b) $\qquad H_k^+(z, a) \Rightarrow 0 \quad und \quad H_k^-(z, a) \Rightarrow 1 \quad für \quad z \in K_1, \, k \to \infty,$

§ 3. Approximation mit Geschwindigkeit

während für jeden kompakten Teil $K_2 \subset \{z : \operatorname{Re} z > a\}$ gilt

(c) $\qquad H_k^+(z, a) \Rightarrow 1 \quad und \quad H_k^-(z, a) \Rightarrow 0 \qquad für \quad z \in K_2, k \to \infty.$

Wir nennen die H_k^+, H_k^- zur Abszisse a gehörige „Abschnürungsfunktionen". Macht man den Schieber ∂G_k zu, so approximieren die H_k die Funktionen 0 und 1 in K_1 bzw. K_2 immer besser, und die H_k sind *gleichmäßig beschränkt* in G_k.

Beweis. Wir nehmen $a = 0$ an und gehen von der Abbildung $z = \dfrac{2w}{1-w^2}$ aus. Ihre Umkehrung $w = h(z)$ bildet $\mathbb{C} \setminus \{z = iy : |y| \geq 1\}$ konform auf $\{w : |w| < 1\}$ ab. Dabei sind $0, \pm i$ Fixpunkte und $h'(0) > 0$. Offenbar ist $h(z) \to 1$ für $z \to \infty$ in $\operatorname{Re} z > 0$, und $h(z) \to -1$ für $z \to \infty$ in $\operatorname{Re} z < 0$.

Die Funktionen $h_k(z) := h(kz)$ bilden demnach die Gebiete $G_k(0) = \mathbb{C} \setminus \{z = iy : |y| \geq \frac{1}{k}\}$ konform auf $\{w : |w| < 1\}$ ab, und dabei gilt

$$h_k(z) \Rightarrow -1 \qquad für \quad k \to \infty, \quad falls \quad z \in K_1$$

und

$$h_k(z) \Rightarrow +1 \qquad für \quad k \to \infty, \quad falls \quad z \in K_2.$$

Hier sind K_1, K_2 kompakte Teile von $\{z : \operatorname{Re} z < 0\}$ bzw. von $\{z : \operatorname{Re} z > 0\}$. Die Funktionen

$$H_k^+ = \tfrac{1}{2}(1 + h_k) \quad und \quad H_k^- = \tfrac{1}{2}(1 - h_k)$$

haben dann die im Hilfssatz genannten Eigenschaften.

Hilfssatz 1 findet Verwendung beim Beweis von

Hilfssatz 2. *Es bezeichne M_n die Menge $\{z : |z| \leq n\} \cup \{z = x : n \leq |x| \leq n+1\}$ ($n \in \mathbb{N}$ fest), und es sei h eine auf M_n stetige, auf $M_n^\circ = \{z : |z| < n\}$ reguläre Funktion. Dann gibt es zu $\epsilon > 0$ ein Polynom P so, daß*

$$|h(z) - P(z)| < \epsilon \qquad (z \in M_n).$$

Natürlich ließe sich die Aussage sofort aus dem Satz von Mergelyan folgern, doch wollen wir einen elementaren Beweis dieses Sonderfalls geben.

Beweis. Wir setzen $M := M_n$ und zeigen: Es gibt eine auf M reguläre Funktion H mit $|h(z) - H(z)| < \dfrac{\epsilon}{2}$ ($z \in M$). Auf H läßt sich dann der Rungesche Satz anwenden, $|H(z) - P(z)| < \dfrac{\epsilon}{2}$ ($z \in M$), und die Behauptung folgt.

Wir zerlegen $M = K \cup I_1 \cup I_2$, wobei

$$K := \{z : |z| \leq n\}, \quad I_1 := \{z = x : n \leq x \leq n+1\},$$
$$I_2 := \{z = x : -n-1 \leq x \leq -n\}.$$

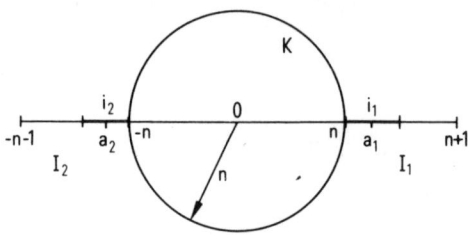

Außerdem kann man $h(\pm n) = 0$ annehmen; andernfalls ist $h - L$ zu betrachten für eine geeignete lineare Funktion L. Nun wählen wir $\epsilon' > 0$ und bestimmen Polynome P_1, P_2, P_3 so, daß

$$|P_1 - h| < \epsilon' \text{ auf } I_1, \quad |P_2 - h| < \epsilon' \text{ auf } I_2 \quad \text{(Weierstraß)}$$

und

$$|P_3 - h| < \epsilon' \text{ auf } K \quad \text{(Fejér-Polynome)}$$

gilt. Danach werden die Intervalle

$$i_1 = \{z = x : n \leq x \leq n + \delta\} \quad \text{und} \quad i_2 = \{z = x : -n - \delta \leq x \leq -n\}$$

so bestimmt, daß

$$|h(x)| < \epsilon' \quad \text{und} \quad |P_3(x)| < 2\epsilon' \quad \text{für} \quad x \in i_1 \cup i_2$$

gilt; a_1 und a_2 seien die Mittelpunkte von i_1 bzw. i_2. Jetzt wird $\delta > 0$ festgehalten und $c_1 := \max\{|P_1(x)| : x \in i_2\}$, $c_2 := \max\{|P_2(x)| : x \in i_1\}$ gesetzt.

Entscheidend ist nun die Verwendung von Abschnürungsfunktionen, wie wir sie in Hilfssatz 1 konstruiert haben, und zwar gehöre H_k^+ zur Abszisse a_1 und H_k^- zur Abszisse a_2. Mit ihnen bilden wir

$$\Phi_k := P_1 H_k^+ + P_2 H_k^- + P_3(1 - H_k^+)(1 - H_k^-) \quad (k = 1, 2, \ldots).$$

Wir stellen fest:

(i) Jede Funktion Φ_k ist auf der Menge M regulär;

(ii) Für $k \to \infty$ gilt

$$H_k^+ \Rightarrow 1 \text{ und } H_k^- \Rightarrow 0 \quad \text{auf} \quad I_1 \setminus i_1, \text{ also } \Phi_k \Rightarrow P_1 \text{ auf } I_1 \setminus i_1,$$
$$H_k^+ \Rightarrow 0 \text{ und } H_k^- \Rightarrow 1 \quad \text{auf} \quad I_2 \setminus i_2, \text{ also } \Phi_k \Rightarrow P_2 \text{ auf } I_2 \setminus i_2,$$
$$H_k^+ \Rightarrow 0 \text{ und } H_k^- \Rightarrow 0 \quad \text{auf} \quad K, \text{ also } \Phi_k \Rightarrow P_3 \text{ auf } K.$$

Insgesamt hat man also wegen der Approximationseigenschaft von P_1, P_2, P_3

$$|\Phi_k(z) - h(z)| < 2\epsilon' \quad \text{für} \quad z \in M \setminus (i_1 \cup i_2),$$

sobald k hinreichend groß ist.

Auf i_1 ist aber

$$|\Phi_k - h| \leq |h| + |\Phi_k| < \epsilon' + |P_1| \cdot 1 + |P_2| \cdot |H_k^-| + |P_3| \cdot 4$$

für alle k, wobei

§ 3. Approximation mit Geschwindigkeit

$|P_1| < 2\epsilon'$, $|P_2| \leq c_2$, $|P_3| < 2\epsilon'$, und $|H_k^-| < \dfrac{\epsilon'}{c_2}$ ist,

sobald k hinreichend groß ist, sodaß man

$$|\Phi_k(z) - h(z)| < 12\epsilon' \quad \text{für} \quad z \in i_1$$

erhält für hinreichend große k. Auf i_2 gilt entsprechendes.

Hatte man ursprünglich $\epsilon' = \dfrac{\epsilon}{24}$ gewählt, so liefert also Φ_k für hinreichend großes k eine Funktion H, die auf M regulär ist, und für die gilt

$$|h(z) - H(z)| < \frac{\epsilon}{2} \quad (z \in M).$$

A₃. Der Satz von Carleman

Wir behandeln nun tangentielle Approximation im Sonderfall $G = \mathbb{C}, F = \mathbb{R}$.

Satz 1 (Carleman 1927). *Zu jeder auf $\mathbb{R}$ stetigen Funktion f und jeder Fehlerfunktion $\epsilon(x)$ ($x \in \mathbb{R}$) gibt es eine ganze Funktion g mit*

$$|f(x) - g(x)| < \epsilon(x) \quad (x \in \mathbb{R}).$$

Der Satz bildet den Anfang einer Reihe von Sätzen, die nachfolgend behandelt werden. Schon Carleman [35] hat ihn dadurch verallgemeinert, daß er $\mathbb{R}$ durch allgemeinere Kurven und Kurvensysteme ersetzt hat. Vergleiche auch die Hinweise am Ende von § 3.

Für den Beweis wäre es naheliegend, $\mathbb{R}$ durch Intervalle $I_n = [-n, +n]$ auszuschöpfen, und von Polynomen P_n auszugehen, für die $\max\{|P_n(x) - f(x)| : x \in I_n\}$ klein ist. Dann gilt jedenfalls $P_n(x) \Rightarrow f(x)$ ($n \to \infty$) auf jedem kompakten Teil von $\mathbb{R}$. Hingegen ist $P_n(x) \Rightarrow f(x)$ ($n \to \infty$) auf ganz $\mathbb{R}$ nur dann möglich, wenn f selbst ein Polynom ist; die Idee zum Beweis von Satz 1 muß verfeinert werden. Wir folgen dem bei Kaplan ([99], S. 43–44) angegebenen Beweis, der dort Brelot zugeschrieben wird.

Beweis von Satz 1. Zuerst wählen wir eine Nullfolge $\{\delta_n\}$ so, daß

$$0 < \delta_{n+1} < \delta_n, \quad \delta_n < \max\{\epsilon(x) : n \leq |x| \leq n+1\} \quad (n = 0, 1, 2, \ldots)$$

ist, und setzen

$$\epsilon_n := \delta_{n+1} - \delta_{n+2} \quad (n = 0, 1, 2, \ldots) \quad \text{und} \quad \epsilon_{-1} := 0.$$

Im 0. Schritt wird dann f auf $[-1, +1]$ durch ein Polynom P_0 auf ϵ_0 approximiert:

$$|P_0(x) - f(x)| < \epsilon_0 \quad \text{für} \quad |x| \leq 1.$$

Im 1. Schritt setzen wir zunächst

$$h_1(z) = \begin{cases} P_0(z) & \{z : |z| \leq 1\} \\ f(x) + (2-x)[P_0(1) - f(1)] & \text{für} \quad \{x : 1 \leq x \leq 2\} \\ f(x) + (2+x)[P_0(-1) - f(-1)] & \{x : -2 \leq x \leq -1\}. \end{cases}$$

h_1 ist auf M_1 stetig, auf M_1° regulär, und Hilfssatz 2 liefert ein Polynom P_1 mit $|P_1(z) - h_1(z)| < \epsilon_1$ ($z \in M_1$), also insbesondere

$$|P_1(z) - P_0(z)| < \epsilon_1 \quad \text{für } |z| \leq 1$$

und $|P_1(x) - h_1(x)| < \epsilon_1$ für $1 \leq |x| \leq 2$, folglich

$$|P_1(x) - f(x)| < \epsilon_1 \text{ für } x = \pm 2 \text{ und } |P_1(x) - f(x)| < \epsilon_1 + \epsilon_0 \text{ für } 1 \leq |x| \leq 2.$$

Im 2. Schritt setzen wir entsprechend

$$h_2(z) = \begin{cases} P_1(z) & \{z : |z| \leq 2\} \\ f(x) + (3-x)[P_1(2) - f(2)] & \text{für } \{x : 2 \leq x \leq 3\} \\ f(x) + (3+x)[P_1(-2) - f(-2)] & \{x : -3 \leq x \leq -2\}, \end{cases}$$

und Hilfssatz 2 liefert ein Polynom P_2, für das gilt

$$|P_2(z) - P_1(z)| < \epsilon_2 \quad \text{für } |z| \leq 2$$

und

$$|P_2(x) - f(x)| < \epsilon_2 \text{ für } x = \pm 3 \text{ und } |P_2(x) - f(x)| < \epsilon_2 + \epsilon_1 \text{ für } 2 \leq |x| \leq 3.$$

Im n. Schritt erhalten wir ein Polynom P_n mit

$$|P_n(z) - P_{n-1}(z)| < \epsilon_n \quad \text{für } |z| \leq n$$

und

$$|P_n(x) - f(x)| < \epsilon_n \text{ für } x = \pm (n+1) \text{ und } |P_n(x) - f(x)| < \epsilon_n + \epsilon_{n-1}$$

$$\text{für } n \leq |x| \leq n+1.$$

Diese beiden Ungleichungen gelten (wegen $\epsilon_{-1} = 0$) auch für $n = 0$.
Setzt man daher

$$g(z) := \lim_{n \to \infty} P_n(z) = P_0(z) + \sum_{k=0}^{\infty} [P_{k+1}(z) - P_k(z)],$$

so ist g eine ganze Funktion, weil die Polynomreihe auf kompakten Teilmengen von $\mathbb{C}$ gleichmäßig konvergiert.
Ferner gilt, wenn $x \in \mathbb{R}$, also $n \leq |x| < n+1$ ist,

$$g(x) - f(x) = [g(x) - P_n(x)] + [P_n(x) - f(x)],$$

wobei $|P_n(x) - f(x)| < \epsilon_n + \epsilon_{n-1}$ ist und

$$|g(x) - P_n(x)| = |\sum_{k \geq n} [P_{k+1}(x) - P_k(x)]| < \sum_{k \geq n} \epsilon_{k+1}.$$

Insgesamt erhalten wir

$$|g(x) - f(x)| < \sum_{k=n-1}^{\infty} \epsilon_k = \begin{cases} \delta_n & \text{für } n > 0 \\ \delta_1 < \delta_0 & \text{für } n = 0, \end{cases}$$

§ 3. Approximation mit Geschwindigkeit

also $\quad |g(x) - f(x)| < \delta_n < \epsilon(x)$ für jedes $x \in \mathbb{R}$.

B. Der Sonderfall F nirgends dicht

Wir wenden uns nun allgemeinen Gebieten G und abgeschlossenen Teilmengen F zu, und hier ist der Fall $F^\circ = \phi$ besonders leicht zu erledigen. Wir stützen uns auf ein Beweisprinzip, welches auf Arakeljan [14] zurückzugehen scheint, das aber auch im Fall $F^\circ \neq \phi$ nützlich ist.

B_1. Hinreichende Bedingungen für ϵ-Approximation

Es sei F abgeschlossen in G so, daß auf F stets *gleichmäßige* Approximation, durch Funktionen aus Hol(G) bzw. aus $M(G)$, möglich ist; $F^\circ = \phi$ wird zunächst nicht verlangt. Wir zeigen: Für gewisse Fehlerfunktionen ist sogar ϵ-Approximation möglich.

Hilfssatz 3. *Es sei F Weierstraß-Menge in G und $\psi \in A(F)$. Dann läßt jede Funktion $f \in A(F)$ ϵ-Approximation durch Funktionen aus Hol(G) zu für $\epsilon(z) = |e^{\psi(z)}|$.*

Beweis. Da F Weierstraß-Menge ist, gibt es $g_1 \in \text{Hol}(G)$ mit $|\psi(z) - g_1(z)| < 1$ ($z \in F$). Wir setzen $h = e^{g_1 - 1} \in \text{Hol}(G)$, betrachten $f/h \in A(F)$, und bestimmen $g_2 \in \text{Hol}(G)$ so, daß

$$\left| \frac{f}{h}(z) - g_2(z) \right| < 1 \quad (z \in F).$$

Daraus folgt

$$|f(z) - h(z) g_2(z)| < |h(z)| = \exp\{\operatorname{Re} g_1(z) - 1\}$$
$$< \exp\{\operatorname{Re} \psi(z)\} = |e^{\psi(z)}| \quad (z \in F),$$

wie behauptet war.

Noch einfacher beweist man die später verwendete

Bemerkung. *Es sei F Weierstraß-Menge in G und*

(3.2) $\quad$ *es gebe $H \in \text{Hol}(G)$ so, daß $\quad 0 < |H(z)| \leq \epsilon(z) \quad (z \in F)$.*

Dann läßt jede Funktion $f \in A(F)$ ϵ-Approximation durch Funktionen aus Hol(G) zu.

Dazu betrachtet man einfach f/H und wendet die Weierstraß-Eigenschaft von F (einmal!) an.

Noch glatter als Hilfssatz 3 wird das Ergebnis, wenn man ϵ-Approximation durch meromorphe Funktionen studiert.

Hilfssatz 4. *Es sei F so, daß jede Funktion $f \in A(F)$ auf F gleichmäßige Approximation durch Funktionen aus $M(G)$ zuläßt. Es sei $h \in A(F)$ mit $0 < |h(z)| < 1$ ($z \in F$). Dann läßt jede Funktion $f \in A(F)$ ϵ-Approximation durch Funktionen aus $M(G)$ zu für $\epsilon(z) = |h(z)|$.*

Beweis (Nersesjan [139], S. 411; Roth [152], S. 109). Zunächst wird $2/h \in A(F)$ aus $M(G)$ gleichmäßig approximiert:

$$\left|\frac{2}{h(z)} - m_1(z)\right| < 1 \qquad (z \in F)$$

für $m_1 \in M(G)$. Daraus folgt

$$|m_1(z)| > \frac{2}{|h(z)|} - 1 > \frac{1}{|h(z)|}, \quad \text{also} \quad \frac{1}{|m_1(z)|} < |h(z)| \qquad (z \in F) \, ;$$

insbesondere hat m_1 keine Nullstelle auf F.

Weiter kann auch $m_1 f \in A(F)$ aus $M(G)$ gleichmäßig approximiert werden:

$$|m_1(z) f(z) - m_2(z)| < 1 \qquad (z \in F)$$

für $m_2 \in M(G)$. Mit $m = m_2/m_1 \in M(G)$ erhalten wir hieraus

$$|f(z) - m(z)| < \frac{1}{|m_1(z)|} < |h(z)| \qquad (z \in F),$$

wie behauptet war.

In Teil B_2 werden wir die Hilfssätze auf Mengen mit $F^\circ = \phi$ anwenden. Zuvor behandeln wir jedoch zwei Sätze, in denen speziell $G = \mathbb{C}$ ist, aber $F^\circ = \phi$ nicht gefordert wird.

Satz 2. *Es sei $F \subset \mathbb{C}$ so, daß jede Funktion $f \in A(F)$ gleichmäßige Approximation durch Funktionen aus $M(\mathbb{C})$ zuläßt. Gegeben seien ferner $f \in A(F)$, $\epsilon > 0$ und $n \in \mathbb{N}$. Dann gibt es eine meromorphe Funktion $m \in M(\mathbb{C})$ mit*

(3.3) $\qquad |f(z) - m(z)| < \epsilon \qquad (z \in F)$

und

(3.4) $\qquad |f(z) - m(z)| = O(|z|^{-n}) \qquad (z \in F, z \to \infty).$

Zusätzlich zur gleichmäßigen Approximation kann man also, ohne von F mehr zu verlangen, Approximation mit der durch (3.4) angegebenen Geschwindigkeit erreichen.

Beweis (Roth [152], S. 109). Für $F = \mathbb{C}$ ist der Satz trivial. Sei also $z_0 \in \mathbb{C} \setminus F$, und $\eta > 0$ so gewählt, daß $|z - z_0|^n > \eta$ ist für $z \in F$. Wir wenden Hilfssatz 4 mit

$$h(z) = \epsilon \eta (z - z_0)^{-n}$$

an und erhalten sofort (3.3) und (3.4).

Man beachte, daß die meromorphe Funktion m von n abhängig ist. Im allgemeinen trifft (3.4) für alle $n \in \mathbb{N}$ und festes $m \in M(\mathbb{C})$ nicht zu. Ist etwa $F = \{z : |z| \geq 1\}$, so gilt (3.4) für festes f und m und alle $n \in \mathbb{N}$ nur dann, wenn f selbst in $\mathbb{C}$ meromorph ist, also zum Beispiel nicht für $f(z) = e^{1/z} \in A(F)$.

Für die Approximation auf Weierstraß-Mengen durch ganze Funktionen kann man auf elementare Weise jedenfalls folgendes Ergebnis gewinnen.

Satz 2'. *Es sei F eine Weierstraß-Menge in $\mathbb{C}$, $f \in A(F)$ und $\epsilon > 0$. Dann gibt es eine ganze Funktion g mit*

§ 3. Approximation mit Geschwindigkeit

$$|f(z) - g(z)| < \epsilon \quad \text{und} \quad |f(z) - g(z)| < \frac{1}{|z|} \quad (z \in F).$$

Dieses Ergebnis kann mit stärkeren Hilfsmitteln erheblich verbessert werden (siehe § 4, A), doch ist es für unsere späteren Anwendungen ausreichend.

Beweis. Für $F = \mathbb{C}$ ist die Aussage trivial. Sei also $F \neq \mathbb{C}$, k eine abgeschlossene Kreisscheibe in F^c, und z_0 ihr Mittelpunkt. Wir setzen

$$F^* = F \cup k, \quad f^* = \begin{cases} f \text{ auf } F \\ 0 \text{ auf } k. \end{cases}$$

Dann ist F^* wieder Weierstraß-Menge und $f^* \in A(F^*)$. Für beliebiges $\alpha > 0$ gibt es daher eine ganze Funktion g^* so, daß

$$|\frac{z - z_0}{\alpha} f^*(z) - g^*(z)| < 1 \quad (z \in F^*).$$

Insbesondere ist $|g^*(z_0)| < 1$ und also

$$|\frac{z - z_0}{\alpha} f^*(z) - (g^*(z) - g^*(z_0))| < 2 \quad (z \in F^*),$$

folglich

$$|f^*(z) - \alpha \frac{g^*(z) - g^*(z_0)}{z - z_0}| < \frac{2\alpha}{|z - z_0|} \quad (z \in F^*).$$

Auf F gilt dann

$$|f(z) - g(z)| < \frac{2\alpha}{|z - z_0|} < \min\left(\epsilon, \frac{1}{|z|}\right),$$

sofern α hinreichend klein gewählt war.

Bemerkung. Für Weierstraß-Mengen in anderen Gebieten G gilt im allgemeinen kein zu Satz 2' analoger Satz. Ist etwa $G = \{z : |z| < 1\}$, $F = G \cap \{z : \text{Re} z \geq 0\}$, so ist F zwar Weierstraß-Menge in G, aber $|f(z) - g(z)| \to 0$ für $|z| \to 1$ ($z \in F$) ist für $f \in A(F), g \in \text{Hol}(G)$ nur möglich, wenn $f = g$ ist. – Bedingungen für F, unter denen $|f(z) - g(z)| \to 0$ für $|z| \to 1$ ($z \in F$) erreicht werden kann, geben Brown, Gauthier und Seidel ([33], S. 4) an. Hinreichend ist zum Beispiel, daß $\overline{F} \cap \partial G$ lineares Maß 0 hat, aber auch „Nudeln" sind zugelassen ([33], S. 5).

B$_2$. Tangentielle Approximation, falls $F^\circ = \phi$

Im Fall $F^\circ = \phi$ gestatten es die Hilfssätze 3 und 4, das Problem der tangentiellen Approximation auf das der gleichmäßigen Approximation zu reduzieren, das wir in § 1 und § 2 vollständig erledigt haben.

Satz 3. *Es sei F abgeschlossen in G und $F^\circ = \phi$.*

a) *F ist Carleman-Menge in G genau dann, wenn F Weierstraß-Menge in G ist.*

b) *Jede Funktion $f \in A(F)$ läßt tangentielle Approximation auf F durch Funktionen aus $M(G)$ zu genau dann, wenn jede Funktion $f \in A(F)$ gleichmäßige Approximation auf F durch Funktionen aus $M(G)$ zuläßt.*

Die Charakterisierung von Carleman-Mengen geht für $G = \mathbb{C}$ und $F° = \phi$ zurück auf Mergelyan ([132], S. 327–329], der eine zuerst bei Keldych-Lavrentieff (1939) verwendete Beweismethode (dort F Kontinuum) durch Heranziehung seines Hauptsatzes verbesserte. (Bei Mergelyan wird die Eigenschaft „F Kontinuum" zwar gefordert, aber nicht benötigt.) Für allgemeines G und $F° = \phi$ stammt die Charakterisierung von Arakeljan (1968). Die Äquivalenz b) bewiesen Nersesjan (1972) und Roth (1973).

Der **Beweis** von Satz 3 ist klar. Ist $\epsilon(z)$ eine beliebige Fehlerfunktion, so ist wegen $F° = \phi$ Hilfssatz 3 mit $\psi(z) = \log \epsilon(z)$ und Hilfssatz 4 mit $h(z) = \min(\epsilon(z), \frac{1}{2})$ anwendbar. Jedes $f \in A(F)$ ist daher tangentiell approximierbar, falls jedes $f \in A(F)$ gleichmäßig approximierbar ist.

Bemerkung. Der Beweis bleibt auch für $F° \neq \phi$ richtig, wenn man sich auf solche ϵ-Approximationen beschränkt, deren Fehlerfunktion

(3.5) $\qquad \epsilon(z)$ konstant ist auf jeder Komponente von $F°$.

Dieser Typ von Fehlerfunktion spielt eine Rolle bei Brown und Gauthier [31].

C. Der Satz von Nersesjan

Wir behandeln nun tangentielle Approximation auf Mengen F, die $F° = \phi$ nicht erfüllen. Für die Approximation aus $M(G)$ ist kein allgemeiner Satz bekannt, hingegen für Approximation durch holomorphe Funktionen.

C_1. Die Bedingung (A); ein Hilfssatz

Tangentielle Approximation auf F wird nur unter einer Zusatzannahme möglich sein.

Definition 4. *Wir sagen, F erfülle die Bedingung (A), wenn es zu jeder kompakten Teilmenge $K \subset G$ eine Umgebung V von ∞ in G^* gibt so, daß keine Zusammenhangskomponente von $F°$ gleichzeitig K und V trifft.*

Diese Bedingung wurde für $G = \{z : |z| < R\}$ ($0 < R \leq \infty$) zuerst von Gauthier (1969) eingeführt. Ist (A) erfüllt, so liegen notwendig alle Komponenten von $F°$ kompakt in G, jedoch ist diese Bedingung nicht hinreichend (Beispiel 2).

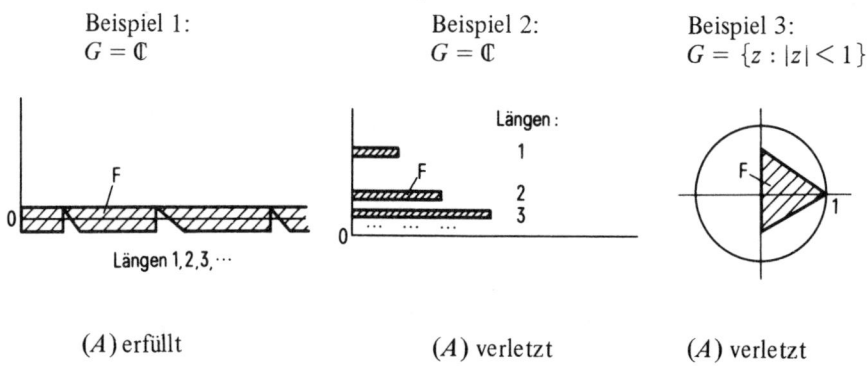

Beispiel 1: $G = \mathbb{C}$ — (A) erfüllt

Beispiel 2: $G = \mathbb{C}$ — (A) verletzt

Beispiel 3: $G = \{z : |z| < 1\}$ — (A) verletzt

§ 3. Approximation mit Geschwindigkeit 141

Grob gesprochen verlangt (A): „Lange Inseln" von F müssen sich nach ∞ hinausziehen.

Für Abschnitt C_2 stellen wir noch einen Hilfssatz bereit.

Hilfssatz 5. *Es sei h in $\{z : |z| \leq r\}$ regulär und $0 < r' < r$. Es gebe eine Folge von Jordanbögen γ_n, die $\{z : |z| = r\}$ mit $\{z : |z| = r'\}$ verbinden, auf denen*

$$|h(z)| \leq \epsilon_n \qquad (z \in \gamma_n)$$

gilt, wobei $\{\epsilon_n\}$ eine Nullfolge ist. Dann ist $h = 0$.

Beweis. Wir können

$$M := \max\{|f(z)| : |z| = r\} \leq 1$$

annehmen, und betrachten das harmonische Maß $\alpha_n(z)$ von γ_n für $z \in \{z : |z| < r\} \setminus \gamma_n$ auf der Scheibe $k = \{z : |z| \leq \frac{r'}{2}\}$. Es gilt dann

$$\alpha_n(z) \geq \alpha > 0 \qquad (z \in k; \, n = 1, 2, \ldots),$$

und nach dem Zweikonstantensatz

$$|h(z)| \leq \epsilon_n^{\alpha_n(z)} \cdot M^{1-\alpha_n(z)} \leq \epsilon_n^{\alpha_n(z)} \leq \epsilon_n^{\alpha} \qquad (z \in k; \, n = 1, 2, \ldots).$$

Also ist $h = 0$ in k und daher in $\{z : |z| < r\}$.

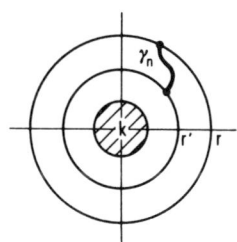

C_2. Der Satz von Nersesjan

Wir beantworten nun die Frage, wann eine abgeschlossene Menge $F \subset G$ Carleman-Menge ist; vgl. die Definition 3 in A_1. Den trivialen Fall $F = G$ schließen wir aus.

Satz 4 (Nersesjan 1971). *Es sei F echte, abgeschlossene Teilmenge von G. Dann ist F Carleman-Menge in G genau dann, wenn F die Bedingungen (K_1), (K_2) und (A) erfüllt.*

Eine stärkere, hinreichende Bedingung dafür, daß F Carleman-Menge in G ist, gab zuvor Gauthier 1969.

Beweis. a) Die Bedingungen (K_1), (K_2) und (A) sind notwendig.

Für (K_1) und (K_2) ist dies klar, da man für $\epsilon(z) = \epsilon > 0$ gleichmäßige Approximation erhält. Wir zeigen also, daß (A) notwendig ist (Gauthier [83], S. 320–321) und nehmen an, (A) sei nicht erfüllt.

i) *Geometrische Vorbereitungen.* Es sei $\{G_n\}$ eine Ausschöpfung von G durch beschränkte Gebiete G_n, also $\bar{G}_n \subset G_{n+1}, \cup G_n = G$. Ist (A) nicht erfüllt, so gibt es für jedes $n \geq 2$ einen Jordanbogen $b_n \subset F^\circ$, der einen Punkt $P_n \notin \bar{G}_n$ mit einem Punkt $Q_n \in K$ verbindet, wo K eine feste, in G kompakte Menge ist, von der wir $K \subset G_1$ annehmen dürfen. Es sei $g_n \subset F^\circ$ ein Jordangebiet um den Bogen b_n, und γ_n bezeichne einen Teilbogen von b_n, der ∂G_1 mit ∂G_2 verbindet.

Schließlich sei Γ_n noch ein Teilbogen von ∂g_n in $\bar{G}_{n+1} \setminus G_n$. Sein harmonisches Maß in g_n ist

$$\alpha_n(z) \geq \alpha_n > 0 \quad \text{für } z \in \gamma_n,$$

da γ_n kompakt in g_n liegt.

ii) *Schritt 1:* Wir beweisen folgendes interessante Zwischenergebnis:

Ist (A) nicht erfüllt, so gibt es eine auf F erklärte Fehlerfunktion $\epsilon(z)$
(3.6) *mit der Eigenschaft:*
Aus $h \in \text{Hol}(G), |h(z)| \leq \epsilon(z)$ $(z \in F)$ folgt $h = 0$ in G.

Dazu wählen wir Konstanten c_n mit $0 < c_{n+1} < c_n$ und

$$c_n^{\alpha_n} \leq \frac{1}{n} \quad (n = 1, 2, \ldots),$$

und bestimmen sodann eine Fehlerfunktion $\epsilon(z)$ $(z \in F)$ so, daß

$$\epsilon(z) \leq 1 \text{ für } z \in F \quad \text{und} \quad \epsilon(z) \leq c_n \quad \text{für } z \in F \cap \{\bar{G}_{n+1} \setminus G_n\}$$

gilt. (Da ∂G_n als Union von Jordankurven angenommen werden kann, ist das leicht zu machen.)

Ist jetzt $h \in \text{Hol}(G)$ und $|h(z)| \leq \epsilon(z)$ $(z \in F)$, also insbesondere

$$|h(z)| \leq c_n \; (z \in \Gamma_n) \quad \text{und} \quad |h(z)| \leq 1 \; (z \in \partial g_n \subset F),$$

so folgt nach dem Zweikonstantensatz

$$|h(z)| \leq c_n^{\alpha_n(z)} \leq c_n^{\alpha_n} \leq \frac{1}{n} \quad (z \in \gamma_n; n = 2, 3, \ldots).$$

Dabei liegen die γ_n in dem kompakten Teil $\bar{G}_2$ von G und haben Durchmesser $d_n \geq d > 0$, da sie ∂G_1 mit ∂G_2 verbinden. Eine Anwendung von Hilfssatz 5 liefert daher sofort $h = 0$ in einer Umgebung eines Punktes von $\bar{G}_2$ und daher $h = 0$ in G.

iii) *Schritt 2:* Wir zeigen: F ist keine Carleman-Menge.

Dabei unterscheiden wir zwei Fälle.

Fall 1: Aus $h \in A(F), |h(z)| < \epsilon(z)$ $(z \in F)$, mit der Fehlerfunktion von oben, folgt $h = 0$ auf F.

Fall 2: Es gibt $h \in A(F), |h(z)| < \epsilon(z)$ $(z \in F)$, mit der Fehlerfunktion von oben, aber $h(z_0) \neq 0$ für ein $z_0 \in F$.

Man beachte: In (3.6) ist $h \in \text{Hol}(G)$, nicht nur $h \in A(F)$ verlangt.

§ 3. Approximation mit Geschwindigkeit

Zu Fall 1: Wäre F Carleman-Menge, so gäbe es zu jedem $f \in A(F)$ ein $g \in \text{Hol}(G)$ mit $|f(z) - g(z)| < \epsilon(z)$ $(z \in F)$. Da Fall 1 vorliegt, muß $f = g$ auf F sein. Das hieße aber, daß jede Funktion $f \in A(F)$ holomorph nach G fortgesetzt werden kann. Da F echt in G liegt, ist dies nicht möglich. Es gibt dann nämlich eine Strecke $s \subset G \setminus F$, und die konforme Abbildung f von $\hat{\mathbb{C}} \setminus s$ auf $\{w : |w| < 1\}$ ist zwar aus $A(F)$, aber nicht holomorph in G.

Zu Fall 2: Jetzt wählen wir eine neue Fehlerfunktion $\epsilon_1(z)$, die erfülle

$$\epsilon_1(z) < \epsilon(z) - |h(z)| \quad (z \in F) \quad \text{sowie} \quad \epsilon_1(z_0) < |h(z_0)|.$$

Wäre F Carleman-Menge, so gäbe es zu dem genannten h ein $g \in \text{Hol}(G)$ mit $|h(z) - g(z)| < \epsilon_1(z)$ $(z \in F)$, also

$$|g(z)| \leq |h(z)| + |h(z) - g(z)| < |h(z)| + \epsilon_1(z) < \epsilon(z) \qquad (z \in F).$$

Wegen (3.6) ist $g = 0$ in G, und für $z = z_0$ ergibt sich $|h(z_0)| < \epsilon_1(z_0)$, im Widerspruch zur Konstruktion von $\epsilon_1(z)$.

In beiden Fällen ist also F keine Carleman-Menge, wenn (A) nicht erfüllt ist.

b) Die Bedingungen $(K_1), (K_2)$ und (A) sind hinreichend.

Hier müssen wir den Leser auf die Originalarbeit von Nersesjan verweisen. Die von Keldych-Lavrentieff 1939 eingeführte und von Mergelyan 1952 weiterentwickelte Beweismethode wird erneut verwandt und die gesuchte Funktion $g \in \text{Hol}(G)$ als $g = \Sigma R_n$, R_n rationale Funktionen, dargestellt. Zentrale Bedeutung hat ein Lemma, dessen Ursprung auf Lavrentieff ([110], S. 25) zurückgeht; ähnliche Hilfssätze findet man auch bei Roth [150].

Lemma. *Es sei F kompakt in $\mathbb{C}$, $\mathbb{C} \setminus F$ bestehe aus endlich vielen Komponenten, und G sei eine offene Teilmenge von F so, daß $\partial G \subset \partial F$. Dann gibt es zu $\epsilon > 0$ eine rationale Funktion $R(z, G, \epsilon)$ so, daß*

$$|R(z, G, \epsilon)| < \epsilon \qquad \text{für} \quad z \in G \setminus (\partial G)_\epsilon$$
$$|R(z, G, \epsilon) - 1| < \epsilon \qquad \text{für} \quad z \in F \setminus G_\epsilon$$
$$|R(z, G, \epsilon)| < C \qquad \text{für} \quad z \in F$$

gilt. Dabei ist C eine absolute Konstante, und N_ϵ bezeichnet die ϵ-Umgebung der Menge N.

Zum Beweis des Lemmas werden Beweiselemente des Satzes von Mergelyan verwendet.

Hinweise zu § 3

Ohne Vollständigkeit anstreben zu wollen, geben wir noch Hinweise auf einige Arbeiten, die mit dem Satz von Carleman in Verbindung stehen.

1) Einen interessanten, weitgehend konstruktiven Beweis des Satzes von Carleman gibt Hoischen in [96]. Er stützt sich auf die Gauß-Transformation

$$F_\lambda(z) := \frac{\lambda}{\sqrt{\pi}} \int_a^b e^{-\lambda^2(z-t)^2} f(t)\, dt \qquad (z \in \mathbb{C}, \lambda > 0)$$

einer auf $[a, b]$ stetigen Funktion f. Wichtig ist die Buckel-Eigenschaft des Kerns, aus der folgt $F_\lambda(x) \to f(x)$ ($a < x < b$) und $F_\lambda(x) \to 0$ ($x < a, x > b$), jeweils für $\lambda \to \infty$. Die Approximation von $f \in C(\mathbb{R})$ durch ganze Dirichlet-Reihen untersucht Hoischen in [97].

2) Zahlreiche Autoren betrachten die Approximation mit Interpolation, oder Approximation von f und seinen Ableitungen. Hierher gehören Arbeiten von Gauthier-Hengartner [84], Hoischen [98], Kaplan [99], Nersesjan [140], Rubel-Venkateswaran [153], und Sinclair [164]. Wir erwähnen ein Ergebnis von Nersesjan.

Es sei $G = \{z : |z| < R\}$ ($0 < R \leq \infty$), und es seien γ_k abzählbar viele Jordanbögen, die in $\{z : r_k < |z| < R\}$ liegen mit $r_k \to R$ ($k \to \infty$). Wir setzen $L = \cup \gamma_k$ und verlangen, daß f auf L n-mal stetig differenzierbar ist. Schließlich sei $\epsilon(x)$ in $(0, R)$ stetig und positiv. Dann gibt es eine Funktion $g \in \mathrm{Hol}(G)$ mit

$$|f^{(k)}(z) - g^{(k)}(z)| < \epsilon(|z|) \qquad (z \in L;\; k = 0, 1, 2, \ldots, n).$$

3) Der Satz von Carleman läßt folgende Erweiterung auf $\mathbb{R}^n$ zu (Scheinberg [157]). Zu $f \in C(\mathbb{R}^n)$ und positiver Fehlerfunktion $\epsilon \in C(\mathbb{R}^n)$ gibt es ein $g \in \mathrm{Hol}(\mathbb{C}^n)$ so, daß

$$|f(x) - g(x)| < \epsilon(x) \qquad \text{für } x \in \mathbb{R}^n$$

gilt. Dabei ist x der Realteil von $z \in \mathbb{C}^n$.

§ 4. Approximation mit gewisser Geschwindigkeit

In diesem Paragraphen behandeln wir einige Zusatzfragen im Sonderfall $G = \mathbb{C}$; es findet also Approximation auf einer abgeschlossenen Menge $F \subset \mathbb{C}$ durch ganze Funktionen g statt. Tangentielle Approximation erreichen wir, wenn F die Bedingungen (K_1), (K_2) und (A) erfüllt. Leider erfüllen wichtige Mengen F die Bedingung (A) nicht, zum Beispiel Winkelräume oder Parallelstreifen. Es entstehen daher folgende Fragen:

1) Mit welchen Fehlerfunktionen $\epsilon(z)$ ist ϵ-Approximation auf F möglich, wenn F zwar (K_1) und (K_2), aber nicht (A) erfüllt? Erste Ergebnisse in dieser Richtung lernten wir bereits in § 3, B_1 kennen.

2) Lassen sich Angaben machen über das Wachstum der approximierenden ganzen Funktion?

Diese Fragen hat Keldych 1945 in einer kurzen, aber bedeutsamen Arbeit erstmals aufgegriffen. Die Arbeit enthält keine Beweise; diese sind aber in Mergelyan's Bericht ausführlich dargestellt. Spätere Arbeiten zu diesen Problemen stammen von Arakeljan (1959, 1961, 1962, 1964) und von Ter-Israeljan (1971).

Die Beweise der nachfolgenden Sätze sind alle technisch recht kompliziert. Da sie bei Mergelyan ([132], S. 333–363) und vor allem bei Fuchs ([75], S. 41–73) sorgfältig ausgeführt sind, beschränken wir uns auf die Aufzählung der wichtigsten Ergebnisse.

A. ε-Approximation ohne Bedingung (A)

Zunächst folgt aus der Formel von Carleman (vgl. Boas [30], S. 2): Ist F die Halbebene $\{z : \operatorname{Re} z \geq 0\}$, und $h \in A(F)$, $h \neq 0$, so gilt notwendig

$$\int_{-\infty}^{+\infty} \frac{\log |h(iy)|}{1+y^2} \, dy > -\infty \qquad (z = x + iy) \, ;$$

h kann längs der imaginären Achse nicht zu schnell gegen Null streben. Läßt daher $f \in A(F)$ auf F ε-Approximation durch eine ganze Funktion g zu,

$$|f(z) - g(z)| < \epsilon(z) \qquad (z \in F),$$

so muß notwendig

(4.1) $$\int_{-\infty}^{+\infty} \frac{\log \epsilon(iy)}{1+y^2} \, dy > -\infty$$

erfüllt sein, außer wenn trivialerweise f selbst ganz ist. Zum Beispiel ist $\epsilon(z) = e^{-|z|}$ keine zulässige Fehlerfunktion für obige Menge F.

Leichte Variation dieser Überlegung (vgl. Fuchs [75], S. 39) zeigt: Ist

$$F = \{z : \operatorname{Re} \sqrt{z} \geq 1\}$$

(Äußeres einer Parabel), so muß

(4.2) $$\int_{1}^{\infty} \frac{\log \epsilon(t)}{t^{3/2}} \, dt > -\infty$$

notwendig erfüllt sein, wenn $\epsilon(z) = \epsilon(|z|)$ eine für diese Menge F zulässige Fehlerfunktion sein soll.

Arakeljan ([9] [10] und [13]) zeigt nun, daß (4.2) ganz allgemein auch hinreichend ist.

Satz 1. *Die abgeschlossene Menge $F \subset \mathbb{C}$ erfülle die Bedingungen (K_1) und (K_2) von § 2, und $\epsilon(t)$ sei für $t \geq 0$ stetig und positiv mit*

(4.2) $$\int_{1}^{\infty} t^{-3/2} \log \epsilon(t) \, dt > -\infty.$$

Dann läßt jede Funktion $f \in A(F)$ ε-Approximation auf F zu mit $\epsilon(z) = \epsilon(|z|)$ ($z \in F$). Die Aussage bleibt nicht für jedes F richtig, wenn (4.2) verletzt ist.

Der Satz stellt eine Verschärfung von Satz 3 in § 2 dar; (K_1) und (K_2) garantieren nicht nur gleichmäßige Approximation, sondern sogar ε-Approximation für gewisse Fehlerfunktionen.

Beispiele: $\epsilon(t) = \exp(-t^{1/2})$ genügt (4.2) nicht, aber $\epsilon(t) = \exp(-t^{\frac{1}{2}-\eta})$ für jedes $\eta > 0$.

Der Beweis von Satz 1 stützt sich auf Hilfssatz 3 in § 3. Über die Lösung eines geeigneten Dirichlet-Problems in einem einfach zusammenhängenden Gebiet $g \supset F$ wird eine in g harmonische Funktion u konstruiert mit $u(z) \lesssim \log \epsilon(|z|)$ $(z \in F)$. Ist v eine Konjugierte zu u, so liefert die Anwendung von Hilfssatz 3 auf $\psi = u + iv$ das Ergebnis.

Zusatz. *Liegt F in einem Winkelraum*

$$W_\alpha = \{z : |\arg z| \leq \frac{\alpha}{2}\} \quad (0 < \alpha \leq 2\pi)$$

der Öffnung α, so kann in Satz 1 die Bedingung (4.2) durch die schwächere

$$(4.2') \qquad \int_1^\infty t^{-\frac{\pi}{\alpha} - 1} \log \epsilon(t)\, dt > -\infty$$

ersetzt werden.

Dann ist also sogar $\epsilon(z) = \exp(-|z|^{\frac{\pi}{\alpha} - \eta})$ für jedes $\eta > 0$ eine zulässige Fehlerfunktion. Entsprechende Sätze gibt es, wenn F in einem Parallelstreifen gelegen ist.

B. Wachstum der approximierenden Funktion

Häufig ist es wichtig, über das Anwachsen der approximierenden ganzen Funktion g einiges zu wissen. Allerdings wird jetzt die Approximation nur auf einer Teilmenge von F gemessen. Wir begnügen uns mit folgendem speziellem Resultat.

Satz 2. *Es sei $f \in A(W_\alpha)$ für $0 < \alpha \leq \pi$ und*

$$|f(z)| \leq K\, e^{k|z|^\rho} \quad (z \in W_\alpha)$$

für $\rho = \dfrac{\pi}{2\pi - \alpha}$ (sodaß $\dfrac{1}{2} < \rho \leq 1$ ist), ferner seien $\epsilon > 0$ und $\delta > 0$ vorgegeben. Dann gibt es eine ganze Funktion g mit

$$|f(z) - g(z)| \leq \epsilon\, e^{-|z|^\rho} \quad (z \in W_{\alpha - \delta})$$

und

$$|g(z)| \leq C\, e^{c|z|^\rho} \quad (z \in \mathbb{C})$$

für gewisse Konstanten c, C.

Für $\alpha = \pi$ wird $\rho = 1$ und die approximierende Funktion also vom Exponentialtyp. Bei Keldych ([103], S. 240) und Mergelyan ([132], S. 353) wird auch allgemeineres Wachstum von f zugelassen. Entsprechende Sätze gelten für Funktionen in Parallelstreifen.

C. Der Sonderfall $F = \mathbb{R}$

Will man eine auf $\mathbb{R}$ stetige Funktion f auf $\mathbb{R}$ durch eine ganze Funktion g gleichmäßig approximieren, $|f(x) - g(x)| < \epsilon$ $(x \in \mathbb{R})$, so ist g im allgemeinen von star-

§ 5. Einige Anwendungen der Approximationssätze

kem Wachstum in der Ebene, auch dann, wenn f auf $\mathbb{R}$ beschränkt ist. Denn wenn f auf $\mathbb{R}$ stark oszilliert, so oszilliert auch Re g stark, also muß $\dfrac{d}{dx}(\operatorname{Re} g(x))$ auf einer dichten Folge von Punkten große Werte annehmen; das bedeutet aber große Werte von g' und daher auch von g, jedenfalls in $\mathbb{C}$.

Keldych hat aber entdeckt, daß das Wachstum von g eingeschränkt werden kann, wenn Annahmen gemacht werden über das Anwachsen von f und f'. Die Verfeinerung seines Ergebnisses nach Arakeljan (1963) lautet so.

Satz 3. *Es sei* $f \in C^1(\mathbb{R})$ *und*

$$M(r) := \max\{|f(x)| : |x| \leq r\}, \quad \mu(r) := \max\{|f'(x)| : |x| \leq r\}$$

gesetzt. Dann gibt es zu $\epsilon > 0$ *eine ganze Funktion* g *mit*

$$|f(x) - g(x)| < \epsilon \qquad (x \in \mathbb{R})$$

und

$$|g(z)| \leq \exp[A(|z| + 1) \cdot B(|z|)] \qquad (z \in \mathbb{C}),$$

wobei A *eine Konstante und*

$$B(|z|) = \max\{\frac{1}{\epsilon} \mu(t) \log[\frac{1}{\epsilon} c(f) M(t) \mu(t)] : 0 \leq t \leq 2|z| + 1\}$$

ist und $c(f) > 0$ *nur von* f *abhängt.*

Sind insbesondere f und f' auf $\mathbb{R}$ beschränkt, so kann g vom Exponentialtyp gewählt werden, und ist $\mu(r) = O(r^\alpha)$ $(r \to \infty)$ für ein $\alpha > 0$, so kann g immerhin von der Ordnung $\alpha + 1$ gewählt werden, eventuell vom Maximaltyp. Auch dieses Ergebnis geht schon auf Keldych zurück.

§ 5. Einige Anwendungen der Approximationssätze

Schon früh wurde erkannt, daß es die Sätze über die Approximation von Funktionen auf nicht kompakten Mengen erlauben, analytische Funktionen mit vorgeschriebenem Randverhalten zu konstruieren. Wählt man zum Beispiel im Carlemanschen Satz die auf $\mathbb{R}$ stetige Funktion f so, daß $f(\mathbb{R}) = \mathbb{C}$ ist (Peano-Kurve), so liefert der Satz sofort eine ganze Funktion g, für die $g(\mathbb{R})$ in $\mathbb{C}$ dicht ist. (Kaplan).

Wir bringen im folgenden einige wichtige Anwendungen der Approximationssätze, und zwar auf das Randverhalten ganzer Funktionen (Teil A) und das Randverhalten von Funktionen im Einheitskreis (Teil B). Der Zusammenhang zwischen Eindeutigkeitssätzen und Approximation wird in Teil C diskutiert, und Teil D bringt verschiedene kleinere Beiträge. Auf die Anwendungen in der Nevanlinna-Theorie gehen wir nicht ein; vgl. jedoch die Hinweise am Schluß von § 5.

A. Radiale Randwerte ganzer Funktionen

In diesem Abschnitt betrachten wir das Randverhalten solcher ganzer Funktionen f, für die

(5.1) $$\lim_{r \to \infty} f(re^{i\varphi}) =: F(e^{i\varphi})$$

für alle φ als endlicher oder unendlicher Grenzwert existiert; $f(z) = \dfrac{\sin z}{z}$ ist also zugelassen, $f(z) = \sin z$ nicht. Das *Problem* besteht darin, die möglichen Funktionen F zu charakterisieren. A. Roth hat F die Strahlengrenzwertfunktion genannt und sie durch ihre Eigenschaften charakterisiert. Ihre Arbeit [150] gilt als erstes wichtiges Beispiel dafür, wie sich Approximationssätze zum Studium des Randverhaltens analytischer Funktionen verwenden lassen.

Bevor wir die Untersuchung von F beginnen, schicken wir eine Hilfsbetrachtung voraus. Es bezeichnen W und W' offene Winkelräume mit Scheitel in O, also etwa $W = \{z : \alpha < \arg z < \beta\}$.

Hilfssatz 1. *Zu jedem Winkelraum W gibt es einen Teilwinkelraum W' mit der Eigenschaft: Entweder es ist f in W' beschränkt, oder es ist $\dfrac{1}{f}$ für $z \to \infty$ in W' beschränkt.*

Beweis. Angenommen, in jedem Teilwinkelraum W' von W ist f unbeschränkt *und* $\dfrac{1}{f}$ für $z \to \infty$ unbeschränkt. Dann konstruieren wir eine Folge $\{I_k\}$ abgeschlossener φ-Intervalle und zugehörige Winkelräume

$$W_k = \{z : \arg z \in I_k\}$$

wie folgt.

Wir wählen $z_1 \in W$ so, daß $|f(z_1)| > 1$ ist und $I_1 \ni \arg z_1$ so, daß $|f(z)| > 1$ ist für $|z| = |z_1|, \arg z \in I_1$. In W_1 finden wir z'_1 mit $|z'_1| > |z_1|$ und $|f(z'_1)| < 1$, und also ist $|f(z)| < 1$ für $|z| = |z'_1|, \arg z \in I'_1 \subset I_1$.

Sodann wählen wir z_2 mit $\arg z_2 \in I'_1, |f(z_2)| > 2$, sodaß $|f(z)| > 2$ ist für $|z| = |z_2|, \arg z \in I_2 \subset I'_1$. Und in W_2 finden wir z'_2 mit $|z'_2| > |z_2|$ und $|f(z'_2)| < \dfrac{1}{2}$, und also ist $|f(z)| < \dfrac{1}{2}$ für $|z| = |z'_2|, \arg z \in I'_2 \subset I_2$.

Und so fort. Ist dann $\varphi_0 \in \cap I_k = \cap I'_k$ und $r_k = |z_k|, r'_k = |z'_k|$ gesetzt, so haben wir $r_k \to \infty$ und daher $r'_k \to \infty$ und dabei

$$f(r_k e^{i\varphi_0}) \to \infty \ (k \to \infty), \quad f(r'_k e^{i\varphi_0}) \to 0 \ (k \to \infty),$$

gegen unsere Grundvoraussetzung (5.1). Der Hilfssatz ist damit bewiesen.

Nun machen wir uns daran, Eigenschaften der auf $C := \{z : |z| = 1\}$ erklärten Funktion F abzuleiten.

Satz 1. a) *F ist auf C von der 0. oder 1. Baireschen Klasse.*
b) *Es gibt eine offene Menge $M = \bigcup\limits_{k=1}^{\infty} b_k$ auf C mit folgenden Eigenschaften:*

   i) *M ist überall dicht auf C;*
   ii) *Es ist $F(e^{i\varphi}) = c_k$ für $e^{i\varphi} \in b_k$, wo c_k Konstante aus $\mathbb{C} \cup \{\infty\}$ sind;*
   iii) *Für jeden abgeschlossenen Teilbogen $\beta \subset b_k$ gilt*

§ 5. Einige Anwendungen der Approximationssätze 149

$$\lim_{r \to \infty} f(re^{i\varphi}) = c_k, \quad \text{gleichmäßig für } e^{i\varphi} \in \beta.$$

Dabei sind b_k die abzählbar vielen Komponenten von M, in diesem Falle offene Kreisbögen auf C.

Beweis. a) Diese Aussage folgt sofort aus der Darstellung

$$F(e^{i\varphi}) = \lim_{n \to \infty} f(ne^{i\varphi}) \,;$$

F ist Grenzfunktion einer Folge stetiger Funktionen.

b) Es sei nun W' ein Winkelraum von der im Hilfssatz genannten Art, und $b = W' \cap C$ gesetzt.

Ist f in W' beschränkt, so bilden die Funktionen $f_n(z) := f(nz)$ eine in W' normale Funktionenfamilie, die auf dem radialen Segment

$$s := \{re^{i\varphi_0} : 1 \leq r \leq 2, \; e^{i\varphi_0} \in W'\}$$

konvergiert: $f_n(z) \to F(e^{i\varphi_0})$ $(n \to \infty, z \in s)$. Nach dem Vitalischen Satz (siehe z.B. Bieberbach [28], S. 168) gilt daher $f_n(z) \to F(e^{i\varphi_0})$ $(n \to \infty, z \in W')$, gleichmäßig in kompakten Teilen von W'. Das bedeutet aber $f(re^{i\varphi}) \to F(e^{i\varphi_0})$ $(r \to \infty, e^{i\varphi} \in b)$, gleichmäßig in kompakten Teilen von b, und insbesondere ist

$$F(e^{i\varphi}) = F(e^{i\varphi_0}), \quad \text{falls} \quad e^{i\varphi} \in b \text{ ist.}$$

Ist $\dfrac{1}{f}$ für $z \to \infty$ in W' beschränkt, so folgt entsprechend, daß $\dfrac{1}{f(re^{i\varphi})} \to \dfrac{1}{F(e^{i\varphi_0})}$

$(r \to \infty, e^{i\varphi} \in b)$ gilt, gleichmäßig in kompakten Teilen von b, und insbesondere ist auch jetzt $F(e^{i\varphi}) = F(e^{i\varphi_0})$, falls $e^{i\varphi} \in b$.

Ergebnis: Auf jedem solchen Kreisbogen b ist F konstant (eventuell ∞).

Es sei nun M die Union all dieser offenen Kreisbögen b. Dann ist M offen, M dicht auf $\{z : |z| = 1\}$, und $M = \bigcup\limits_{k=1}^{\infty} b_k$, wo b_k abzählbar viele *fremde* offene Kreisbögen sind.

Dann ist F auf jedem Kreisbogen b_k konstant.

Denn jeder abgeschlossene Teilbogen $\beta \subset b_k$ wird durch endlich viele offene Bögen b überdeckt, auf denen jeweils F konstant ist. Also ist $F(e^{i\varphi}) = c_k$ für $e^{i\varphi} \in b_k$. Und wegen der Gleichmäßigkeitsaussage von oben ist entsprechend

$$f(re^{i\varphi}) \to c_k \quad (r \to \infty), \quad \text{gleichmäßig für } e^{i\varphi} \in \beta \subset b_k.$$

Damit ist Satz 1 bewiesen. Wir zeigen nun, daß die in Satz 1 genannten Eigenschaften für F charakteristisch sind.

Satz 2. *Gegeben sei eine offene Menge $M = \bigcup\limits_{k=1}^{\infty} b_k$ auf C, wo die b_k fremde offene Teilbögen von C sind, und M sei überall dicht auf C. Ferner sei F auf C von der*

0. oder der 1. Baireschen Klasse, und es sei

$$F(e^{i\varphi}) = c_k \quad \text{für} \quad e^{i\varphi} \in b_k.$$

Dann existiert eine ganze Funktion g mit den Eigenschaften:

i) $$\lim_{r \to \infty} g(re^{i\varphi}) = F(e^{i\varphi}) \quad \text{für alle} \quad \varphi;$$

ii) *Dies gilt gleichmäßig auf jedem abgeschlossenen Teilbogen $\beta \subset b_k$.*

Beweis. a) Wir stellen zunächst eine auf $\mathbb{C}$ *stetige* Funktion h mit der Eigenschaft i) her. Dazu wird verwendet, daß F höchstens in der 1. Baireschen Klasse ist, also $F(e^{i\varphi}) = \lim_{n \to \infty} h_n(e^{i\varphi})$, wobei die h_n stetige Funktionen sind. Wir definieren nun

$$h \text{ auf } |z| = n \text{ durch } h(ne^{i\varphi}) := h_n(e^{i\varphi}) \quad (n = 1, 2, \ldots),$$

und interpolieren zwischen den Punkten $ne^{i\varphi}$ und $(n+1)e^{i\varphi}$ linear ($n = 0, 1, 2, \ldots$); $h(0)$ wird 0 gesetzt. Dieses in $\mathbb{C}$ erklärte h ist stetig in $\mathbb{C}$, und es gilt

$$\lim_{r \to \infty} h(re^{i\varphi}) = \lim_{n \to \infty} h(ne^{i\varphi}) = \lim_{n \to \infty} h_n(e^{i\varphi}) = F(e^{i\varphi}) ;$$

h hat also die richtigen radialen Grenzwerte.

b) Um nun einen Approximationssatz anwenden zu können, brauchen wir eine abgeschlossene Menge $F \subset \mathbb{C}$ und eine Funktion $f \in A(F)$.

Um F zu erklären, betrachten wir die *abgeschlossenen* Winkelräume W_k (Skizze) und bilden

$$W := \bigcup_{k=1}^{\infty} W_k.$$

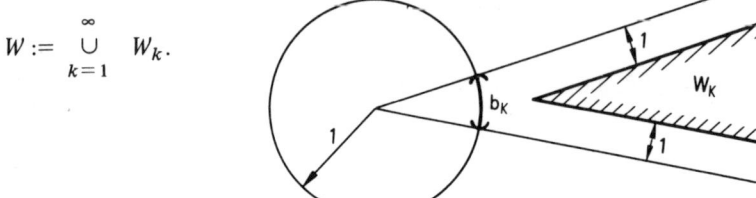

Man beachte, daß W abgeschlossen in $\mathbb{C}$ ist; denn wenn es unendlich viele W_k gibt, so schieben sich diese nach ∞ hinaus. Ferner fassen wir die zu Punkten $\notin M$ hinführenden Strahlen zusammen:

$$S := \{re^{i\varphi} : r \geq 0, e^{i\varphi} \notin M\};$$

auch S ist abgeschlossen in $\mathbb{C}$, da M offen in C ist. Schließlich setzen wir $F := W \cup S$, eine in $\mathbb{C}$ abgeschlossene Menge, die überdies die Bedingungen (K_1) und (K_2) für eine Weierstraß-Menge (§ 2) erfüllt.

Auf F wird nun erklärt

$$f = \begin{cases} h & \text{auf } S \\ c_k & \text{auf } W_k, \text{ falls } c_k \neq \infty \\ z & \text{auf } W_k, \text{ falls } c_k = \infty. \end{cases}$$

§ 5. Einige Anwendungen der Approximationssätze

Diese Funktion ist stetig auf F, und analytisch in F°, weil nämlich S keine inneren Punkte hat; M liegt ja dicht auf C.

Nach dem Approximationssatz von Arakeljan und dem Zusatz Satz 2' in § 3, B gibt es eine ganze Funktion g mit

(5.2) $\qquad |f(z) - g(z)| \leq \dfrac{1}{|z|} \quad$ für $z \in F$.

Diese Funktion g hat die gewünschten Eigenschaften i) und ii).

Denn ist $e^{i\varphi} \notin M$, also $re^{i\varphi} \in S$, so folgt aus (5.2)

$$f(re^{i\varphi}) - g(re^{i\varphi}) \to 0,\ \text{also}\ h(re^{i\varphi}) - g(re^{i\varphi}) \to 0 \qquad (r \to \infty),$$

das heißt

$$\lim_{r \to \infty} g(re^{i\varphi}) = \lim_{r \to \infty} h(re^{i\varphi}) = F(e^{i\varphi}).$$

Und ist $e^{i\varphi} \in M$, also $e^{i\varphi} \in b_k$ für ein $k \in \mathbb{N}$, so ist $re^{i\varphi} \in W_k$ für hinreichend großes r, folglich

$$g(re^{i\varphi}) - c_k \to 0 \quad \text{bzw.} \quad g(re^{i\varphi}) - re^{i\varphi} \to 0 \quad (r \to \infty).$$

Also gilt i) für alle φ.

Ist schließlich $e^{i\varphi} \in \beta \subset b_k$, so ist $re^{i\varphi} \in W_k$ für $r \geq r_0$, unabhängig von φ, folglich wegen (5.2)

$$|g(re^{i\varphi}) - c_k| \leq \frac{1}{r} \quad \text{bzw.} \quad |g(re^{i\varphi}) - re^{i\varphi}| \leq \frac{1}{r} \quad (r \geq r_0).$$

Also gilt auch ii), und Satz 2 ist bewiesen.

Bemerkungen. 1) Von der gegebenen ganzen Funktion hatten wir grundsätzlich verlangt, daß der Grenzwert (5.1) für alle φ vorhanden ist. Existiert er nur für φ aus einem Intervall (wie bei $f(z) = \sin z$), so gelten zu Satz 1 und 2 analoge Sätze in diesem Intervall.

2) Wir machen noch auf eine Feinheit aufmerksam. Die in Satz 1 genannte Menge M ist durch f nicht eindeutig festgelegt; zum Beispiel entsteht durch Wegnahme eines Punktes eine neue Menge, für die der Satz gilt. Im Beweis hingegen wurde M in eindeutiger Weise als $\cup\, b$ konstruiert mit wohldefinierten Bögen b. Wir bezeichnen diese Menge $\cup\, b$ mit $M(f)$.

Eine leichte Modifikation der obigen Konstruktion liefert nun in Verschärfung von Satz 2 eine ganze Funktion g, für die Satz 2 gilt und außerdem $M(g) = M$ ist, wo M die vorgegebene Menge ist; siehe Roth [150], S. 119. Dies ist interessant, weil $M(g)$ mit den Julia-Richtungen von g eng zusammenhängt; siehe Abschnitt D_4.

B. Randverhalten im Einheitskreis analytischer Funktionen

Die Approximationssätze von Arakeljan sind auch zur Konstruktion von Funktionen, die im Einheitskreis $\mathbb{D}$ regulär sind und ein gewisses Randverhalten zeigen, hervorragend geeignet.

B_1. Ein allgemeiner Approximationssatz

Satz 3. *Gegeben seien abzählbar viele Mengen E_n ($n = 1, 2, \ldots$) auf $\{z : |z| = 1\}$, E_n abgeschlossen und nirgends dicht, sowie eine in $\mathbb{D}$ stetige Funktion f. Dann gibt es eine in $\mathbb{D}$ reguläre Funktion g mit*

$$(5.3) \qquad g(re^{i\varphi}) - f(re^{i\varphi}) \to 0 \qquad \text{für } r \to 1-$$

für jedes $e^{i\varphi} \in E = \cup E_n$.

Bemerkungen. Der Satz besagt, daß jede in $\mathbb{D}$ stetige Funktion auf den zu E hinführenden Radien durch eine Funktion $g \in \text{Hol}(\mathbb{D})$ imitiert werden kann. — Eine Menge E der genannten Form heißt F_σ-Menge der 1. Kategorie. Nimmt man für E_n Cantor-Mengen vom Maß $2\pi - \dfrac{1}{n}$, so wird E vom Maß 2π. *Die Aussage* (5.3) *gilt dann für fast alle $\varphi \in (0, 2\pi)$.* — Der Satz wird bei Bagemihl-Seidel ([19], S. 187) für allgemeinere Systeme von „monotonen Randbögen" ausgesprochen; nachfolgender Beweis ist darauf übertragbar. — Bezüglich analoger Sätze in allgemeineren Gebieten siehe Bagemihl-Seidel [20].

Beweis. Wir wenden Arakeljans Approximationssätze auf folgende Situation an. Es sei $G = \mathbb{D}$, und $F = \bigcup\limits_{n=1}^{\infty} F_n$, wobei

$$F_n := \{re^{i\varphi} : 1 - \frac{1}{n+1} \leq r < 1, \ e^{i\varphi} \in E_n\} \qquad (n = 1, 2, \ldots)$$

gesetzt sei. Jede Menge F_n ist abgeschlossen in $\mathbb{D}$ mit $F_n^\circ = \phi$, und ihre Union F ist ebenfalls abgeschlossen in $\mathbb{D}$ mit $F^\circ = \phi$.

Nach Satz 3 in § 3, B_2 ist also F Carleman-Menge in $\mathbb{D}$, sofern F Weierstraß-Menge in $\mathbb{D}$ ist. Dazu ist nach Satz 3 in § 2, C_2 nachzuprüfen, daß $\mathbb{D}^* \setminus F$ zusammenhängend und am idealen Punkt $\infty \in \mathbb{D}^*$ lokal zusammenhängend ist. Die erste Bedingung gilt, weil $\mathbb{D} \setminus F$ zusammenhängend ist und einen Häufungspunkt auf $\{z : |z| = 1\}$ hat, und die zweite Bedingung ist erfüllt, weil man zu jedem Punkt $z_0 \in \mathbb{D} \setminus F$ einen Weg $\zeta = \zeta(t), t \in [0, 1)$, finden kann mit $\zeta(0) = z_0$ und $|\zeta(t)| \uparrow 1$ für $t \uparrow 1$. Hierbei wird ausgenützt, daß die E_n nirgends dicht auf $\{z : |z| = 1\}$ sind.

Da F ohne innere Punkte ist, ist $f \in A(F)$, und es gibt demnach zu jeder Fehlerfunktion $\epsilon(r)$ eine Funktion $g \in \text{Hol}(\mathbb{D})$ mit

$$(5.4) \qquad |f(z) - g(z)| \leq \epsilon(|z|) \qquad (z \in F).$$

Jeder zu einem Punkt von E hinführende Radius liegt aber von einer Stelle an in F; daraus folgt (5.3). —

Eng zusammenhängend mit Satz 3 ist die Frage des Zusammenhangs von gleichmäßiger Beschränktheit einer analytischen Funktion g auf einer Menge von Radien und der Existenz radialer Grenzwerte von g.

Satz 4. *Notwendig und hinreichend dafür, daß es zu gegebener Menge M von Radien in $\mathbb{D}$ eine Funktion $g \in \text{Hol}(\mathbb{D})$ gibt, welche auf den Radien von M gleich-*

§ 5. Einige Anwendungen der Approximationssätze   153

mäßig beschränkt ist, aber auf keinem Radius von $\mathbb{D}$ einen Grenzwert besitzt, ist, daß M nirgends dicht ist.

Bemerkung. Wählt man M so, daß die Menge der Endpunkte der Radien von M auf $\partial \mathbb{D}$ nirgends dicht ist und das Maß $2\pi - \delta$ ($\delta > 0$) hat, so kann also g auf den Radien von M gleichmäßig beschränkt sein, aber dennoch nirgends einen radialen Grenzwert besitzen. Für $\delta = 0$ ist das natürlich nicht möglich, da g dann in $\mathbb{D}$ beschränkt ist, folglich nach Fatou fast überall radiale Grenzwerte besitzt.

Beweis. Die Bedingung ist notwendig. Ist nämlich M nicht nirgends dicht, so muß M in einem Sektor S von $\mathbb{D}$ dicht liegen. Jede auf M gleichmäßig beschränkte Funktion g ist also in S beschränkt und hat folglich auf den in S liegenden Radien Grenzwerte.

Nun sei umgekehrt $M \neq \phi$ eine nirgends dichte Menge von Radien in $\mathbb{D}$. Wir konstruieren eine Funktion $g \in \mathrm{Hol}(\mathbb{D})$, die auf den Radien von M gleichmäßig beschränkt ist, aber keine radialen Grenzwerte besitzt. Wir können dabei annehmen, daß M abgeschlossen ist, sonst betrachten wir $\overline{M}$.

Arakeljan hilft auch hier wieder. Wir setzen

$$F_n := \{z = re^{i\varphi} : r = 1 - \frac{1}{n} \; ; \; \mathrm{dist}(z, M) \geq \frac{1}{n}\} \quad (n = 1, 2, \ldots),$$

welches abgeschlossene Mengen von Kreisbogen auf $\{z : |z| = 1 - \frac{1}{n}\}$ sind, und betrachten danach

$$F := M \cup \left(\bigcup_{n=1}^{\infty} F_n \right).$$

Diese Menge ist abgeschlossen in $\mathbb{D}$ und ohne innere Punkte, und sie erfüllt die Bedingungen für eine Weierstraß-Menge, was man wie oben nachprüft. Also ist

$$f(z) = \cos \frac{\pi}{1 - |z|} \in A(F) \text{ durch ein } g \in \mathrm{Hol}(\mathbb{D}) \text{ mit der Fehlerfunktion } \epsilon(r)$$

approximierbar:

$$|f(z) - g(z)| \leq \epsilon(|z|) \quad (z \in F).$$

Die Funktion g hat daher auf den Radien von M keine Grenzwerte. Jeder andere Radius trifft aber F_n für $n > n_0$, nach Konstruktion von F_n, und also gilt auf diesen Radien

$$f(re^{i\varphi}) - g(re^{i\varphi}) \to 0 \quad \text{für} \quad r = 1 - \frac{1}{n}, \; n \to \infty,$$

somit

$$g((1 - \frac{1}{n}) e^{i\varphi}) = (-1)^n + o(1) \quad (n \to \infty).$$

Ergebnis: Auf keinem Radius von $\mathbb{D}$ besitzt g einen Grenzwert, obwohl g auf F und also auf den Radien von M gleichmäßig beschränkt ist.

B_2. Das Dirichlet-Problem für radiale Randwerte

Wir verwenden den Approximationssatz von Bagemihl und Seidel, um die Existenz einer Lösung des allgemeinen Dirichlet-Problems für radiale Randwerte nachzuweisen.

Satz 5. *Gegeben seien zwei in $(0, 2\pi)$ reellwertige meßbare Funktionen u, v; die Funktionswerte $\pm \infty$ sind zugelassen. Dann gibt es eine in $\mathbb{D}$ analytische Funktion g mit der Eigenschaft, daß*

$$(5.5) \qquad \lim_{r \to 1-} g(re^{i\varphi}) = u(\varphi) + iv(\varphi)$$

gilt für fast alle $\varphi \in (0, 2\pi)$.

Bemerkungen. Der Satz wurde gleichzeitig von Bagemihl und Seidel [20] und von Lehto [113] bewiesen. Bei Lehto wird überdies g durch ein Integral vom Poisson-Typ dargestellt, falls die Randwerte fast überall endlich sind. Für den Fall unendlicher Grenzwerte ist eine direkte, jedoch mühsame Konstruktion bekannt (Priwalow [148], S. 225). – Der Realteil von g löst das analoge Dirichlet-Problem für harmonische Funktionen, wenn die radialen Randwerte u als meßbare Funktion vorgegeben sind (Kaplan [99], S. 49). – Bemerkenswert ist schließlich, daß von g in Satz 5 verlangt werden kann, daß $|g(z)| \leq \mu(|z|)$ gilt, wobei μ eine beliebig langsam gegen ∞ wachsende Funktion ist (Kegejan [100]).

Beweis. *Schritt 1:* Konstruktion einer in $\mathbb{D}$ *stetigen* Funktion f mit radialen Randwerten $u + iv$. Es genügt dabei, eine in $\mathbb{D}$ stetige Funktion f anzugeben mit

$\lim_{r \to 1-} f(re^{i\varphi}) = u(\varphi)$ für fast alle φ. Ist $u(\varphi) = \infty$ f. ü., so nehmen wir $f(z) = \dfrac{1}{1-|z|}$, und für $u(\varphi) = -\infty$ f. ü. nehmen wir $f(z) = \dfrac{-1}{1-|z|}$. Also kann angenommen werden, daß $u < +\infty$ und $u > -\infty$ ist auf zwei Mengen von positivem Maß. Zu der beschränkten meßbaren Funktion $U(\varphi) = \text{arc tg } u(\varphi)$ bilden wir das zugehörige Poisson-Integral $\Phi(z)$, welches wegen unserer Annahme $|\Phi(z)| < \dfrac{\pi}{2} (z \in \mathbb{D})$ erfüllt. Es hat die Randwerte $\lim_{r \to 1-} \Phi(re^{i\varphi}) = U(\varphi)$ f. ü., also ist $f(z) := \text{tg } \Phi(z)$ eine in $\mathbb{D}$ stetige Funktion mit radialen Randwerten $\text{tg } U(\varphi) = u(\varphi)$ für fast alle $\varphi \in (0, 2\pi)$.

Schritt 2: Konstruktion einer in $\mathbb{D}$ *regulären* Funktion g mit radialen Randwerten $u + iv$. Wir nehmen dazu eine beliebige F_σ-Menge E der 1. Kategorie auf $\{z : |z| = 1\}$ her: $E = \cup E_n$, wo die E_n abgeschlossen und nirgends dicht auf $\{z : |z| = 1\}$ sind. E soll außerdem das Maß 2π haben. Satz 3 liefert nun sofort die verlangte Funktion $g \in \text{Hol}(\mathbb{D})$.

Natürlich hat unser Randwertproblem viele Lösungen. Denn Satz 3 (bzw. die etwas stärkere Aussage (5.4)) liefert beliebig viele verschiedene Funktionen $g \in \text{Hol}(\mathbb{D})$, für die $\lim_{r \to 1-} g(re^{i\varphi}) = 0$ für fast alle φ gilt.

§ 5. Einige Anwendungen der Approximationssätze   155

C. Approximation und Eindeutigkeitsaussagen

Es sei G ein beliebiges Gebiet, F abgeschlossen in G mit $F \neq G$, und $\epsilon(z)$ eine auf F erklärte, stetige und positive Funktion. Hier geht es um die Frage, wann folgender Eindeutigkeitssatz gilt:

(5.6) Aus $h \in \mathrm{Hol}(G)$, $|h(z)| \leq \epsilon(z)$ $(z \in F)$ folgt $h = 0$.

Intuitiv wird man sagen, daß (5.6) richtig ist, wenn F eine große Menge und ϵ eine kleine Funktion ist. Dann aber ist Approximation auf F mit der Fehlerfunktion ϵ schwer möglich; das heißt, wenn (5.6) gilt, wird

(5.7) Zu jeder Funktion $f \in A(F)$ gibt es $g \in \mathrm{Hol}(G)$ mit $|f(z) - g(z)| < \epsilon(z)$
$$(z \in F)$$

schwer erfüllbar sein, und umgekehrt. Genauer gilt folgendes.

Erfüllt F die Bedingung (A) von § 3, C_1 nicht, so gibt es eine Funktion $\epsilon(z)$, für die (5.6) gilt.

Dies hatten wir bereits in (3.6) bewiesen. In umgekehrter Richtung zeigen wir:

Gilt (5.6) für eine Funktion $\epsilon(z)$, so ist (5.7) für diese Funktion falsch.

Beweis. Wir zeigen: Gilt (5.7), so ist (5.6) nicht zutreffend. Hat F keinen Häufungspunkt in G, so wählen wir einfach $h \in \mathrm{Hol}(G)$, welches genau auf F verschwindet; unsere Behauptung trifft zu. Wir nehmen also an, F habe einen Häufungspunkt in G. Wir wählen $a \in G \setminus F$, $f = (z - a)^{-1} \in A(F)$, und $g \in \mathrm{Hol}(G)$ mit $|f(z) - g(z)| < \frac{1}{2}\epsilon(z)$ $(z \in F)$. Dabei ist

$$f(b) - g(b) \neq 0 \quad \text{für ein } b \in F,$$

weil ja sonst $f(z) = g(z)$ auf F und daher auf G wäre. Also gilt $|f(b) - g(b)| > \dfrac{\epsilon(b)}{N}$ für eine natürliche Zahl $N > 1$. Nun approximieren wir f auf $\dfrac{\epsilon(z)}{N}$, das heißt

$$|f(z) - h(z)| < \frac{\epsilon(z)}{N} \quad (z \in F) \qquad \text{für ein } h \in \mathrm{Hol}(G).$$

Dann trifft (5.6) für die Funktion $g - h$ nicht zu: Zwar ist $g - h \in \mathrm{Hol}(G)$ und $|g(z) - h(z)| < \epsilon(z)$ $(z \in F)$, aber

$$|g(b) - h(b)| \geq |g(b) - f(b)| - |f(b) - h(b)| > 0.$$

Die Behauptung ist damit bewiesen.

In dem Fall $G = \mathbb{D} = \{z : |z| < 1\}$ läßt sich der Zusammenhang zwischen Approximation und Eindeutigkeitsaussagen noch übersichtlicher ausdrücken. Die abgeschlossene Menge $F \subset \mathbb{D}$ heiße *asymptotische Eindeutigkeitsmenge*, wenn gilt:

Aus $h \in \mathrm{Hol}(\mathbb{D})$, $h(z) \to 0$ für $|z| \to 1$ in F folgt $h = 0$.

Und die abgeschlossene Menge $F \subset \mathbb{D}$ heiße *Menge der asymptotischen Approximation*, wenn gilt:

Zu jeder Funktion $f \in A(F)$ gibt es $g \in \mathrm{Hol}(\mathbb{D})$ mit $|f(z) - g(z)| \to 0$ für $|z| \to 1$ in F.

Satz 6. *Die abgeschlossene Menge $F \subset \mathbb{D}$ ist asymptotische Eindeutigkeitsmenge genau dann, wenn F nicht Teilmenge einer Menge ($\neq \mathbb{D}$) asymptotischer Approximation ist.*

Man vergleiche hierzu Brown, Gauthier und Seidel ([33], S. 6). Dort finden sich auch Ergebnisse, welche die Approximation durch meromorphe Funktionen betreffen. Asymptotische Approximation auf allgemeineren offenen Mengen als $\mathbb{D}$ behandelt Stray in [173].

D. Verschiedene weitere Konstruktionen

D_1. Vorgeschriebenes Randverhalten längs abzählbar vieler Kurven

Man wird bemerkt haben, daß für die Konstruktion einer in $\mathbb{D}$ regulären Funktion mit vorgeschriebenem Randverhalten nach Satz 3 die approximierte Funktion f *stetig in $\mathbb{D}$* vorausgesetzt wurde. Wünscht man ein gewisses Randverhalten nur längs *abzählbar vieler* Kurven, so kann man mehr beweisen.

Satz 7. *Es seien γ_n ($n \in \mathbb{N}$) abzählbar viele fremde Randbögen in $\mathbb{D} = \{z : |z| < 1\}$:*

γ_n: $z = z_n(t)$ *stetig und bijektiv für* $0 \leq t < 1$, *mit* $|z_n(t)| \to 1$ *für* $t \to 1$.

Die Funktion f sei auf $\cup \gamma_n$ erklärt und stetig auf γ_n für jedes n. Dann gibt es eine in $\mathbb{D}$ reguläre Funktion g mit

$$(5.8) \qquad g(z) - f(z) \to 0 \quad \text{für} \quad |z| \to 1 \quad \text{auf} \quad \gamma_n,$$

für jedes $n \in \mathbb{N}$.

Zum Beispiel ist der Satz anwendbar, wenn alle γ_n Spiralen sind, die sich an $\partial \mathbb{D}$ heranwinden, und wenn $f(z) = c_n$ für $z \in \gamma_n$ gesetzt ist.

Beweis. Der Bogen γ_n liegt entweder ganz in $\{z : 1 - \frac{1}{n+1} \leq |z| < 1\}$, oder γ_n hat mit $\{z : |z| = 1 - \frac{1}{n+1}\}$ einen letzten Schnittpunkt $z_n(t_n)$. Im ersten Fall setzen wir $\tilde{\gamma}_n = \gamma_n$, im zweiten Fall $\tilde{\gamma}_n = \{z = z_n(t) : t_n \leq t < 1\}$; $\tilde{\gamma}_n$ sind die Endstücke von γ_n. Wir setzen

$$F := \bigcup_{n=1}^{\infty} \tilde{\gamma}_n,$$

und es ist klar, daß F in $\mathbb{D}$ abgeschlossen ist, $F^\circ = \phi$ ist, und daß f auf F stetig ist, mithin $f \in A(F)$ gilt.

Wir prüfen die Bedingungen (K_1) und (K_2) des Satzes von Arakeljan nach. (K_1) ist klar, da $\mathbb{D} \setminus F$ zusammenhängend ist. Um (K_2) zu beweisen, sei r mit $0 < r < 1$ beliebig angenommen. Nur endlich viele $\tilde{\gamma}_n$ treffen $\{z : |z| = r\}$, letztmals für Parameterwerte τ_n. Die Anfangsbögen $\gamma_n^* = \{z = z_n(t) : 0 \leq t \leq \tau_n\}$ für diese n liegen in einem kompakten Teil von $\mathbb{D}$, sodaß es eine Zahl R gibt, $r < R < 1$, für die $\{z : |z| = R\} \cap \gamma_n^* = \phi$ ist. Nimmt man nun $z \in (\mathbb{D} \setminus F) \cap \{z : R < |z| < 1\}$ und wandert (etwa radial) gegen $\partial \mathbb{D}$, so kann man allenfalls auf einen Restbogen $\tilde{\gamma}_n \setminus \gamma_n^*$ treffen oder auf einen solchen $\tilde{\gamma}_n$, der ganz in $\{z : |z| > r\}$ liegt. In beiden Fällen kann man längs diesem Bogen in $\mathbb{D} \setminus F$ gegen $\partial \mathbb{D}$ wandern, ohne

§ 5. Einige Anwendungen der Approximationssätze

$\{z : r < |z| < 1\}$ zu verlassen. $\mathbb{D}^* \setminus F$ ist daher am idealen Punkt ∞ lokal zusammenhängend.

Nach den Sätzen von Arakeljan (Sätze 3 in § 2, C_2 und § 3, B_2) gibt es eine in $\mathbb{D}$ reguläre Funktion g mit

$$g(z) - f(z) \to 0 \qquad (|z| \to 1 \text{ in } F),$$

woraus (5.8) folgt.

Satz und Beweis bleiben richtig, wenn $\mathbb{D}$ durch ein beliebiges Gebiet G ersetzt wird. Der Nachweis von (K_2) ist etwas mühsamer. Man vergleiche Gauthier und Seidel [85], S. 461 und Kaplan [99], S. 44.

D_2. Analytische Funktionen mit vorgeschriebenen cluster sets

Satz 7 kann dazu verwendet werden, in $\mathbb{D}$ analytische Funktionen zu konstruieren, die längs abzählbar vielen fremden Randbögen vorgeschriebene cluster sets haben. Ist

$$\gamma: \quad z = z(t) \text{ stetig und bijektiv für } 0 \leq t < 1$$

ein beliebiger (rechts offener) Jordanbogen, und f auf γ erklärt, so heißt die Menge aller Häufungspunkte von Folgen $\{f(z(t_n))\}$, $t_n \to 1$, die *cluster set* von f auf γ. Wir schreiben dafür $C(f, \gamma)$; es ist eine Teilmenge von $\hat{\mathbb{C}} = \mathbb{C} \cup \{\infty\}$.

Es ist klar, daß $C(f, \gamma)$ stets in $\hat{\mathbb{C}}$ abgeschlossen ist; und wenn f stetig auf γ ist, so ist $C(f, \gamma)$ sogar zusammenhängend, also ein Kontinuum in $\hat{\mathbb{C}}$. Wir brauchen eine Umkehrung:

Hilfssatz 2. *Ist K ein Kontinuum in $\hat{\mathbb{C}}$, so gibt es eine auf γ stetige Funktion f, deren cluster set auf γ gleich K ist: $C(f, \gamma) = K$.*

Beweis. Wir dürfen $\gamma = \{t : 0 \leq t < 1\}$ annehmen. Ist K kompakt in $\mathbb{C}$, so überdecken wir K durch endlich viele offene Kreisscheiben $U_j^{(n)}$ mit Radien $\frac{1}{n}$ und bilden $G_n = \bigcup_j U_j^{(n)}$. Werden nur Scheiben mit $K \cap U_j^{(n)} \neq \phi$ verwendet, so ist G_n selbst zusammenhängend, also ein Gebiet, und wir finden einen Polygonzug $P_n \subset G_n$, der in einem festen Punkt von K beginnt und endigt und der jede Scheibe $U_j^{(n)}$ trifft. Schließlich bilde f_n das Intervall $I_n := [1 - \frac{1}{n}, 1 - \frac{1}{n+1}]$ stetig auf P_n ab.

Führt man diese Konstruktion für $n = 1, 2, \ldots$ durch und erklärt sodann f durch

$$f|_{I_n} = f_n,$$

so ist f auf $[0, 1)$ stetig und hat K als seine cluster set auf $[0, 1)$.

Falls $\infty \in K$ ist, so ist der Beweis geringfügig zu modifizieren.

Als Anwendung von Satz 7 beweisen wir nun

Satz 8. *Es seien γ_n ($n \in \mathbb{N}$) abzählbar viele fremde Randbögen in $\mathbb{D}$, und K_n seien abzählbar viele Kontinuen in $\hat{\mathbb{C}}$. Dann gibt es eine in $\mathbb{D}$ reguläre Funktion g, die auf γ_n die cluster set K_n hat, für jedes $n \in \mathbb{N}$.*

Die Aussage ist etwas allgemeiner als bei Bagemihl und Seidel ([19], S. 194); dort sind die γ_n als *monotone* Randbögen angenommen.

Beweis. Auf jedem Randbogen γ_n definieren wir eine stetige Funktion f_n, die K_n als cluster set hat (Hilfssatz 2), erklären f auf $\cup \gamma_n$ durch $f|_{\gamma_n} = f_n$, und wenden Satz 7 an. Aus (5.8) folgt, daß g und f längs γ_n dieselbe cluster set K_n haben.

D_3. Schneider's Nudeln

Es seien γ_1 und γ_2 zwei Jordanbögen in $\mathbb{C}$:

$$\gamma_{1,2}: \quad z = z_{1,2}(t) \text{ stetig und bijektiv für } 0 \leq t < 1,$$

mit $z_1(0) = z_2(0) = 0$ und $|z_{1,2}(t)| \to \infty$ für $t \to 1$. Sie sollen nur den Nullpunkt gemeinsam haben. Die Kurve $\gamma_1 \cup \gamma_2$ zerlegt dann $\mathbb{C}$ in zwei Teilgebiete G_1 und G_2, die zum Beispiel „Nudeln" sein können, wenn γ_1 und γ_2 Spiralen sind.

Dann gibt es eine ganze Funktion g, die in G_1 beschränkt, in G_2 aber unbeschränkt ist.

Zum Beweis sei Γ ein unbeschränkter Jordanbogen in G_2 und $F = \bar{G}_1 \cup \Gamma$ gesetzt, was in $\mathbb{C}$ abgeschlossen ist. Ferner sei

$$f(z) = \begin{cases} 0 & \text{für } z \in \bar{G}_1 \\ z & \text{für } z \in \Gamma, \end{cases}$$

sodaß $f \in A(F)$ wird. Außerdem zeigt man wie beim Beweis von Satz 7 (sogar noch einfacher), daß die Bedingungen des Satzes von Arakeljan erfüllt sind. Also gibt es eine ganze Funktion g mit $|f(z) - g(z)| \leq 1$ für $z \in F$. Daraus folgt unsere Behauptung.

D_4. Julia-Richtungen ganzer Funktionen

Hier handelt es sich um eine Frage der Werteverteilung bei ganzen Funktionen.

Definition. *Es heißt φ Julia-Richtung für die ganze Funktion f, wenn f in jedem Sektor $\{z : |\arg z - \varphi| < \delta\}$, $\delta > 0$, jeden komplexen Wert unendlich oft annimmt, mit höchstens einer Ausnahme.*

Beispiel. $f(z) = e^z$ hat die Julia-Richtungen $\pm \frac{\pi}{2}$, der Juliasche Ausnahmewert ist jeweils 0.

Das *Problem* ist die Beschreibung der Menge

$$J(f) = \{e^{i\varphi} : \varphi \text{ ist Julia-Richtung für } f\},$$

die stets abgeschlossen ist, oder die Diskussion der Ausnahmewerte.

a) Für die Klasse der ganzen Funktionen f, die wir in Teil A behandelt hatten, bei denen also $\lim_{r \to \infty} f(re^{i\varphi})$ für alle φ existiert, ist $J(f)$ wie folgt angebbar.

§ 5. Einige Anwendungen der Approximationssätze   159

Mit den Bezeichnungen von dort gilt

$$J(f) = C \setminus M(f).$$

Beweis. Wir zeigen $M(f) = C \setminus J(f)$. Ist $e^{i\varphi} \in M(f) = \cup b$, so gibt es einen Winkelraum W^j von der in Hilfssatz 1 genannten Art mit $e^{i\varphi} \in W'$. Entweder es ist f beschränkt in W', oder es ist $\frac{1}{f}$ für $z \to \infty$ in W' beschränkt. In beiden Fällen kann φ keine Julia-Richtung sein.

Ist umgekehrt $e^{i\varphi} \notin J(f)$, so gibt es einen Winkelraum $W \ni e^{i\varphi}$, in dem f zwei Werte höchstens endlich oft annimmt. Die Funktionen $f_n(z) := f(nz)$ bilden dann in W eine normale Familie, und $\{f_n(z)\}$ konvergiert für alle $z \in W$, also gleichmäßig in kompakten Teilen von W. (Dabei ist $f_n \to \infty$ zugelassen.) Jeder Teilwinkelraum W' von W hat dann aber die in Hilfssatz 1 genannte Eigenschaft, und daher ist $e^{i\varphi} \in M(f)$.

Folgerung. *Für die in Abschnitt A behandelte Funktionenklasse ist $J(f)$ abgeschlossen und nirgends dicht in $\{z : |z| = 1\}$, und jede solche Menge ist $J(f)$ für eine geeignete ganze Funktion f.*

b) $J(f)$ ist noch für andere Klassen ganzer Funktionen charakterisiert. Zu jeder abgeschlossenen Menge $J \neq \phi$ auf $\{z : |z| = 1\}$ gibt es eine ganze Funktion f endlicher Ordnung mit $J(f) = J$ (Anderson und Clunie [4]). Der Sonderfall $J = \{z : |z| = 1\}$ ist bereits bei Julia und erneut bei Cain [34] behandelt. Für ganze Funktionen der Ordnung ρ, $0 < \rho < \infty$, ist $J(f)$ bei Drasin und Weitsman [52] charakterisiert.

c) In Beantwortung einer Frage von C. Rényi konstruieren Barth und Schneider [21] eine ganze Funktion f, für die $\varphi = 0$ und $\varphi = \pi$ Julia-Richtungen mit *verschiedenen* Ausnahmewerten 1 und 0 sind. Die Konstruktion verwendet Satz 1 von § 4 in der schwächeren, bereits von Keldych stammenden Form, in der die

Fehlerfunktion $\epsilon(t) = \exp(-t^{\frac{1}{2}-\eta})$ ($\eta > 0$) auftritt.

Hinweise zu § 5

Der Satz von Arakeljan über die tangentielle Approximation durch ganze Funktionen hat Bedeutung erlangt im Zusammenhang mit dem sog. *Umkehrproblem der Nevanlinna-Theorie*; siehe Wittich [192], Kap. 8. Bezeichnet $\delta(a) = \delta(a, f)$ ($a \in \hat{\mathbb{C}}$) die Nevanlinnasche Defektfunktion einer in $\mathbb{C}$ meromorphen Funktion f, so gilt bekanntlich notwendig $\sum_{a \in \hat{\mathbb{C}}} \delta(a) \leq 2$. Ist f ganz, so hat man wegen $\delta(\infty) = 1$ stattdessen $\sum_{a \in \mathbb{C}} \delta(a) \leq 1$.

Die Frage ist, ob es zu gegebener Funktion $\delta(a)$, die diese Bedingung erfüllt, eine meromorphe bzw. ganze Funktion f gibt mit $\delta(a, f) = \delta(a)$. Lange Zeit war unbekannt, ob es überhaupt Funktionen f gibt mit $\delta(a, f) > 0$ für unendlich viele a-Werte. Solche Funktionen hat erstmals Goldberg (1954, 1959) konstruiert, und Fuchs und Hayman ([76]; siehe auch [92], Kap. 4.1) gaben eine ganze Funktion f an mit gegebenem Defekt $\delta(a_k, f) > 0$ an abzählbar vielen vorgegebenen Stellen $a_k \in \mathbb{C}$.

Arakeljan zeigte nun 1966: *Für jedes $\rho > \frac{1}{2}$, und für jede Folge $\{a_k\}$ komplexer Zahlen gibt es eine ganze Funktion f der Ordnung ρ, für die $\delta(a_k, f) > 0$ ist.*

Eine Darstellung seines Beweises findet man bei Fuchs [75], Kap. 8. Inzwischen wurde das gesamte Umkehrproblem der Nevanlinna-Theorie, unter Einbeziehung auch des Verweigungsindex $\theta(a) = \theta(a, f)$, vollständig gelöst von Drasin ([50], [51]), und zwar ohne Benützung der Approximationstheorie. Er verwendet wesentliche Hilfsmittel aus der Theorie der quasikonformen Abbildung.

Symbole und Bezeichnungen

$\mathbb{C}$: Menge der komplexen Zahlen
$\hat{\mathbb{C}} = \mathbb{C} \cup \{\infty\}$: Erweiterung der komplexen Zahlen
G : Gebiet in $\mathbb{C}$
$G^* = G \cup \{\infty\}$: Ein-Punkt-Kompaktifizierung von G
$\overline{G}$: Abschluß von G in $\mathbb{C}$
M' : Menge der Häufungspunkte von $M \subset \mathbb{C}$
∂M : Menge der Randpunkte von M
$\mathbb{D} = \{z \in \mathbb{C} : |z| < 1\}$
K : Kompaktum in $\mathbb{C}$
K° : Menge der inneren Punkte von K
$K^c = \mathbb{C} \setminus K$
F : Abgeschlossene Menge (abgeschlossen in $\mathbb{C}$ oder in G)
F° : Menge der inneren Punkte von F
$\text{dist}(A, B) = \inf \{|z_1 - z_2| : z_1 \in A, z_2 \in B\}$
ϕ : Leere Menge

Funktionsklassen :

$C(K)$: Menge der auf K stetigen Funktionen $f : K \to \mathbb{C}$
$A(K) = \{f \in C(K) : f \text{ holomorph in } K^\circ\}$
$R(K) = \{f \in A(K) : \text{Zu } \epsilon > 0 \text{ existiert eine rat. Funktion } R \text{ mit } \|f - R\| < \epsilon\}$
$M(G)$: Menge der in G meromorphen Funktionen
$\text{Hol}(G)$: Menge der in G holomorphen Funktionen

Literatur

Mit * sind hier Bücher oder Übersichtsartikel zum Thema dieses Buches markiert.
Mit MR, Zbl, JB weisen wir auf die Referate in den Mathematical Reviews, im Zentralblatt für Mathematik oder im Jahrbuch über die Fortschritte der Mathematik hin. Es sind die Seitenzahlen angegeben.
Die Angabe I:2 besagt, daß die betreffende Arbeit im Kapitel I, §2 zitiert ist.

[1] AHARONOV, D., WALSH, J. L.: Some examples in degree of approximation by rational functions. Trans. Amer. Math. Soc. **159** (1971), 427–444. MR **44**, 1268. I:4.

[2] AL'PER, S. YA.: On uniform approximations of functions of a complex variable in a closed region (Russisch). Izv. Akad. Nauk SSSR Ser. Mat. **19** (1955), 423–444. MR **17**, 729. I:6.

[3] AL'PER, S. YA., KALINOGORSKAJA, G. I.: The convergence of Lagrange interpolation polynomials in the complex domain (Russisch). Izv. Vysš. Učebn. Zaved. Matematika **1969**, no. 11 (90), 13–23. MR **41**, 700. II:2.

[4] ANDERSON, J. M., CLUNIE, J.: Entire functions of finite order and lines of Julia. Math. Z. **112** (1969), 59–73. MR **40**, 822. IV:5.

[5] ANDERSSON, J.-E.: On the degree of polynomial and rational approximation of holomorphic functions. Dissertation. Göteborg 1975. I:6.

[6] ANDERSSON, J.-E.: On the degree of weighted polynomial approximation of holomorphic functions. Anal. Math. **2** (1976), 163–171. MR **56**, 1633. I:6.

[7] ANDRAŠKO, M. I.: Approximation in the mean of analytic functions in domains with a smooth boundary (Russisch). Problems Math. Phys. and Theory of Functions, 3–11; Izdat. Akad. Nauk Ukrain. SSR, Kiew 1964. MR **35**, 1042. I:6.

[8] ANKENY, N. C., RIVLIN, T. J.: On a theorem of S. Bernstein. Pacific J. Math. **5** (1955), 849–852. MR **17**, 833. I:4.

[9] ARAKELJAN, N. U.: Refinement of some Keldyš theorems on asymptotic approximation by entire functions (Russisch). Dokl. Akad. Nauk SSSR **125** (1959), 695–698. MR **21**, 927. IV:4.

[10] ARAKELJAN, N. U.: Asymptotic approximation by entire functions in infinite regions (Russisch). Mat. Sb. (N. S.) **53 (95)** (1961), 515–538. Übersetzung: Translations Amer. Math. Soc. **43** (1964), 169–193. MR **24 A**, 154. IV:4.

[11] ARAKELJAN, N. U.: Uniform approximation by entire functions on unbounded continua and an estimate of the rate of their growth (Russisch). Akad. Nauk Armjan. SSR Dokl. **34** (1962), 145–149. MR **25**, 432. IV:4.

[12] ARAKELJAN, N. U.: Uniform approximation by entire functions with an estimate of their growth (Russisch). Sibirsk. Mat. Ž. **4** (1963), 977–999. MR **28**, 49. IV:4.

[13] ARAKELJAN, N. U.: Uniform and asymptotic approximation by entire functions on unbounded closed sets (Russisch). Dokl. Akad. Nauk SSSR **157** (1964), 9–11. Übersetzung: Soviet Math. Dokl. **5** (1964), 849–851. MR **29**, 465. IV: 2, 4.

[14] ARAKELJAN, N. U.: Uniform approximation on closed sets by entire functions (Russisch). Izv. Akad. Nauk SSSR Ser. Mat. **28** (1964), 1187–1206. MR **30**, 52. IV:3.

[15] ARAKELJAN, N. U.: Entire functions of finite order with an infinite set of deficient values (Russisch). Dokl. Akad. Nauk SSSR **170** (1966), 999–1002. Übersetzung: Soviet Math. Dokl. **7** (1966), 1303–1306. MR **34**, 1114. IV:5.

[16] ARAKELJAN, N. U.: Uniform and tangential approximations by analytic functions (Russisch). Izv. Akad. Nauk Armjan. SSR Ser. Mat. **3** (1968), 273–286. MR **43**, 104. IV: 2, 3.

[17] ARAKELJAN, N. U.: Entire and analytic functions of bounded growth with an infinite set of deficient values (Russisch). Izv. Akad. Nauk Armjan. SSR Ser. Mat. **5** (1970), 486–506. MR **44**, 347. IV:5.

*[18] ARAKELJAN, N. U.: Certain questions of approximation theory and the theory of entire functions (Russisch). Mat. Zametki **9** (1971), 467–475. Übersetzung: Math. Notes **9** (1971), 267–271. MR **44**, 90.

[18a] ARAKELJAN, N. U., MARTIROSJAN, V. A.: Uniform approximations in the complex plane by polynomials with gaps (Russisch). Dokl. Akad. Nauk SSSR **235** (1977), 249–252. Übersetzung: Soviet Math. Dokl. **18** (1977), 901–904. MR **56**, 1199. III:2.

[19] BAGEMIHL, F., SEIDEL, W.: Some boundary properties of analytic functions. Math. Z. **61** (1954), 186–199. MR **16**, 460. IV:5.

[20] BAGEMIHL, F., SEIDEL, W.: Regular functions with prescribed measurable boundary values almost everywhere. Proc. Nat. Acad. Sci. U.S.A. **41** (1955), 740–743. MR **17**, 249. IV:5.

[21] BARTH, K. F., SCHNEIDER, W. J.: On a problem of C. Rényi concerning Julia lines. J. Approximation Theory **6** (1972), 312–315. MR **49**, 104. IV:5.

[22] BEHNKE, H., SOMMER, F.: Theorie der analytischen Funktionen einer komplexen Veränderlichen (2. Aufl.). Springer, Berlin–Göttingen–Heidelberg 1962. MR **26**, 977. Zbl **101**, 295. I:1.

[23] BELYI, V. I.: On the constructive properties of certain classes of functions, continuous in regions with angles (Ukrainisch). Dopovidi Akad. Nauk Ukrain. RSR **1965**, 273–276. MR **32**, 475. I:6.

[24] BELYI, V. I.: Conformal mappings and approximation of analytic functions in domains with quasiconformal boundary (Russisch). Mat. Sb. (N. S.) **102** (144) (1977), 331–361. MR **57**, 91. I:6.

[25] BELYI, V. I., MIKLJUKOV, V. M.: Certain properties of conformal and quasiconformal mappings, and direct theorems of the constructive theory of functions (Russisch). Izv. Akad. Nauk SSSR Ser. Mat. **38** (1974), 1343–1361. Übersetzung: Math. USSR-Izv. **8** (1974), 1323–1341. MR **52**, 1202. I:6.

[26] BERGMAN, S.: The kernel function and conformal mapping (2. Aufl.). New York 1970. MR **58**, 3364. I:1.

[27] BERMAN, D. L.: On the S. N. Bernstein-I. Marcinkiewicz method for the summability of interpolation processes (Russisch). Izv. Vysš. Učebn.

Zaved. Matematika **1971**, no. 5, 14–17. MR **45**, 1299. II:4.

[28] BIEBERBACH, L.: Lehrbuch der Funktionentheorie, Band I (4. Auflage). Teubner, Leipzig 1934. Zbl **11**, 358. IV:5.

[29] BISHOP, E.: Boundary measures of analytic differentials. Duke Math. J. **27** (1960), 331–340. MR **22**, 1630. III:2.

[30] BOAS, R. P.: Entire functions. Academic Press, New York 1954. MR **16**, 914. IV:4.

[30a] BRENNAN, J. E.: Invariant subspaces and weighted polynomial approximation. Ark. Mat. **11** (1973), 167–189. MR **50**, 403. I:3.

[30b] BRENNAN, J. E.: Approximation in the mean by polynomials on non-Carathéodory domains. Ark. Mat. **15** (1977), 117–168. MR **56**, 1199. I:3.

[31] BROWN, L., GAUTHIER, P. M.: The local range set of a meromorphic function. Proc. Amer. Math. Soc. **41** (1973), 518–524. MR **48**, 756. IV:3.

[32] BROWN, L., GAUTHIER, P. M., SEIDEL, W.: Complex approximation for vector-valued functions with an application to boundary behaviour. Trans. Amer. Math. Soc. **191** (1974), 149–163. MR **49**, 1373. IV:2.

[33] BROWN, L., GAUTHIER, P. M., SEIDEL, W.: Possibility of complex approximation on closed sets. Math. Ann. **218** (1975), 1–8. MR **54**, 1504. IV: 3, 5.

[33a] BRUI, I. N.: The approximation of functions by generalized means of their expansions in Faber polynomials in domains with corners. Vesci Akad. Navuk BSSR Ser. Fiz.-Mat. Navuk **1976**, no. 1, 14–20, 138–139. MR **57**, 2192. I:6.

[34] CAIN, B. E.: Every direction a Julia direction. Proc. Amer. Math. Soc. **46** (1974), 250–252. MR **50**, 350. IV:5.

[35] CARLEMAN, T.: Sur un théorème de Weierstrass. Ark. Mat. Astronom. Fys. **20B** (1927), 1–5. JB **53**, 237. IV:3.

[36] CARLESON, L.: Mergelyan's theorem on uniform polynomial approximation. Math. Scand. **15** (1964), 167–175. MR **33**, 1077. III:2.

[36a] CAVARETTA, A. S., SHARMA, A., VARGA, R. S.: Interpolation in the roots of unity: An extension of a theorem of J. L. Walsh. Erscheint in Resultate der Mathematik. II:4.

[37] CHUI, C. K., PARNES, M. N.: Approximation by overconvergence of a power series. J. Math. Anal. Appl. **36** (1971), 693–696. MR **45**, 100. III:2.

[38] CURTISS, J. H.: Interpolation in regularly distributed points. Trans. Amer. Math. Soc. **38** (1935), 458–473. Zbl **13**, 107. II: 2, 4.

[39] CURTISS, J. H.: Necessary conditions in the theory of interpolation in the complex domain. Ann. of Math. (2) **42** (1941), 634–646. MR **3**, 115. II:2.

[40] CURTISS, J. H.: Riemann sums and the fundamental polynomials of Lagrange interpolation. Duke Math. J. **8** (1941), 525–532. MR **3**, 115. II:2.

[41] CURTISS, J. H.: Interpolation by harmonic polynomials. SIAM J. Appl. Math. **10** (1962), 709–736. MR **28**, 804. II:2.

[42] CURTISS, J. H.: Harmonic interpolation in Fejér points with the Faber polynomials as a basis. Math. Z. **86** (1964), 75–92. MR **29**, 1128. II:2.

[43] CURTISS, J. H.: Solutions of the Dirichlet problem in the plane by approximation with Faber polynomials. SIAM J. Numer. Anal. **3** (1966), 204–228. MR **34**, 1441. II:2.

[44] CURTISS, J. H.: Transfinite diameter and harmonic polynomial interpolation. J. Analyse Math. **22** (1969), 371–389. MR **40**, 59. II:2.

[45] CURTISS, J. H.: The asymptotic value of a singular integral related to the Cauchy-Hermite interpolation formula. Aequationes Math. **3** (1969), 130–148. MR **40**, 1072. II:2.

[46] CURTISS, J. H.: Faber polynomials and the Faber series. Amer. Math. Monthly **78** (1971), 577–596. MR **45**, 400. I:6.

*[47] DAVIS, P. J.: Interpolation and approximation. Blaisdell, New York–Toronto–London 1963 (Neudruck Dover 1975). MR **28**, 82; MR **52**, 154. I:2. II:1.

[48] DAVIS, P. J.: Additional simple quadratures in the complex plane. Aequationes Math. **3** (1969), 149–155. MR **40**, 578. I:5.

[49] DINCEN, B. L.: The deviation of analytic functions from the mean arithmetic partial sums of the Faber series (Russisch). Dokl. Akad. Nauk SSSR **157** (1964), 250–253. Übersetzung: Soviet Math. Dokl. **5** (1964), 909–912. MR **29**, 698. I:6.

[50] DRASIN, D.: A meromorphic function with assigned Nevanlinna deficiencies. Proc. Symp. Complex Analysis Canterbury 1973, 31–41. London Math. Soc. Lecture Note Ser., No. 12. Cambridge University Press, London 1974. MR **53**, 1551. IV:5.

[51] DRASIN, D.: A meromorphic function with assigned Nevanlinna deficiencies. Bull. Amer. Math. Soc. **80** (1974), 766–768. MR **49**, 1697. IV:5.

[52] DRASIN, D., WEITSMAN, A.: On the Julia directions and Borel directions of entire functions. Proc. London Math. Soc. (3) **32** (1976), 199–212. MR **53**, 466. IV:5.

[53] DUREN, P. L.: Theory of H^p spaces. Academic Press, New York–London 1970. MR **42**, 640. I:6.

[54] DYNKIN, E. M.: Uniform polynomial approximation in the complex domain (Russisch). Zap. Naučn. Sem. Leningrad. Otdel. Mat. Inst. Steklov. (LOMI) **47** (1974), 164–165. Übersetzung: J. Soviet Math. **9** (1978), 269–271. MR **52**, 503. I:6.

[55] DYNKIN, E. M.: Uniform approximation of functions in Jordan domains (Russisch). Sibirsk. Mat. Ž. **18** (1977), 775–786, 956. Übersetzung: Siberian Math. J. **7** (1977), 548–557. MR **56**, 1633. I:6.

[56] DZJADYK, V. K.: On the approximation of continuous functions in closed regions with corners and on a problem of S. M. Nikolskii. I (Russisch). Izv. Akad. Nauk SSSR Ser. Mat. **26** (1962), 797–824. Übersetzung: Translations Amer. Math. Soc. **53** (1966), 221–252. MR **27**, 66. I:6.

[57] DZJADYK, V. K.: On the theory of approximation of continuous functions in closed regions and on a problem of S. M. Nikolskii. II (Russisch). Izv. Akad. Nauk SSSR Ser. Mat. **27** (1963), 1135–1164. Übersetzung: Translations Amer. Math. Soc. **53** (1966), 253–284. MR **27**, 938. I:6.

[58] DZJADYK, V. K.: Inverse theorems in the theory of approximation of functions in complex domains (Russisch). Ukrain. Mat. Ž. **15** (1963),

365–375. MR **35**, 810 ; Zbl **119**, 290. I:6.

[59] DZJADYK, V. K.: The approximation of analytic functions in regions with smooth and piecewise smooth boundary (Russisch). Third Math. Summer School, Kaciveli 1965; Izdat. Naukova Dumka, Kiew 1966. MR **37**, 303. I:6.

[60] DZJADYK, V. K.: The constructive properties of functions of Hölder classes on closed sets with piece-wise smooth boundary admitting zero angles (Russisch). Ukrain. Mat. Ž. **20** (1968), 603–619. Übersetzung: Ukrainian Math. J. **20** (1968), 523–535. MR **38**, 620. I:6.

[61] DZJADYK, V. K.: Investigations in the theory of approximations of analytic functions conducted at the Institute of Mathematics of the Ukrainian Academy of Sciences (Russisch). Ukrain. Mat. Ž. **21** (1969), 173–192. Übersetzung: Ukrainian Math. J. **21** (1969), 143–159. MR **39**, 543. I:6.

[62] DZJADYK, V. K.: The application of generalized Faber polynomials to the approximation of integrals of Cauchy type and functions of the classes A^r in domains with smooth and piecewise smooth boundary (Russisch). Ukrain. Mat. Ž. **24** (1972), 3–19. Übersetzung: Ukrainian Math. J. **24** (1972), 1–13. MR **47**, 647. I:6.

[63] DZJADYK, V. K.: On the theory of the approximation of functions on closed sets of the complex plane (apropos of a certain problem of S. M. Nikolskii) (Russisch). Trudy Mat. Inst. Steklov. **134** (1975), 63–114, 408. Übersetzung: Proc. Steklov Inst. Math. **134** (1975), 75–130.

*[63a] DZJADYK, V. K.: Introduction to the theory of uniform approximation of functions by polynomials (Russisch). Moskau 1977. MR **58**, 4351. I:6.

[64] DZJADYK, V. K., ALIBEKOV, G. A.: Uniform approximation of functions of a complex variable on closed sets with corners (Russisch). Mat. Sb. (N. S.) **75 (117)** (1968), 502–557. Übersetzung: Math. USSR-Sb. **4** (1968), 463–517. MR **37**, 81. I:6.

[65] DZJADYK, V. K., GALAN, D. M.: The approximation of analytic functions in domains with smooth boundary (Russisch). Ukrain. Mat. Ž. **17** (1965), 26–38. MR **33**, 522. I:6.

[66] DZJADYK, V. K., ŠVAI, A. I.: The approximation of functions of Hölder classes on closed sets with sharp exterior angles (Russisch). Metric questions of the theory of functions and mappings, 74–164; Izdat. Naukova Dumka, Kiew 1971. MR **45**, 987. I:6.

[67] EIDEL, W.: Konforme Abbildung mehrfach zusammenhängender Gebiete durch Lösung von Variationsproblemen. Diplomarbeit Giessen 1979. I:5.

*[68] EPSTEIN, B.: Orthogonal families of analytic functions. Macmillan, New York 1965. MR **31**, 891. I:1.

[69] FABER, G.: Über polynomische Entwicklungen. Math. Ann. **57** (1903), 398–408. JB **34**, 430. I:6.

[70] FARRELL, O. J.: On approximation to an analytic function by polynomials. Bull. Amer. Math. Soc. **40** (1934), 908–914. Zbl **10**, 348. I:3.

[71] FARRELL, O. J.: On approximation measured by a surface integral. SIAM J. Numer. Anal. **3** (1966), 236–247. MR **34**, 318. I:3.

[72] FEJÉR, L.: Über Interpolation. Göttinger Nachr. **1916**, 66–91. JB **46**, 419. II:4.

[73] FEJÉR, L.: Interpolation und konforme Abbildung. Göttinger Nachr. **1918**, 319–331. JB **46**, 517. II:2.
[74] FEKETE, M.: Über Interpolation. Z. Angew. Math. Mech. **6** (1926), 410–413. JB **52**, 302. II:2.
*[75] FUCHS, W. H. J.: Théorie de l'approximation des fonctions d'une variable complexe. Université de Montréal 1968. MR **41**, 1037. IV: 2, 4, 5.
[76] FUCHS, W. H. J., HAYMAN, W. K.: An entire function with assigned deficiencies. Studies in mathematical analysis and related topics, 117–125. Stanford Univ. Press, Stanford, Calif. 1962. MR **27**, 736. IV:5.
[77] GAIER, D.: Über Interpolation in regelmäßig verteilten Punkten mit Nebenbedingungen. Math. Z. **61** (1954), 119–133. MR **16**, 812. II: 2, 4.
[78] GAIER, D.: Konstruktive Methoden der konformen Abbildung. Springer, Berlin–Göttingen–Heidelberg 1964. MR **33**, 1291; Zbl. **132**, 367. I:1, 5.
[79] GAIER, D.: Approximation durch Fejér-Mittel in der Klasse A. Mitt. Math. Sem. Giessen **123** (1977), 1–6. MR **56**, 1633; Zbl **358**, 161. I:6.
*[80] GAMELIN, T. W.: Uniform algebras. Prentice-Hall, Englewood Cliffs, N. J. 1969. MR **53**, 1973. III:3.
[81] GANELIUS, T. H.: Degree of approximation by polynomials on compact plane sets. Proc. Internat. Sympos., Univ. Texas, Austin 1973, 347–351. Academic Press, New York 1973. MR **49**, 579. I:6.
[82] GARNETT, J.: On a theorem of Mergelyan. Pacific J. Math. **26** (1968), 461–467. MR **38**, 287. III:3.
[83] GAUTHIER, P.: Tangential approximation by entire functions and functions holomorphic in a disc. Izv. Akad. Nauk Armjan. SSR Ser. Mat. **4** (1969), 319–326. MR **43**, 1172. IV:3.
[84] GAUTHIER, P. M., HENGARTNER, W.: Complex approximation and simultaneous interpolation on closed sets. Canad. J. Math. **29** (1977), 701–706. MR **58**, 4214. IV:3.
[85] GAUTHIER, P., SEIDEL, W.: Some applications of Arakélian's approximation theorems to the theory of cluster sets. Izv. Akad. Nauk Armjan. SSR Ser. Mat. **6** (1971), 458–464. MR **46**, 350. IV:5.
[86] GLICKSBERG, I., WERMER, J.: Measures orthogonal to a Dirichlet algebra. Duke Math. J. **30** (1963), 661–666. MR **27**, 1176. III:2.
[87] GOLUSIN, G. M.: Geometrische Funktionentheorie. Berlin 1957. MR **15**, 112; MR **19**, 735; Zbl **49**, 59; Zbl **83**, 66. I:3. II:3.
[88] GRONWALL, T. H.: A sequence of polynomials connected with the n-th roots of unity. Bull. Amer. Math. Soc. **27** (1920), 275–279. JB **48**, 395. II:4.
[89] HARTOGS, F., ROSENTHAL, A.: Über Folgen analytischer Funktionen. Math. Ann. **104** (1931), 606–610. Zbl **1**, 213. III:3.
[90] HAVIN, V. P.: Polynomial approximation in the mean in certain non-Carathéodory regions. I. (Russisch). Izv. Vysš. Učebn. Zaved. Matematika **1968**, no. 9 (76), 86–93. MR **38**, 1090. I:3.
[91] HAVIN, V. P.: Polynomial approximation in the mean in certain non-Carathéodory regions. II. (Russisch). Izv. Vysš. Učebn. Zaved. Matematika **1968**, no. 10 (77), 87–94. MR **40**, 69. I:3.
[92] HAYMAN, W. K.: Meromorphic functions. Clarendon Press, Oxford 1964. MR **29**, 263. IV:5.
[93] HEDBERG, L. I.: Weighted mean square approximation in plane regions,

and generators of an algebra of analytic functions. Ark. Mat. **5** (1965), 541–552. MR **36**, 572. I:3.

[94] HEDBERG, L. I.: Weighted mean approximation in Carathéodory regions. Math. Scand. **23** (1969), 113–122. MR **41**, 372. I:3.

[95] HLAWKA, E.: Interpolation analytischer Funktionen auf dem Einheitskreis. Number Theory and Analysis (Papers in Honor of Edmund Landau), 97–118. Plenum, New York, 1969. MR **42**, 1135. II:4.

[96] HOISCHEN, L.: A note on the approximation of continuous functions by integral functions. J. London Math. Soc. **42** (1967), 351–354. MR **35**, 385. IV:3.

[97] HOISCHEN, L.: Asymptotische Approximation stetiger Funktionen durch ganze Dirichlet-Reihen. J. Approximation Theory **3** (1970), 293–299. MR **41**, 1635. IV:3.

[98] HOISCHEN, L.: Approximation und Interpolation durch ganze Funktionen. J. Approximation Theory **15** (1975), 116–123. MR **52**, 2012. IV:3.

[99] KAPLAN, W.: Approximation by entire functions. Michigan Math. J. **3** (1955), 43–52. MR **17**, 31. IV:3, 5.

[100] KEGEJAN, E. M.: Boundary behavior of unbounded analytic functions defined in a disc (Russisch). Akad. Nauk Armjan. SSR Dokl. **42** (1966), 65–72. MR **35**, 1040. IV:5.

[101] KELDYCH, M.: Sur l'approximation en moyenne quadratique des fonctions analytiques. Mat. Sbornik N. S. **5 (47)** (1939), 391–401. MR **2**, 80. I:3.

[102] KELDYCH, M.: Sur l'approximation des fonctions holomorphes par les fonctions entières. C. R. (Doklady) Acad. Sci. URSS (N. S.) **47** (1945), 239–241. MR **7**, 150. IV: 2, 4.

[103] KELDYCH, M.: Sur la représentation par des séries de polynomes des fonctions d'une variable complexe dans de domaines fermés (Russisch). Mat. Sbornik N. S. **16 (58)** (1945), 249–258. MR **7**, 285. III:2.

[104] KELDYCH, M., LAVRENTIEFF, M.: Sur une problème de M. Carleman. C. R. (Doklady) Acad. Sci. URSS (N. S.) **23** (1939), 746–748. MR **2**, 82. JB **65**, 1227. IV: 2, 3.

[105] KÖVARI, T.: On the uniform approximation of analytic functions by means of interpolation polynomials. Comment. Math. Helv. **43** (1968), 212–216. MR **37**, 1007. II:2.

[106] KÖVARI, T.: On the distribution of Fekete points. II. Mathematika **18** (1971), 40–49. MR **44**, 1264. II:2.

[107] KÖVARI, T.: On the order of polynomial approximation for closed Jordan domains. J. Approximation Theory **5** (1972), 362–373. MR **49**, 108. I:6.

[108] KÖVARI, T., POMMERENKE, Ch.: On Faber polynomials and Faber expansions. Math. Z. **99** (1967), 193–206. MR **37**, 558. I:6.

[109] KOLESNIK, L. I., ANDRAŠKO, M. I.: Inverse theorems on approximation in the mean in domains with angles (Russisch). Ukrain. Mat. Ž. **23** (1971), 97–104. Übersetzung: Ukrainian Math. J. **23** (1971), 85–91. MR **44**, 91. I:6.

[110] LAVRENTIEFF, M. A.: Sur les fonctions d'une variable complexe représentables par des séries de polynomes. Hermann, Paris 1936. JB **62**, 1205. IV:3.

[111] LEBEDEV, N. A., ŠIROKOV, N. A.: The uniform approximation of functions on closed sets that have a finite number of angular points with nonzero exterior angles (Russisch). Izv. Akad. Nauk Armjan. SSR Ser. Mat. **6** (1971), 311–341. MR **45**, 987. I:6.

[112] LEBEDEV, N. A., TAMRAZOV, P. M.: Inverse approximation theorems on regular compacta of the complex plane (Russisch). Izv. Akad. Nauk SSSR Ser. Mat. **34** (1970), 1340–1390. Übersetzung: Math. USSR-Izv. **4** (1970), 1355–1405. MR **45**, 436. I:6.

[113] LEHTO, O.: On the first boundary value problem for functions harmonic in the unit circle. Ann. Acad. Sci. Fenn. Ser. A. I. no. **210** (1955), 26 pp. MR **17**, 960. IV:5.

[114] LEHTO, O., VIRTANEN, K. I.: Quasikonforme Abbildungen. Springer-Verlag, Berlin–New York 1965. MR **32**, 995. I:6.

[115] LEJA, F.: Sur certaines suites liées aux ensembles plans et leur application à la représentation conforme. Ann. Polon. Math. **4** (1957), 8–13. MR **20**, 1171. II:2.

[116] LESLEY, F. D., VINGE, V. S., WARSCHAWSKI, S. E.: Approximation by Faber polynomials for a class of Jordan domains. Math. Z. **138** (1974), 225–237. MR **50**, 687. I:6.

[117] LEVIN, D., PAPAMICHAEL, N., SIDERIDIS, A.: The Bergman kernel method for the numerical conformal mapping of simply connected domains. J. Inst. Math. Appl. **22** (1978), 171–187. Zbl **391**, 130. I:5.

[118] LÖWNER, K.: Über Extremumsätze bei der konformen Abbildung des Äußeren des Einheitskreises. Math. Z. **3** (1919), 65–77. JB **47**, 325. I:6.

[119] LOSINSKY, S.: Sur le procédé d'interpolation de Fejér. C. R. (Doklady) Akad. Sci. URSS (N. S.) **24** (1939), 318–321. MR **1**, 333. II:4.

[120] LUH, W.: Über die Summierbarkeit der geometrischen Reihe. Mitt. Math. Sem. Giessen **113** (1974). MR **56**, 130. III:2.

[121] LUH, W.: Über den Satz von Mergelyan. J. Approximation Theory **16** (1976), 194–198. MR **55**, 91. III:2.

[122] MARCINKIEWICZ, J.: Sur l'interpolation (I). Studia Math. **6** (1936), 1–17. Zbl **16**, 19. II:4.

[123] MARKUSCHEWITSCH, A. I.: Conformal mapping of regions with variable boundary and application to the approximation of analytic functions by polynomials (Russisch). Dissertation. Moskau 1934. I:3.

*[124] MELNIKOV, M. S., SINANYAN, S. O.: Aspects of approximation theory for functions of one complex variable. J. Soviet Math. **5** (1976), 688–752. MR **58**, 2569. I:3; III:3.

[125] MENKE, K.: Extremalpunkte und konforme Abbildung. Math. Ann. **195** (1972), 292–308. MR **45**, 92. II:2.

[126] MENKE, K.: Zur Approximation des transfiniten Durchmessers bei bis auf Ecken analytischen geschlossenen Jordankurven. Israel J. Math. **17** (1974), 136–141. MR **50**, 1032. II:2.

[127] MENKE, K.: Bestimmung von Näherungen für die konforme Abbildung mit Hilfe von stationären Punktsystemen. Numer. Math. **22** (1974), 111–117. MR **51**, 831. II:2.

[128] MENKE, K.: Lösung des Dirichlet-Problems bei Jordangebieten mit analytischem Rand durch Interpolation. Monatsh. Math. **80** (1975), 297–306. MR **52**, 1575. II:2.

[129] MENKE, K.: Über die Verteilung von gewissen Punktsystemen mit Extremaleigenschaften. J. Reine Angew. Math. **283/284** (1976), 421–435. MR **53**, 1180. II:2.

[130] MENKE, K.: Über das von Curtiss eingeführte Maximalpunktsystem. Math. Nachr. **77** (1977), 301–306. MR **56**, 92. II:2.

[131] MERGELYAN, S. N.: On the representation of functions by series of polynomials on closed sets (Russisch). Dokl. Akad. Nauk SSSR (N. S.) **78** (1951), 405–408. Übersetzung: Translations Amer. Math. Soc. **3** (1962), 287–293. MR **13**, 23; **14**, 858. III:2.

*[132] MERGELYAN, S. N.: Uniform approximations to functions of a complex variable (Russisch). Uspehi Mat. Nauk (N. S.) **7**, no. 2 (48) (1952), 31–122. Übersetzung: Translations Amer. Math. Soc. **3** (1962), 294–391. MR **14**, 547; **15**, 612. I:6; III:2, 3; IV: 2, 3, 4.

*[133] MERGELYAN, S. N.: On the completeness of systems of analytic functions (Russisch). Uspehi Mat. Nauk (N. S.) **8**, no. 4 (56) (1953), 3–63. Übersetzung: Translations Amer. Math. Soc. **19** (1962), 109–166. MR **15**, 411; MR **24A**, 258. I:3.

[134] MERGELYAN, S. N.: General metric criteria of completeness of a system of polynomials (Russisch). Dokl. Akad. Nauk SSSR (N. S.) **105** (1955), 901–904. MR **17**, 730. I:3.

*[135] MERGELYAN, S. N.: Weighted approximations by polynomials (Russisch). Uspehi Mat. Nauk (N. S.) **11**, no. 5 (71) (1956), 107–152. Übersetzung: Translations Amer. Math. Soc. **10** (1958), 59–106. MR **18**, 734; MR **20**, 190. I:3.

[136] NATANSON, I. P.: Konstruktive Funktionentheorie. Akademie-Verlag, Berlin 1955. MR **16**, 1100. II:4.

[137] NEHARI, Z.: Conformal mapping. McGraw-Hill, New York 1952 (Neudruck Dover 1975). MR **13**, 640. I: 1, 5.

[138] NERSESJAN, A. A.: Carleman sets (Russisch). Izv. Akad. Nauk Armjan. SSR Ser. Mat. **6** (1971), 465–471. MR **46**, 66. IV:3.

[139] NERSESJAN, A. A.: Uniform and tangential approximation by meromorphic functions (Russisch). Izv. Akad. Nauk Armjan. SSR Ser. Mat. **7** (1972), 405–412. MR **51**, 484. IV: 1, 3.

[140] NERSESJAN, A. A.: The simultaneous tangential approximation of functions and their derivatives (Russisch). Izv. Akad. Nauk Armjan. SSR Ser. Mat. **8** (1973), 464–473. MR **51**, 484. IV: 3.

[141] NEWMAN, M. H. A.: Elements of the topology of plane sets of points. University Press, Cambridge 1951. MR **13**, 483. IV:2.

[142] PAATERO, V.: Über Gebiete von beschränkter Randdrehung. Ann. Acad. Sci. Fenn. A **37**, No. 9 (1933). Zbl **6**, 354. I:6.

[143] POMMERENKE, Ch.: Über die Faberschen Polynome schlichter Funktionen. Math. Z. **85** (1964), 197–208. MR **29**, 1129. I:6.

[144] POMMERENKE, Ch.: Konforme Abbildung und Fekete-Punkte. Math. Z. **89** (1965), 422–438. MR **31**, 1073. I:6.

[145] POMMERENKE, Ch.: Über die Verteilung der Fekete-Punkte. Math. Ann. **168** (1967), 111–127. MR **34**, 1105. II:2.

[146] POMMERENKE, Ch.: Über die Verteilung der Fekete-Punkte. II. Math. Ann. **179** (1969), 212–218. MR **40**, 70. II:2.

[147] POMMERENKE, Ch.: Univalent functions. Vandenhoeck-Ruprecht, Göttingen 1975. MR **58**, 3367. I:6; II:2; III:2.

[148] PRIWALOW, I. I.: Randeigenschaften analytischer Funktionen. Deutscher Verlag der Wissenschaften, Berlin 1956. MR **18**, 727; Zbl **45**, 347; Zbl **73**, 65. I:6; IV:5.

[149] RADON, J.: Über die Randwertaufgaben beim logarithmischen Potential. Sitz.-Ber. Wien. Akad. Wiss., Abt. IIa, **128**, 1123–1167 (1919). JB **47**, 457. I:6.

[150] ROTH, A.: Approximationseigenschaften und Strahlengrenzwerte meromorpher und ganzer Funktionen. Comment. Math. Helv. **11** (1938), 77–125. Zbl **20**, 235. III:3; IV: 1, 2, 3, 5.

[151] ROTH, A.: Meromorphe Approximationen. Comment. Math. Helv. **48** (1973), 151–176. MR **57**, 2193; Zbl **275**, 202. IV: 1, 2, 3.

[152] ROTH, A.: Uniform and tangential approximations by meromorphic functions on closed sets. Canad. J. Math. **28** (1976), 104–111. MR **57**, 1305. III:4; IV: 1, 2, 3.

[153] RUBEL, L. A., VENKATESWARAN, S.: Simultaneous approximation and interpolation by entire functions. Arch. Math. **27** (1976), 526–529. MR **55**, 813. IV:3.

[154] RUDIN, W.: Subalgebras of spaces of continuous functions. Proc. Amer. Math. Soc. **7** (1956), 825–830. MR **18**, 587. III:2.

[155] RUDIN, W.: Real and complex analysis (2. Auflage). McGraw-Hill, New York–Düsseldorf–Johannesburg 1974. MR **49**, 1616. III:2.

[156] RUNGE, C.: Zur Theorie der eindeutigen analytischen Funktionen. Acta Math. **6** (1885), 228–244. JB **17**, 379. II:3; III:1.

[157] SCHEINBERG, S.: Uniform approximation by entire functions. J. Analyse Math. **29** (1976), 16–18. MR **58**, 3388. IV:3.

[158] ŠEVČUK, I. A.: Constructive characterization of functions of the classes $D^r H\omega_2(t)$ on closed sets with a piece-wise smooth boundary (Russisch). Ukrain. Mat. Ž. **25** (1973), 81–90, 142. Übersetzung: Ukrainian Math. J. **25** (1973), 66–73. MR **47**, 957. I:6.

*[159] SEWELL, W. E.: Degree of approximation by polynomials in the complex domain. Princeton 1942. MR **4**, 78. I:6.

[160] SHAPIRO, H. S.: Some observations concerning weighted polynomial approximation of holomorphic functions (Russisch). Mat. Sb. (N. S.) **73 (115)** (1967), 320–330. Übersetzung: Math. USSR-Sb. **2** (1967), 285–294. MR **36**, 89. I:3.

[161] SHEN, Y. C.: On interpolation and approximation by rational functions with preassigned poles. J. Chinese Math. Soc. **1** (1936), 154–173. Zbl **15**, 251. II:3.

[162] SICIAK, J.: Some applications of interpolating harmonic polynomials. J. Analyse Math. **14** (1965), 393–407. MR **31**, 432. II:2.

[163] SINANJAN, S. O.: Approximation by analytic functions and polynomials in the mean with respect to the area (Russisch). Mat. Sb. (N. S.) **69 (111)** (1966), 546–578. Übersetzung: Translations Amer. Math. Soc. **74** (1968), 91–124. MR **35**, 78. I:3.

[164] SINCLAIR, A.: $|\epsilon(z)|$-closeness of approximation. Pacific J. Math. **15** (1965), 1405–1413. MR **32**, 1328. III:3.

[165] ŠIROKOV, N. A.: The uniform approximation of functions on closed sets without angular points (Russisch). Zap. Naučn. Sem. Leningrad. Otdel. Mat. Inst. Steklov. (LOMI) **22** (1971), 209–211. Übersetzung: J. Soviet Math. **2** (1974), 235–237. MR **45**, 1299. I:6.

[166] ŠIROKOV, N. A.: Uniform approximation of functions on closed sets that have a finite number of angular points with nonzero exterior angles (Russisch). Dokl. Akad. Nauk SSSR **205** (1972), 798–800. Übersetzung: Soviet Math. Dokl. **13** (1972), 1041–1044. MR **46**, 1622. I:6.

[167] ŠIROKOV, N. A.: The uniform approximation of functions on closed sets with non-zero exterior angles (Russisch). Izv. Akad. Nauk Armjan. SSR Ser. Mat. **9** (1974), 62–80, 83. MR **50**, 352. I:6.

[168] ŠIROKOV, N. A.: Weighted approximations on closed sets with corners (Russisch). Dokl. Akad. Nauk SSSR **214** (1974), 295–297. Übersetzung: Soviet Math. Dokl. **15** (1974), 143–146. MR **51**, 484. I:6.

[169] ŠIROKOV, N. A.: Approximation of continuous analytic functions in domains with bounded boundary rotation (Russisch). Dokl. Akad. Nauk SSSR **228** (1976), 809–812. Übersetzung: Soviet Math. Dokl. **17** (1976), 844–847. MR **54**, 88. I:6.

*[170] SMIRNOV, V. I., LEBEDEV, N. A.: Functions of a complex variable: Constructive theory. The M.I.T. Press, Cambridge, Mass. 1968. MR **37**, 1000. I:3, 6; II:1.

[171] STRAY, A.: Approximation by analytic functions which are uniformly continuous on a subset of their domain of definition. Amer. J. Math. **99** (1977), 787–800. MR **58**, 3374. IV:2.

[172] STRAY, A.: On a theorem of Arakelian. Manuskript 1977. IV:2.

[173] STRAY, A.: On uniform and asymptotic approximation. Math. Ann. **234** (1978), 61–68.MR **57**, 1305. IV: 2, 5.

*[174] SUETIN, P. K.: The basic properties of Faber polynomials (Russisch). Uspehi Mat. Nauk **19** (1964), 125–154. Übersetzung: Russian Math. Surveys **19** (1964), 121–149. MR **29**, 1129. I:6.

[175] SUETIN, P. K.: Areally orthogonal polynomials and Bieberbach polynomials (Russisch). Dokl. Akad. Nauk SSSR **188** (1969), 294–296. Übersetzung: Soviet Math. Dokl. **10** (1969), 1123–1126. MR **45**, 1609. I:2.

*[176] SUETIN, P. K.: Polynomials orthogonal over a region and Bieberbach polynomials (Russisch). Trudy Mat. Inst. Steklov. **100** (1971). Übersetzung: Proc. Steklov Inst. Math. **100**. Amer. Math. Soc. 1974. MR **57**, 491. I: 2, 4, 5.

[177] SUETIN, P. K.: Certain asymptotic and approximation properties of polynomials that are orthogonal over a smooth contour (Russisch). Collection of articles, Kalinin. Gos. Univ., Kalinin 1972. MR **52**, 504. I:2.

*[178] SUETIN, P. K.: Series in Faber polynomials and several generalizations. J. Soviet Math. **5** (1976), 502–551. MR **56**, 2069. I:6.

[179] ŠVAI, A. I.: Approximation of analytic functions by de la Vallée-Poussin polynomials (Russisch). Ukrain. Mat. Ž. **25** (1973), 848–853, 864. Übersetzung: Ukrainian Math. J. **25** (1973), 710–713. MR **50**, 688. I:6.

[180] SZÜSZ, P.: Remark on a theorem of Aharonov and Walsh. Israel J. Math. **17** (1974), 108–110. MR **51**, 484. I:4.

[181] TAMRAZOV, P. M.: Solid inverse theorems of polynomial approximation for regular compacta of the complex plane (Russisch). Dokl. Akad. Nauk SSSR **198** (1971), 540–542. Übersetzung: Soviet Math. Dokl. **12**

(1971), 855–858. MR **44**, 783. I:6.
- [182] TAMRAZOV, P. M.: A solid inverse problem of polynomial approximation of functions on a regular compactum (Russisch). Izv. Akad. Nauk SSSR Ser. Mat. **37** (1973), 148–164. Übersetzung: Math. USSR-Izv. **7** (1973), 145–162. MR **51**, 1863. I:6.
- [183] TAYLOR, A. E.: Introduction to functional analysis. Wiley, New York – London–Sydney 1958. MR **20**, 897. IV:1.
- [184] TER-ISRAELJAN, L. A.: Uniform and tangential approximations of functions that are holomorphic in an angle by meromorphic functions, with an estimate of their growth (Russisch). Izv. Akad. Nauk Armjan. SSR Ser. Mat. **6** (1971), 67–80. MR **44**, 783. IV:4.
- [185] TIMAN, A. F.: Theory of approximation of functions of a real variable. Pergamon Press, Oxford–London–New York–Paris 1963. MR **33**, 82. I:6.
- [186] VITUSHKIN, A. G.: Necessary and sufficient conditions a set should satisfy in order that any function continuous on it can be approximated uniformly by analytic or rational functions (Russisch). Dokl. Akad. Nauk SSSR **128** (1959), 17–20. MR **22**, 128. III:3.
- [187] VITUSHKIN, A. G.: Conditions on a set which are necessary and sufficient in order that any continuous function, analytic at its interior points, admit uniform approximation by rational fractions (Russisch). Dokl. Akad. Nauk SSSR **171** (1966), 1255–1258. Übersetzung: Soviet Math. Dokl. **7** (1966), 1622–1625. MR **35**, 79. III:3.
- [188] WALSH, J. L.: Note on polynomial interpolation to analytic functions. Proc. Nat. Acad. Sci. U.S.A. **19** (1933), 959–963. Zbl **8**, 19. II:2.
- *[189] WALSH, J. L.: Interpolation and approximation by rational functions in the complex domain (5. Auflage). American Math. Society, Providence, R. I. 1969. MR **36**, 349. I: 1, 4; II:1, 3; III:2.
- [190] WALSH, J. L., RUSSELL, H. G.: On the convergence and overconvergence of sequences of polynomials of best simultaneous approximation to several functions analytic in distinct regions. Trans. Amer. Math. Soc. **36** (1934), 13–28. Zbl **8**, 214. II:3.
- [191] WARSCHAWSKI, S. E.: On differentiability at the boundary in conformal mapping. Proc. Amer. Math. Soc. **12** (1961), 614–620. MR **24A**, 253. I:6.
- [192] WITTICH, H.: Neuere Untersuchungen über eindeutige analytische Funktionen. Springer-Verlag, Berlin–Heidelberg–New York 1968. MR **17**, 1067. IV:5.
- *[193] ZALCMAN, L.: Analytic capacity and rational approximation. Lecture Notes No. 50. Springer-Verlag, Berlin–Heidelberg–New York 1968. MR **37**, 559. III:3; IV:1.
- [194] ZYGMUND, A.: Trigonometric series, Vol. II. University Press, Cambridge 1959. MR **21**, 1208. II:4.

Sachverzeichnis

AC-Kapazität 112
Äquikonvergenz 62, 78
Algebren $C(K), A(K), P(K), R(K)$ 102
Approximation mit Ableitungen 144
  mit Interpolation 144
Bedingung (A) 140
Bedingung K 131
Bedingungen $(K_1), (K_2)$ 127
Bergmansche Kernfunktion 36
Beschränkte Drehung 49
Bieberbach-Polynome 40
Bilinearreihe 37
Carathéodory-Gebiet 25
Carathéodory-Menge 30
Carleman-Menge 132, 141
Cauchy-Integral 45
Cauchy-Formel 89
Cluster set 157
Dirichlet-Problem im Einheitskreis 154
ε-Approximation 132, 137, 145
Eindeutigkeitsmenge 155
Ein-Punkt-Kompaktifizierung 122
Erzeugende der Faber-Polynome 48
Faber-Abbildung T 50
Faber-Entwicklung 48, 53
Faber-Polynome 47
Fejér-Knoten 68
Fekete-Knoten 70
Fourier-Entwicklung 32
Fourier-Koeffizienten 31
Fusion Lemma von Roth 113, 114
Gauß-Transformation 143
Gleichverteilung von Knoten 65, 86
Gramsche Matrix 16
Greensche Funktion eines Gebiets 73
Grunsky-Koeffizienten 47
Güte der Approximation 55, 56
Hermitesche Interpolationsformel 61
Hermite-Interpolation 61, 84
Hilbert-Raum $L^2(G)$ 14
Identitätssätze 155
Julia-Richtung 158
Kapazität 20, 64

Konvergenzsatz von Kalmár und Walsh 66
Lagrangesche Interpolationsformel 60
Legendre-Polynome 44
Lemma von Bernstein 33, 74
Lemma von Mergelyan 96
Lemma von Nersesjan 143
Lemma von Roth 113, 114
Limitierungsmethoden 55, 85
Lokaler Zusammenhang 126
Lokalisationssatz von Bishop 108, 117
Maximale Konvergenz 34, 67, 71, 74
Meromorphe Approximation 119, 120, 123
Mondgebiet 28
Nudeln 158
ON-System 15
Orthogonalisierungsverfahren 15
PA-Eigenschaft 24
Parsevalsche Gleichung 31
Polverschiebung 90, 125
Pompeiu-Formel 94
Quasikonforme Kurve 57
Radiale Randwerte ganzer Funktionen 147
Randverhalten von Cauchy-Integralen 45, 54
Randverhalten im Einheitskreis 152, 157
Reproduzierende Eigenschaft 36
Satz von Arakeljan 129
Satz von Bishop 108, 117
Satz von Carleman 135
Satz von Mergelyan 92, 110
Satz von Nersesjan 141
Satz von Roth 120
Satz von Runge 75, 89, 92
Satz von Vitushkin 112
Schweizer Käse 103
Stetigkeitsmodul von Cauchy-Integralen 54
Stitched disc 105, 117
Tangentielle Approximation 132, 139
Vollständigkeit eines ON-Systems 31
Weierstraß-Menge 129
Zerlegung der Eins 107